한국형 패시브하우스 설계&시공 사례집

| 표준주택 모델과 건축비용 대공개 |

건강한 삶, 경제적인 주거
패시브하우스

필자에게 '냉난방비는 적게 들면서 쾌적하고 건강에 좋은 집'을 묻는다면, 현시점에서는 주저 없이 패시브하우스라고 대답할 것이다. 우선, 전기세 부담 없이 시원하게 여름을 나고 난방비 걱정 없이 겨울을 보낼 수 있는 가장 기본적인 조건을 갖췄다. 더불어 결로나 곰팡이에서 벗어나 24시간 내내 새로운 공기를 들이마시며 살 수 있기 때문이다. 보온병에 쓰인 간단하고 명확한 원리를 패시브하우스에 적용해 '단열'과 '기밀'을 높이고, 동반되는 주요 기능인 '환기'를 더하면서 얻게 되는 주거 만족도와 효과는 무척 크다.

사실 가전제품이나 자동차를 고를 때 여러 선택 기준 중에 가장 눈여겨보는 대목이 에너지소비효율이다. 이를 1.5L 패시브하우스에 대비해 보면 이렇다. 패시브하우스의 가로 1m 세로 1m, 즉 1m² 공간에 필요한 연간 요구에너지량($15kWh/m^2$)은 등유가 든 1.5리터 페트병 하나에 불과하다. 여기에 해당 면적과 등유 시세를 곱하면 대충 한 해 드는 난방비를 가늠해 볼 수 있는 것이다. 우리나라에서 가장 일반적인 주거 형태인 아파트 중 30평형(100m²)의 1m² 단위면적당 난방에는 연간 15~17L의 등유가 쓰인다고 한다. 기타 에너지 소비는 차치하고, 아파트와 산술적으로 비교해보면 패시브하우스의 난방에너지가 1/10 이상 대폭 절감되는 셈이다. 건물의 생애주기로 환산하면 초기투자비는 더 들어가더라도 해를 거듭할수록 건축주에게는 득이 된다.

여기까지 경제성에 근거한 유지비의 정량적인 접근이라면 정작 중요한 패시브하우스의 핵심은 '주거의 쾌적함'에 있다. 패시브하우스가 성능을 제대로 발휘하기 위해서는 단열, 기밀, 환기가 공고하게 결속된 각각의 필요충분조건이 될 수밖에 없다. 어느 하나 배제할 수 없는 요소 간의 인과관계로 인해, 제대로 짓고 하자 없는 패시브하우스는 결국 '쾌적함'으로 귀결되는 선순환을 이룬다.

정부에서도 제로에너지하우스 수준 정도의 한층 강화된 정책을 지속해서 내놓고 있다. 이제는 패시브하우스가 더 이상 선택이 아닌 필수인 시대로 접어들었으나, 우리나라 현실은 아직 그 필요에 대한 인식이 실제에 못 미치고 있는 듯하다. 이에 (사)한국패시브건축협회를 중심으로 여러 회원사들이 패시브하우스의 저변 확대를 위해 부단히 노력 중이다. 정회원사로서 필자가 운영하는 (주)그린홈예진 역시 전국에 패시브하우스 시공실적을 꾸준히 축적해왔는데, 이를 한데 모아 책으로 내놓게 되었다. 그 과정에서 많은 도움을 주신 협회를 비롯한 협력사들의 노고와 협조에 지면으로 다시 한 번 감사드린다.

책에는 패시브하우스 설계, 시공, 기밀테스트, 감리 등 주요 근간 요소는 물론 각종 데이터와 에너지 분석, 필요 자재를 다룬 주문주택과 표준주택의 적용사례를 충실히 다뤘는데, 독자들에게 패시브하우스를 이해하는 데 적지 않은 도움이 되기를 기대한다.

(주)그린홈예진 전 희 수

CONTENTS

PART1
패시브하우스
이해와 핵심 요소

UNDERSTANDING THE PASSIVEHOUSE

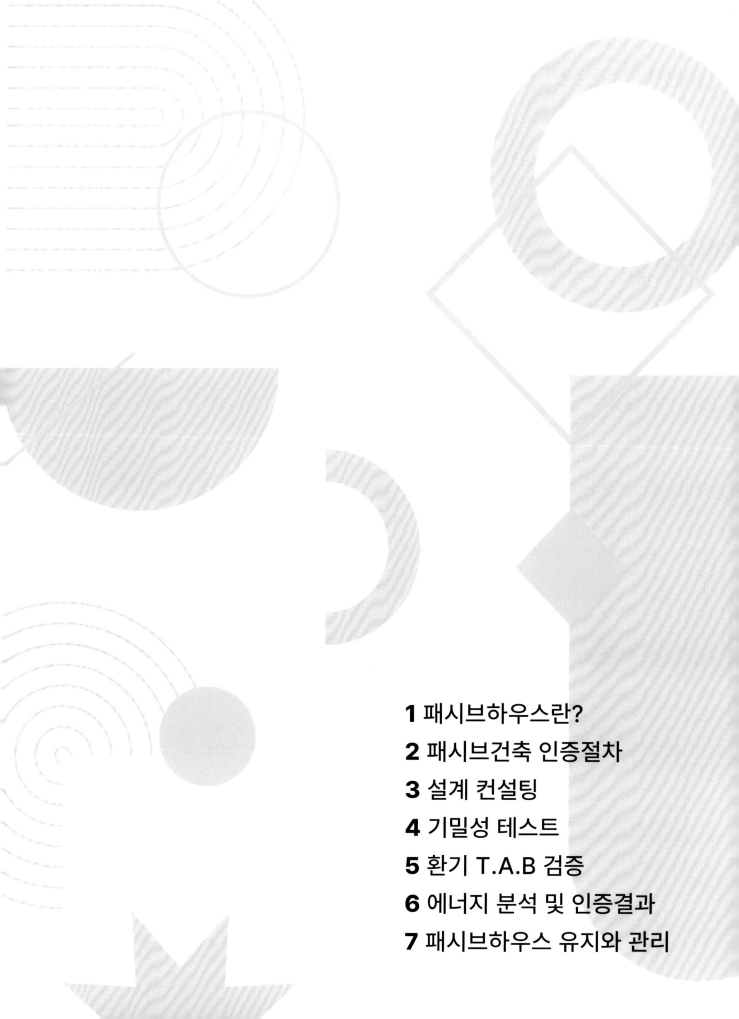

1 패시브하우스란?

1. 패시브건축의 개념

1-1 패시브건축

일반적으로 난방을 위한 설비 없이 겨울을 지낼 수 있는 건축물을 말한다. 이를 위해서는 사용면적당 연간 요구량이 15kWh/m2·a(약 1.5리터) 이하여야 한다. 이는 건물을 고단열, 고기밀로 설계하고 열교환환기장치를 이용하여 환기로 인해 버려지는 열을 철저하게 회수함으로써 가능하다.(신재생에너지는 필수요소 아님)

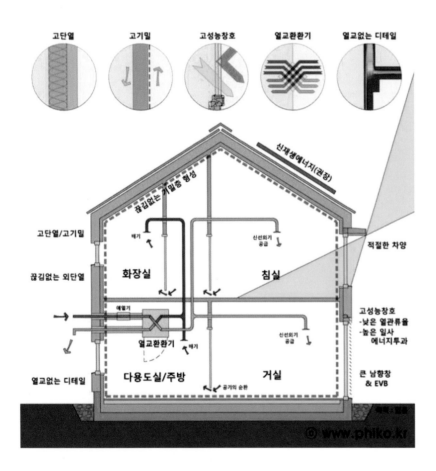

1-2 패시브건축물의 주요 개념

• 건축물 내에 열을 발생시키기만 할 뿐 감소시키지는 않는다.
예) 사람의 인체열, 기계의 발열, 태양 빛 등
• 패시브하우스는 '이러한 열들을 이용하여 난방할 수는 없을까'라는 아이디어에서 출발
• 발생 총열량을 계산하여 이 열들을 가두어 둘 수 있는 단열과 기밀조건을 계산
• 난방설비의 도움 없이 겨울을 보낼 수 있는 패시브주택 탄생(난방설비는 백업 용도로 규모를 축소하여 설치)

2. 패시브건축물의 정석적 정의

	독일 인증(PHI)	(사)한국패시브건축협회 인증(PHIKO)
정석적 정의	패시브하우스란 직접적 난방설비의 도움 없이 생활에 필요한 최소한의 신선한 공기를 보조적 설비수단으로 조금 온도를 올리거나, 내림으로써 재실자가 열적, 공기질적으로 만족할 수 있는 건물을 말한다.	패시브하우스란 자연 열을 난방의 주된 수단으로 활용하여 적절한 실내온도를 유지하고, 생활에 필요한 최소한의 신선한 공기를 알맞은 온도로 공급함으로써 재실자가 열적, 공기질적으로 만족할 수 있는 건물을 말한다.
인증주관	파이스트박사가 설립한 민간 연구소의 인증	(사)한국패시브건축협회에서 수행하는 사설 인증
성능기준	<1.5L 이하 패시브하우스 인정> 공기 난방으로만 겨울철 난방할 수 있는 에너지 기준	<3가지 등급기준 : 1.5L, 3.0L, 5.0L 이하> 바닥난방 및 기후 등의 우리나라 주거문화와 기후환경을 고려한 등급 기준

3. 패시브건축물의 정량적 정의

(2022년 4월 기준)

	독일 인증(PHI)	(사)한국패시브건축협회 인증(PHIKO)		
		A0 등급	A1 등급	A2등급
		1.5L 이하	1.5L ~ 3.0L	3.0L ~ 5.0L
연간 난방 에너지 요구량	15kWh/㎡a 이하	15kWh/㎡a 이하	30kWh/㎡a 이하	50kWh/㎡a 이하
연간냉방에너지 요구량	15kWh/㎡a 이하	40kWh/㎡a 이하		
연간1차에너지 소요량	120kWh/㎡a 이하	180kWh/㎡a 이하		
A/V값		A/V ≤ 1 이하 (주거) / A/V ≤ 0.6 이하 (비주거)		
벽체열관류율	U ≤ 0.15W/㎡K	U ≤ 0.21W/㎡K		
기밀설계	n50 ≤ 0.6회	n50 ≤ 1.0회		
열교	선형열교	0.030W/mK		
	점형열교	0.020W/㎡K		
	※ 전체 에너지소요량의 10% 미만일 것 (ISO13788조건에 의한 열교 해석 시 내부 표면온도가 12.6℃ 이상이 되도록 할 것)			
환기장치	전열효율 75% 이상 현열효율 85% 이상 실내소음 25dB 이하 전력소비량 ≤ 0.45Wh/㎥	유효전열교환효율 75% 이상 실내소음 KS기준 전력소비량 ≤ 0.5Wh/㎥		
창호설계	Ug ≤ 0.8W/㎡K Uf ≤ 0.8W/㎡K Uw,inst ≤ 0.85W/㎡K g - Value ≥ 0.50	Ug ≤ 0.8W/㎡K Uf ≤ 1.0W/㎡K (중부) Uf ≤ 1.2W/㎡K (남부,제주) g - Value ≥ 0.40 VLT ≥ 50%		
차양	북측 창을 제외한 남, 동, 서측 차양계획 필수 ※ 창호면적(유리면적)이 1m² 이하일 경우 제외 가능 ※ 주실(主室)은 외부 전동차양 권장			
기타사항	- 급탕 생산 및 분배 시스템에서 열손실을 최소화 - 고효율 가전기기 사용 필수			

4. 국가 에너지 정책 및 패시브건물의 필요성

4-1 건축물의 에너지 정책 및 관련법 1)

건축물 에너지절약 설계기준		고효율 기자재 인증 제도
녹색건축 인증에 관한 규칙	건물 에너지 효율화 제도	에너지 소비효율등급 제도
건축물 에너지 효율등급인증에 관한 규칙		주택성능등급 표시제도

국외 친환경인증제도는 친환경 건축물의 의미로써 현시대의 에너지 절약 문제점을 반영한 건축물 에너지 절약 및 자원 절약 측면을 중점적으로 책정하고 단계별 인증을 시행하는 시스템이다.

국내 녹색건축인증에 관한 규칙에는 에너지 분야의 인증 부분이 일부 적용되고 토지, 실내환경, 생태환경과 같은 건축환경 부분에 높은 점수를 분배하고 있어 추후 건축물에너지 효율 등급제도와 함께 조율하는 것이 필요하다.

▪ 건축물에너지 및 친환경 관련법

구분	산업통상자원부	국토교통부	환경부
건축설계 및 시공	**[에너지개발 및 이용보급 촉진법]** 공공기관 건축물 의무화	**건 축 법** 건축물 에너지 절약 설계기준 건축물 열 손실 방지규정	**[다중이용시설등의 실내공기질 관리법]**
	[건축물에너지 효율등급 인증제도]		**[녹색건축 인증에 관한 규칙]** (국토교통부+환경부)
건물운용	**[에너지이용합리화법]** 건물 에너지관리기준 (보완필요) 에너지사용 실적보고 에너지 진단 등		**[다중이용시설등의 실내공기질 관리법]**
건축자재 및 설비	**[에너지이용합리화법]** 에너지사용계획서 제출 고효율에너지기자재보급촉진 규정 효율관리기자재의 운영 규정		**[환경기술개발 및 지원에 관한 법률]** 환경마크제도 친환경건축자재 품질인증
	[한국산업규격]		
	[환경친화적 산업기반구축] 자재의 LCI DB		

1) 이승언, 녹색성장시대의 건축환경/에너지 기술 분야의 발전전략과 정책방향, 대한건축학회 건축환경위원회 에너지설비위원회 자료집, 2008

김주수, 이태구, 조경민, 김주환, 국내외 저에너지 건축에 관한 제도 및 기준 비교 분석 연구, 한국생태환경건축학회 학술발표대회 논문집 통권 18호, 2010

4-2 패시브하우스의 필요성

▪ 건축물 에너지 측량 지표의 정의

구 분	정 의
에너지 요구량	- 특정 조건1)(내·외부 온도, 재실자, 조명기구 등) 하에서 실내를 쾌적하게 유지하기 위한 건물이 요구하는 에너지 - 건축 조건만을 고려, 설비 등의 기계효율은 계산되지 않음 - 즉, 건축 자체의 에너지성능을 표현하는 지표 * 사람에 비유 : 포만감을 가지기 위해서 배부르게 먹는 밥의 양
에너지 소요량	- 에너지 요구량에 설비 등을 통한 손실(배관손실, 보일러 효율) 등을 모두 합산한 에너지 * 예) 보일러의 효율 : **87%** 효율의 보일러는 석유 100을 공급하면 더운물은 약 **87**정도 데워져서 나오고 나머지 **13**은 보일러 내에서 손실 * 사람에 비유 : 같은 성별, 체형, 몸무게인 사람이라도 포만감을 느끼기 위해 먹는 밥의 양은 소화기관의 능력에 따라 다름
에너지 소비량	- 실제 건물이 완공되어 입주한 후 입주자가 실제로 사용한 에너지 * 사람에 비유 : 실제 먹은 밥의 양(철수는 자장면 한 그릇, 영수는 곱배기)
1차 에너지 소요량	- 건물에서는 전기, 석유, 가스등 사용하는 에너지의 종류가 다르므로 에너지 환산계수를 에너지 소요량에 곱하여 산출한 **1차** 에너지양 표: - 즉, 에너지소요량 x 사용 연료별 환산계수 = 1차 에너지 소요량 * 사람에 비유 : 재료에 따라 실제 먹은 밥의 영양소가 다르므로 **kcal**로 변환

	연료(가스, 석유)	전력	지역난방	지역냉방
환산계수	1.1	2.75	0.728	0.937

* 환산계수 출처 : 건축물에너지효율등급 인증제도 운영 규정(2016. 3. 3)

▪ 건축물 에너지 요구량의 중요성

구 분	동일한 에너지 소요량
건물의 에너지 요구량이 많은 경우	 건물의 에너지 요구량이 무척 크다면 이 건물이 목표로 하는 소요량을 맞추기 위해서는 각종 최고 효율의 설비와 많은 신재생에너지가 개입 되어야 함
건물의 에너지 요구량이 적은 경우	 건물의 에너지 요구량이 적다면 이 건물의 에너지 소요량을 위의 건물과 동일하게 만들기 위해서는 그저 일반 설비만으로도 충분함

동일한 비용으로 건축 조건만을 개선하면 **80%** 가까운 에너지가 절감되지만, 설비 및 신재생에너지로는 **20%** 정도의 에너지만 절감할 수 있으므로 우선적으로 요구량을 줄이도록 하고 이후 설비, 신재생에너지에 최소한의 비용을 투자하여 에너지효율을 높일 수 있음

1) 특정조건 : 겨울철(온도 20°C, 상대습도 50%), 여름철(온도 26°C, 상대습도 70%)

2 패시브건축 인증절차

1. (사)한국패시브건축협회 인증절차

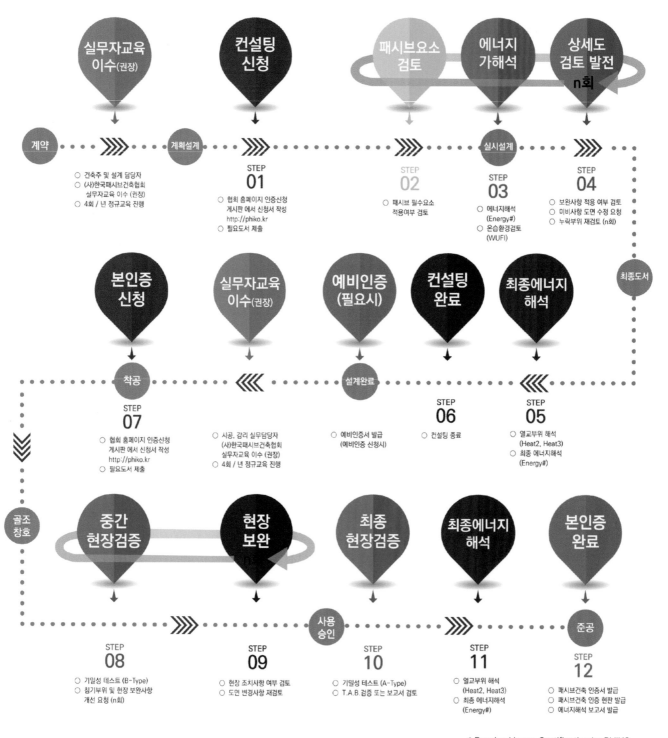

계약
- 건축주 및 설계 담당자
- (사)한국패시브건축협회 실무자교육 이수 (권장)
- 4회 / 년 정규교육 진행

계획설계
STEP 01
- 협회 홈페이지 인증신청 게시판 에서 신청서 작성 http://phiko.kr
- 필요도서 제출

STEP 02
- 패시브 필수요소 적용여부 검토

실시설계
STEP 03
- 에너지해석 (Energy#)
- 온습환경검토 (WUFI)

STEP 04
- 보완사항 적용 여부 검토
- 미비사항 도면 수정 요청
- 누락부위 재검토 (n회)

최종도서

착공
STEP 07
- 협회 홈페이지 인증신청 게시판 에서 신청서 작성 http://phiko.kr
- 필요도서 제출

- 시공, 감리 실무담당자
- (사)한국패시브건축협회 실무자교육 이수 (권장)
- 4회 / 년 정규교육 진행

설계완료
- 예비인증서 발급 (예비인증 신청시)

STEP 06
- 컨설팅 종료

STEP 05
- 열교부위 해석 (Heat2, Heat3)
- 최종 에너지해석 (Energy#)

골조 창호

STEP 08
- 기밀성 테스트 (B-Type)
- 참기부위 및 현장 보완사항 개선 요청 (n회)

STEP 09
- 현장 조치사항 여부 검토
- 도면 변경사항 재검토

사용 승인
STEP 10
- 기밀성 테스트 (A-Type)
- T.A.B.검증 또는 보고서 검토

STEP 11
- 열교부위 해석 (Heat2, Heat3)
- 최종 에너지해석 (Energy#)

준공
STEP 12
- 패시브건축 인증서 발급
- 패시브건축 인증 현판 발급
- 에너지해석 보고서 발급

* Passive House Certification by PHIKO

3 설계 컨설팅

1. 패시브 기술요소

1-1 기술요소 개요

성능 및 기법	내 용	이미지
고단열	· 단열재를 외단열 공법으로 설치하여 열교를 최소화하고, 실내 결로 발생을 억제하는 고성능 단열시스템	
고기밀	· 기밀 시트 및 각종 기밀 부자재를 사용하여 블로어 도어 테스트 결과 **1.0회/h(50Pa 압류)** 이하를 만족하는 기밀 시스템	
고성능 창호	· 창호 열효율 및 자연 환기 고려한 개폐 방식과 유리의 일사 취득률과 열관류율, 프레임과 간봉 그리고 설치 시 발생하는 열교를 고려한 고성능 창호 시스템	
폐열회수장치	· 외부의 신선한 공기를 들여오고, 내부의 공기를 내버리면서, 서로의 온도와 습기를 교환하는 설비 시스템	
외부차양장치	· 수평 돌출차양 혹은 전동차양장치를 통해 여름철 직달일사를 차단하여 냉방부하를 절감하는 시스템	
열교 차단 디테일	· 단열이 끊김 없이 계획되어 건물에서 단열의 빈틈이 생기지 않도록 하는 기법	

▪ 단열재의 종류별 특성

단열재는 보온을 하거나 열을 차단할 목적으로 쓰는 재료이다. 단열재 종류에 따라 성능과 물성이 다르므로 시공하는 위치와 방법에 따라 적합한 단열재를 선택해야 한다.

건물에 적용하는 단열재의 두께는 건물에너지 시뮬레이션 분석 후 최적 두께를 결정해야 하며, 일반적으로 벽체의 경우 150~250mm 정도이다.

▪ 단열재 종류

구 분	유기질 단열재	무기질 단열재
장 점	단열성능 우수 가공 용이 제조 편의	화재에 강함 유독가스 발생 없음
단 점	화재에 약함 유독가스 발생	단열성능 상대적 미흡 가공성 상대적 미흡 제조 어려움
비 교	상호 정반대의 성격을 가지고 있음	

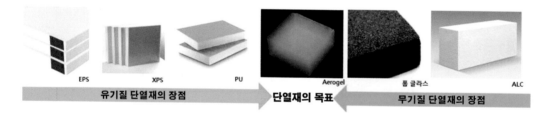

에어로젤의 경우 두 종류 단열재의 장점을 모두 가지고 있으나, 건설업에 적용하기에는 경제성 확보가 어렵다. 모두를 만족시키는 단열재는 없으며 조건에 맞는 최상의 단열재만 있을 뿐이다.

▪ 단열재의 특성 - 유기질

구 분			특이사항 요약
비드법 보온판	1종		- 열전도율 : 0.036~0.043 W/mK - 흡수율이 압출법단열재에 비해 상대적으로 높아서 물 접촉에 유의 - 단열재 제조 과정에서 습을 이용한 발포과정을 거치기 때문에 원자재의 커팅 전 숙성 기간 필요(7주 이상) - 화재에 취약하고 유해가스가 발생하나 가공이 용이하고 가격이 저렴하여 국내에서 가장 보편적으로 사용
	2종		- 열전도율 : 0.031~0.034 W/mK - 1종의 단열성능을 개선하기 위해 흑연을 첨가 - 동일 밀도 비교 시 1종보다 약 6% 내외 단열성능 우수 - 1종 대비 Sd값[1]이 약 20% 높아 숙성 어려움 - 외단열 마감의 경우 2차 발포 현상으로 인한 하자 발생 가능성이 높아서 사용 시 전문가와 협의 필요 - 화재 취약, 유해가스 발생, 가공 용이 - 성능을 속인 제품이 시중에 다량 유통되고 있으므로 정확한 검증 필요
압출법 보온판			- 열전도율 : 0.027~0.031 W/mK - 흡수율 거의 없음(매끄러운 표피 제거 시 증가) - 화재 취약, 유해가스 발생, 가공 용이 - 생산 업체별 색상 상이(빨강, 노랑 등) - 경시 현상[2]등 단점이 존재하지만 현시점에서 단열재 중 기초부위, 발코니 등 수분과 접하는 부위에 적용 가능한 국내에서는 거의 유일한 단열재
폴리우레탄			- 열전도율 : 0.019~0.036 W/mK - 제품 종류 및 시공 방법에 따른 품질 차이 발생 - 현장 시공 시 품질관리 어려움 - 제조 시 결합 방법에 따라 경질폼과 연질폼으로 구분 - 흡수율이 비드법단열재보다 높아서 물 접촉에 유의 - 화재 취약 치명적, 유독가스 발생하므로 가급적 실내측 사용 억제
페놀폼			- 열전도율 : 0.020 W/mK 내외 - pH4 ~ pH7 이하의 제품만 사용 가능(부식문제) - 화재 시 유기단열재 중 연기 발생 가장 낮음 - 재활용 불가능하므로 폐기 시 환경오염 문제 - 흡수율이 비드법단열재와 비슷한 수준으로 물 접촉에 유의

1) 등가공기층두께(Sd값) : 습기 투과성능 단위는 mm, 상세설명은 용어 풀이 참조

2) 경시 현상 : 시간이 흐름에 따라 단열재 성능이 하락

▪ 단열재의 특성 - 무기질&신기술

구 분	특이사항 요약
글라스울	- 열전도율1) : 0.036~0.046 W/mK - 인체 유해성 논란 ⇒ 현시점 유해성 입증 근거 없음 - 수분 노출시 단열성능 하락 및 곰팡이 발생하나 최근 발수 성능을 강화한 제품이 출시되어 불연 외단열용으로도 적용 가능 - 목조주택 및 배관 단열에 주로 사용 - 정상밀도 24K 이상 사용(가공. 변형 어려움)
암면 (미네랄울)	- 열전도율 : 0.036~0.038 W/mK - 암석/광재 등의 혼합물을 원료로 사용 - 수평모 암면을 일반적으로 사용 - 인장강도 상승을 위해 수직모 암면 개발 - 외단열 사용 시 1200x200mm 크기 제한 - 외단열 사용 시 수평모에는 60% 이상, 수직모에는 100% 접착제 바름 - 국내에서는 외단열 적용이 현실적으로 거의 불가 - 불연재
셀룰로오스	- 열전도율 : 0.040 W/mK 내외 - 종이 재활용하여 붕산계열 난연재를 혼합한 단열재 - 공간에 기기를 이용하여 채워 넣어 시공(고밀도 60K) - 모세관 현상 / 축열 성능 우수 - 난연 3급
에어로젤	- 열전도율 : 0.016~0.018 W/mK - 무기질 단열재 중 단열성능 가장 높음 - 재료 강도가 약해 섬유와 복합하여 사용 - 가격 매우 높음
진공단열재	- 열전도율 : 0.002 W/mK 내외 - 가공성, 작업성 미흡 - 내부 심재로 글라스울, 우레탄폼 등 사용 - 가격 매우 높음 - 진공 성능 손실 시 부풀어 오름 등으로 인하여 건축의 적용은 현실적으로 거의 어려움

1) 열전도율 : 특정 두께를 가진 재료의 열전도 특성으로 λ값이라고 표현(단위 : W/m·K)

▪ 단열 방식 비교

단열 방식 및 실용도별 열손실 방지를 위한 방안을 검토하여 단열계획 시 적용해야 한다.

· 구조체에 단열이 끊어지는 부위가 없도록 계획

· 적용 단열재 종류별 물성치에 따른 적합한 시공 부위 선정

· 경제성 대비 적정 단열두께 선정 및 시공 시 단열재 훼손 최소화와 상세 검토

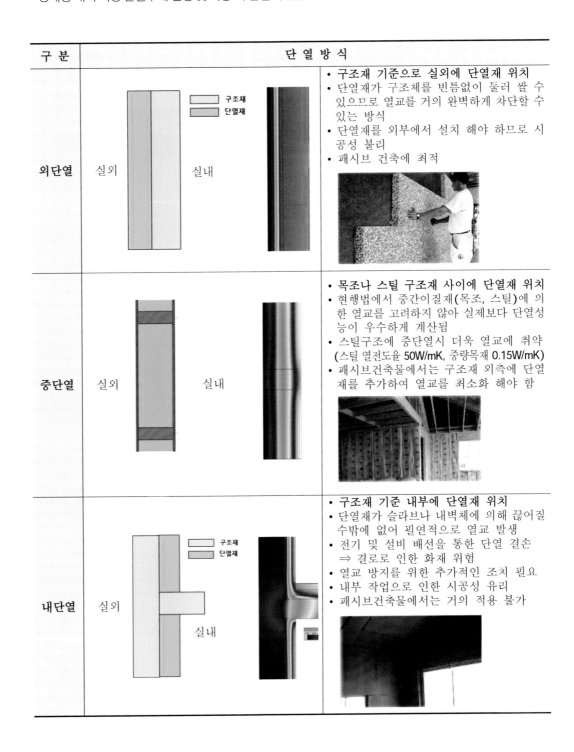

구 분	단 열 방 식	
외단열	실외　　　　　실내	• 구조재 기준으로 실외에 단열재 위치 • 단열재가 구조체를 빈틈없이 둘러 쌀 수 있으므로 열교를 거의 완벽하게 차단할 수 있는 방식 • 단열재를 외부에서 설치 해야 하므로 시공성 불리 • 패시브 건축에 최적
중단열	실외　　　　　실내	• 목조나 스틸 구조재 사이에 단열재 위치 • 현행법에서 중간이질재(목조, 스틸)에 의한 열교를 고려하지 않아 실제보다 단열성능이 우수하게 계산됨 • 스틸구조에 중단열시 더욱 열교에 취약 (스틸 열전도율 50W/mK, 중량목재 0.15W/mK) • 패시브건축물에서는 구조재 외측에 단열재를 추가하여 열교를 최소화 해야 함
내단열	실외　　　　　실내	• 구조재 기준 내부에 단열재 위치 • 단열재가 슬라브나 내벽체에 의해 끊어질 수밖에 없어 필연적으로 열교 발생 • 전기 및 설비 배선을 통한 단열 결손 ⇒ 결로로 인한 화재 위험 • 열교 방지를 위한 추가적인 조치 필요 • 내부 작업으로 인한 시공성 유리 • 패시브건축물에서는 거의 적용 불가

▪ 구조체 열교

건축물의 어느 한 부분의 단열이 약화되거나 끊김으로 인해 추가적인 열손실이 발생할 수 있다. 이로 인해 결로, 곰팡이, 구조체 손상 등의 하자가 유발될 수 있다.

· 열교 현상을 최대한 억제할 수 있는 외단열 채택

· 외단열 적용 시에도 파라펫, 캐노피 및 처마와 같은 구조체 돌출 부위를 통한 열교 발생

· 열교 부위 열손실량 계산을 위한 추가적인 검토 필요(Therm, Heat 등 전열해석 프로그램 이용)

· 비드법 보온판 1종 3호 100mm와 같은 성능을 내기 위해서 철근콘크리트 두께가 5,750mm가 되어야 한다. 그런데 철근콘크리트는 아무리 두꺼워도 단열성능이 거의 없다.

· 이런 이유로 열교 없는 설계를 하는 것이 원칙이며, 열교는 하자의 원인이기 때문에 발생 시 추가적인 검토가 반드시 필요하다.

▪ 대표적인 열교 부위

· 구조체의 단열이 끊기는 모든 부위는 열교 발생

· 열교로 인한 에너지손실량은 경우에 따라 건물 전체 에너지손실량의 10% 이상을 차지하기도 하기 때문에 열적성능을 고려한 디테일 계획이 필수적이다.

· 열교 발생 부위는 실내측 표면온도 조건이 매우 열악해져 곰팡이뿐만 아니라 결로점까지 형성되는 경우가 많다.

· 파라펫, 처마 및 발코니는 구조체가 외부로 돌출되어야 하기 때문에 열교를 피하기 어렵다. 이 경우 돌출 부위의 전체를 단열재로 감싸거나 열교 차단 자재를 적용하여 작은 열교값으로 안정적인 실내측 표면온도를 확보해야 한다.

대표적인 열교 부위

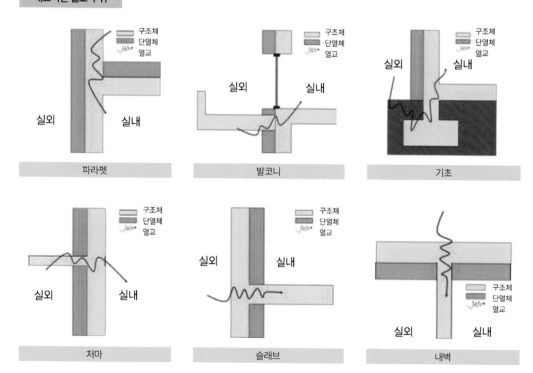

1-4 창호

■ 창호 프레임과 유리

건물에서 창호는 열의 손실이 가장 큰 요소이기도 하지만 태양열을 획득할 수 있는 유일한 요소이다. 이런 이유로 창호 설계에 따라 건물의 에너지성능에 큰 차이를 보인다.

· 주거는 난방에너지, 업무시설은 냉방에너지 비중이 크므로 용도에 따른 적정한 태양열 취득계수(g-Value)를 갖는 유리 선정이 필수적이다.

· 창호에 적용되는 유리와 프레임의 단열성능을 별도로 확인하여 프레임의 단열성능이 유리와 큰 차이가 없는지 확인이 필요하다.(국내 성적서의 경우 별도의 프레임의 열관류율 확인 필요)

· 유리 사이의 간격을 유지해주는 간봉은 단열 간봉을 사용(알루미늄 간봉은 사용 금지)

· 유리는 두께로 표현하지 않고 성능으로 표현

ex) 유리의 열관류율(Ug) = 0.8W/m²k 이하

유리의 g-Value = 0.4 이상

유리의 가시광선투과율(VLT) = 40% 이상

열교 없는 디테일 계획

| 파라펫 | 발코니 | 기초 |

| 처마 | 슬래브 | 내벽 |

▪ 창호 프레임

구 분	슬라이딩 창호 (불가)	시스템 창호 (필수)
내 용		
	• 로이삼중유리 적용 어려움 • 설치 열교를 제거하기 어려움 • 어느 정도의 단열성능은 확보 가능하나 구조적으로 기밀성능이 취약하여 침기/누기로 인한 불쾌감 유발 및 다량의 에너지 손실 발생	• 기밀성능이 매우 우수 • 로이삼중유리 적용 가능 • 패시브 수준을 만족시킬 수 있는 거의 유일한 시스템

▪ 유리 특성

용도에 따라 유리에 요구되는 성능이 다름

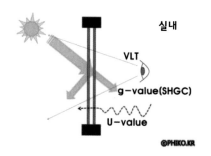

유리의 대표 물성

VLT : 가시광선 투과율(잘 보이는 정도)
(Visible Light Transmission)

g-Value(SHGC) : 일사에너지투과율(열의 획득)
(Solar Heat Gain Coefficient)

U-Value : 열관류율(열의 보존)

▪ 용도별 유리의 특성

주거용 유리

· 난방 부하가 많으므로 겨울철 난방에 유리한 유리 적용

· 열관류율은 낮을수록 좋으며 g-Value은 높을수록 유리

· 패시브 성능을 구현하기 위해서는 싱글 로이코팅 삼중 유리가 적절

· 단열 간봉 및 아르곤 가스 적용

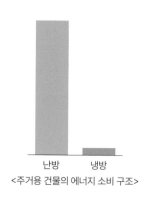

<주거용 건물의 에너지 소비 구조>

업무시설용 유리

· 일반 업무용 건축은 냉방부하가 많기 때문에 여름철 냉방에 유리한 유리 적용, g-Value는
낮고 가시광선투과율은 높은 유리 사용 권장

· U-Value는 낮고 가시광선투과율이 높은 유리를 위해 중간 유리층에 로이 코팅할 경우 열
파1) 주의 필요

· 투명한 유리 적용을 위하여 VLT 40% 이상 권장

· 차양이 없을 경우 g-Value가 낮을수록 냉방부하를 저감할 수 있음

· 외부전동차양 설치 시에는 g-Value가 높은 유리 적용 권장

· 단열 간봉 및 아르곤 가스 적용이 필수

· U-Value를 낮추기 위해 더블 혹은 트리플 로이코팅유리 사용 권장

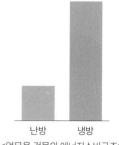

<업무용 건물의 에너지소비구조>

---

1) 열파 / 열파괴 / 열파손 : 샷시 프레임에 의해 가려진 유리 모서리(edge)는 유리 중앙부에 비해 온도 상승이 지연된다. 이러한 온도 차에 의해 유발된 유리 주변부와 중앙부의 열팽창 차이는 열응력을 발생시켜 유리가 파손되는 형상. 복층 이상의 유리의 경우 로이코팅의 위치에 따라 그 온도 차이가 심해질 수 있다.

1-5 기밀

■ 건축물의 기밀

패시브하우스에서 창호, 현관, 설비 관통부 등 외부와 침기, 누기가 생길 가능성이 있는 모든 틈은 기밀 작업을 하여 기밀성능을 확보하여야 한다. 또한 기밀성능 테스트를 통해 기밀성능을 검증해야 한다.

현재 건물의 기밀성능은 에너지를 절약하거나 결로현상을 완전히 막기에는 틈새 바람이 많아서 효율적인 공조가 어렵다. 그렇다고 좋은 상태의 실내 공기질을 유지하기에는 기밀한 상황이어서 환기장치를 설치해야 한다. 따라서 환기장치는 신축건물에서 필수 요소이다.

■ 건물에서 사용하는 기밀의 단위

단위		정의
CMH50	m³/hr	• CFM50은 실내외압력차를 50Pa로 유지하기 위해 실내에 불어 넣어야 할 기류량 (즉, 누기량)을 표현하며 50Pa은 약 9m/s의 바람이 불어올 때 생기는 압력
CFM50	ft³/min	• 기후조건의 영향을 최소화하기 위함
ACH50	h⁻¹	• 건물에 50Pa의 압력이 작용하고 있을 때 실내공기가 한 시간 동안 몇 번 환기가 되는가를 표현하는 척도. 서로 다른 크기의 건물에서 측정된 누기량을 비교할 때 유용함 • 건물에너지해석 전세계적으로 대표적으로 표현하는 척도
EqLA	cm²	• Canadian National Research Council(NRC)에서 정립한 누기면적척도 • 주로 10Pa에서 발생하는 누기량에 상응하는 구멍의 크기 • 커튼월은 EqLA@75Pa 사용
ELA, EfLA	cm²	• Lawrence Berkeley National Laboratory(LBNL)에서 정립한 누기면적 척도 • 주로 4Pa에서 발생하는 누기량에 상응하는 구멍의 크기
Air Pemeability	cfm/ft², L/sm²	• 누기량을 전체 외피면적으로 나눈 단위면적당 누기량을 나타내는 척도 • 영국 등 EU에서 주로 사용하는 단위

■ 기밀성능 테스트

구 분	기밀성능 테스트 (Blower door test)
내 용	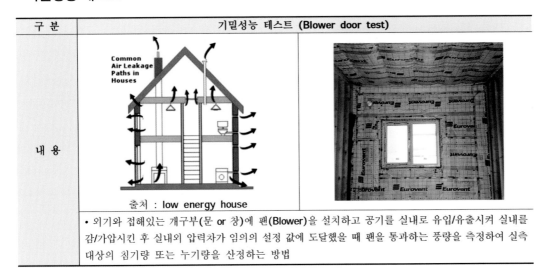 출처 : low energy house • 외기와 접해있는 개구부(문 or 창)에 팬(Blower)을 설치하고 공기를 실내로 유입/유출시켜 실내를 감/가압시킨 후 실내외 압력차가 임의의 설정 값에 도달했을 때 팬을 통과하는 풍량을 측정하여 실측 대상의 침기량 또는 누기량을 산정하는 방법

1-6 차양

■ 일사에너지

일사에너지를 원하는 시기에 얼마만큼을 실내로 유입하거나 차단하여 건물의 냉난방부하를 줄이기 위한 방향에 맞는 적절한 차양장치 선정이 중요하다.

■ 일사데이터 측정 장비

구 분	직달 일사계 (Direct radiation)	확산/산란 일사계 (Diffuse radiation)	전천 일사계 (Global radiation)
내 용	• 태양의 직사광이 원통의 좁은 면적을 통과하여 태양광 경로에 수직으로 측정되도록 고안된 장비	• 차폐봉을 통해 직사광을 차단시켜 대기중의 산란광을 측정하는 장비	• 직달 및 산란 일사 에너지를 동시에 측정하는 장비
	직달일사 확산일사 β 경사 태양집열판 전철일사(Global Radiation)		

▪ 태양열취득율(SHGC/g-value) = 차폐계수(SC) x 0.87

값이 낮을수록 일사에너지 투과량이 적어지므로 냉방부하가 상대적으로 높은 업무시설에서는 그 값이 낮을수록 유리하다. 최적의 선택은 일사량 조절 뿐 아니라 채광조절 등이 용이한 외부 블라인드 설치방식이다.

1.0	0.9	0.9~0.5	0.8~0.4	0.7	0.6
3mm 투명유리	일반적인 이중창	내부 베네시안 블라인드	내부 커튼 내부 롤러 블라인드	열선 흡수유리	약간의 음영이 드리우는 조경
0.5	**0.4**	**0.3**	**0.2**	**0.1**	
후면반사 포일 부착 내부 블라인드	일사조절 유리	남측면의 1m길이 돌출차양	• 남측면의 2m길이 파골라 • 외부 블라인드	외부셔터	

▪ 외부차양의 필요성

우리나라의 커튼이나 블라인드는 모두 실내(일사에너지를 최대 15% 정도 밖에 차단하지 못함)에 위치해 있으나, 여름철 냉방에너지를 효과적으로 낮추기 위해서는 차양장치가 외부(일사에너지를 최대 85% 정도까지 차단)에 설치되는 것이 바람직하다.

· 우리나라는 창의 크기가 비교적 크기 때문에 가장 효과가 큰 외부 차양장치는 외부전동블라인드(EVB)이지만 비용 측면을 고려하여 창호 상부고정차양, 덧문, 외부전동블라인드 중 선택하여 적용하거나 냉방부하가 많은 업무시설의 경우 g-Value가 낮은(0.3 이하) 유리를 적용해야 한다.

· 차양장치는 여름철에는 햇빛을 최대한 막고, 겨울철에는 최대한 들이기 위한 고려가 필요하다.

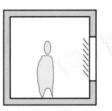

- 유리는 단파에너지를 쉽게 통과시키고 장파에너지를 잘 통과시키지 못하는 성질이 있다. 일사에너지는 단파이지만 실내에서 물체에 닿으면 장파 에너지로 변환되기 때문에 여름철 냉방부하를 줄이기 위해서는 장파로 변하기 전 창호 밖에서 차단해주어야 한다.

- 일사에너지의 특성을 이용한 예 : 비닐하우스

1-7 환기

▪ 열교환 환기장치

재실자가 호흡을 하기 위해서 그리고 땀이나 체취, 마감재나 가구로부터 발생하는 오염물질을 배출하고 신선한 공기를 끌어들이기 위해서 환기가 반드시 필요하다. 이때 외기를 아무런 조치 없이 실내로 유입하는 자연 환기에 의한 환기 방식은 냉난방 된 공기를 외부로 버리게 되므로 건축물의 에너지 손실이 크다. 또 필요 환기량 확보와 적정 실내 쾌적성을 유지하기 어렵기 때문에 열교환이 되는 기계적인 환기장치를 설치하여야 한다. 이를 통해 필요한 만큼의 환기량을 보장하고 에너지 손실을 최소화할 수 있다.

· 열회수환기장치의 의미

주택이 기밀해지면 에너지 절감과 벽체 내 결로현상 감소라는 순기능이 있지만, 사람에게 필요한 환기량이 부족해질 수밖에 없다. 따라서 기밀성을 고도화한 패시브하우스에서는 기계식 환기장치를 사용해야만 한다. 환기장치는 패시브하우스뿐만 아니라 과거와 비교하여 환기량이 문제가 될 수준으로 기밀화 된 현대 건물에서는 꼭 필요한 장치이다.

· 열회수형 환기장치의 작동원리

열회수형 환기장치는 내부에서 열을 발생시키는 것이 아니다. 열교환소자 부분에서 실내외의 공기를 섞이지 않게 교차시키면서 열만을 교환시키는 것이다. 시중에 판매되는 열회수형 환기장치의 효율은 대부분 75%(현열 난방기준)를 넘는다.

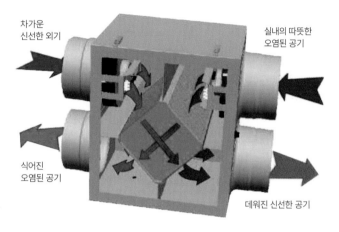

차가운
신선한 외기

실내의 따뜻한
오염된 공기

식어진
오염된 공기

데워진 신선한 공기

· 열회수형 환기장치의 이용

열회수형 환기장치는 창문을 열었을 때 그냥 버려지는 에너지의 손실을 최소화한다는 데 의미가 있다. 일반적인 가정용 열교환 환기장치의 전력소비량은 50~100W 정도이다. 이를 하루 24시간 연속가동하면 대형 냉장고(고효율)의 전력소비량과 비슷한 수준이다.

열회수형 환기장치는 자연환기와 병행하여 합리적인 가동을 하는 것이 효과적이다.(주택 : 주간에 약하게 가동 / 업무시설 : 야간에 약하게 가동하거나 정지)

자연환기는 하루 시간을 정해 가급적 짧고 강하게(실내에 축적된 열을 보존하기 위해서라도) 하는 것이 좋다. 우리나라는 겨울철 습도가 무척 낮으므로 겨울철에 적절한 환기량을 초과하여 가동할 경우 저습도의 문제점이 발생할 수 있다. 따라서 전열교환 방식 등의 대비가 필요하다.

· 환기의 필요성

실내 공기질과 환기는 건강과 관계되는 중요한 문제이다. 건물 내에 가구, 연소장치, 냄새발생원 등의 공기 오염원이 있다면 이를 우선 실외로 제거하는 게 좋다. 습기를 제거하기 위해서도 환기가 필요한데, 20~30 m³/h의 환기량이 요구된다.

습도가 지나치게 높거나 낮으면 피부나 호흡기 계통에 이상이 생길 수 있다. 습도가 너무 건조하면 안구 건조증이 발생하여 눈물막에 문제가 생겨 눈이 가려우며 눈을 자주 깜박거리게 된다.

2. 패시브 설계 검토사항

2-1 컨설팅 도면 검토사항

날짜	구분	검토의견	비고
22.12.16	수신	신청도면 수신	
22.12.20	수신	적용예정 단열재 성적서 수신	
22.12.26	1차 검토보고서	현관 및 창호 부분 상세도 요청	1차 도면검토보고서 참고(건축) (별첨#3)
		보일러 및 환기장치 제원 요청	
		음영분석에 따른 외부차양 필요부위 적용 요청	
		기초 및 코너, 처마 접합부위 상세도 요청	
		팬트리, 보조주방, 보일러실 출입문 시스템도어 적용 요청	
		창호 및 도어 인증기준 기재 요청	
22.12.27	수신	(건축) 부분상세도 수신	
		설비도면 수신	
23.01.02	2차 검토보고서	기초부위 무근콘크리트 적용위치 변경 요청	2차 도면검토보고서 참고(건축) (별첨#4)
		기단부 통기층 확보 요청	
		창호 변경에 따른 외부차양 필요부위 적용 요청	
23.01.04	수신	1차 수정도면(설계변경) 수신	
23.01.16	수신	2차 수정도면(벽체변경) 수신	
23.01.18	수신	현관문 성적서 수신	
23.01.20	3차 검토보고서	현관 외부 단열결손 부위 보강 요청	3차 도면검토보고서 참고(건축,설비) (별첨#5)
		창호 및 도어 인증기준 기재 요청	
		열교환환기장치 및 필터박스 계획 요청	

날짜	구분	검토의견	비고
23.01.31	수신	현관문 상세도 및 성적서	
23.02.01	수신	3차 수정도면 수신	
23.02.02	수신	환기장치 성적서 수신	
23.02.07	-	예비인증서 발급	
23.02.13	-	중간 기밀 성능테스트	감압 0.25회
23.05.24	-	최종 기밀 성능테스트	가감압 평균 0.44회
23.05.26	발신	기밀테스트 결과보고서 및 건축물 정보	
23.05.30	수신	최종 준공도서 및 각종 성적서	
23.08.09	수신	태양광 설비 도면 및 용량	

(* 순천시 주택 도면 컨설팅 진행 실사례)

2-2 열교 검토사항

- 기초부위 열교
- 현관문 하부(SILL) 설치 열교
- 현관문 상부, 측부(HEAD, JAMB) 설치 열교
- 창호 하부_1(SILL) 설치 열교
- 창호 하부_2(SILL) 설치 열교
- 창호 상부_1(HEAD) 설치 열교
- 창호 상부_2(HEAD) 설치 열교
- 창호 측부(JAMB) 설치 열교
- 처마 열교
- 지붕 단차구간 상부 열교
- 지붕 단차구간 하부 열교

1 기초

열교분석

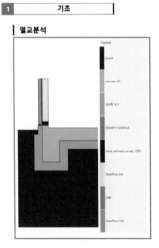

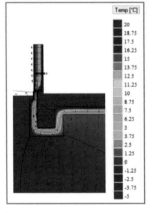

Temp [℃]

구성 #1 (땅을 포함한 바닥)

구성	열전도율	두께	열저항
-	[W/(mK)]	[m]	[m²K/W]
外	외부표면전달		0.043
1	복합열전달체 0.054	0.5	9.281
2			0.000
3			0.000
内	내부표면전달		0.086
	R-Value [m²K/W]		9.410
	U-Value [W/(m²K)]		0.106
	Length [m]		3.887

구성 #2

구성	열전도율	두께	열저항
-	[W/(mK)]	[m]	[m²K/W]
外	외부표면전달		0.043
1	글라스울 24K 0.038	0.14	3.684
2	OSB 0.130	0.011	0.085
3	글라스울 32K 0.037	0.076	2.054
内	내부표면전달		0.110
	R-Value [m²K/W]		5.976
	U-Value [W/(m²K)]		0.167
	Length [m]		1.646

열교값 (W/mK)

Total Flows	외부온도	내부온도	L_{2D}
[W/m]	[℃]	[℃]	[W/(mK)]
18.802	-5	20	0.752

L_{2D}	$-$	$U_1 L_1$	$-$	$U_2 L_2$	$=$	Psi
0.752		0.413		0.275		0.064

4 기밀성 테스트

1. 기밀테스트 개요

1-1 기밀테스트 목적

기밀성능 테스트(Blower door test)는 외기와 접해 있는 개구부에 팬(Blower door fan)을 설치하여 임의로 실내외 기압차를 발생시켜 침기량과 누기량을 측정하는 방법을 말한다. 기밀테스트를 통해 외피에 침기되거나 누기가 되는 부위를 찾아내어 보수하고 개선한다. 또한 성능 검증을 거쳐 대류를 통한 공기열 손실을 낮추는 데도 그 목적이 있다.

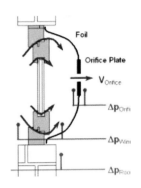

1-2 기밀성능 기준

국내에서는 아직까지 국가 차원의 기밀성능 평가 및 요구성능 기준 등이 명확하게 설정되어 있지는 않은 상태이다.

독일 PHI(passiv.de)의 패시브하우스 기밀 기준의 경우에는 0.6회(h-1) 이고 이는 국내 기존 건물의 기밀성능을 고려했을 때 상당히 기밀한 수준의 정도이다.

- **국내 건축물 기밀성능 기준(학회 및 협회)**

	사단법인 한국패시브건축협회			한국건축친환경설비학회		
기밀성능 (ACH 50 / n50*)	1.0 이하			1.5 이하	3.0 이하	5.0 이하
구 분	A0 등급	A1 등급	A2 등급	제로에너지 건축물	에너지절약 건축물	모든건물
	1.5L이하 건축물	~ 3.0L이하 건축물	~ 5.0L이하 건축물			
비 고	-			권장 사항	권장 사항	기본 기준
환기시스템	필수			권장	-	-

* n50 : Air Changes per Hour(1/h) = ACH50, 시간당(h) 누기/침기량(m³)을 건물의 기밀체적(m³)으로 나눈 기준

1-3 기밀계획 단계

• 각각의 외부 건물 요소에서 기밀층을 형성할 요소를 구체적으로 명시한다. 난방공간은 기밀층에 의해 둘러 싸여야만 한다.

• 기밀자재들의 단부를 어떻게 영구적이고도 기밀하게 접합할 것인지를 구체적으로 정해야 한다.

• 필요한 관통 부위는 반드시 디테일을 검토해야 한다. 관통 부위를 최소화 하는 것을 원칙으로 하되 피할 수 없는 경우 검증된 자재를 활용하여 적정한 계획을 세워야 한다.(지하층 천장을 관통하는 전기선과 파이프류, 외벽의 전기콘센트 등등)

• 단열재료 및 실란트 등은 일반적으로 기밀자재가 아니다.

1-4 기밀성능 확보를 위한 유의사항

신축건물에서 기밀성능에 가장 취약한 부위는 외벽체가 조립식일 경우와 창호 및 창호 주변이다.

부위	유의사항
창호의 기밀성	가. 기자재명 : 고기밀성단열창호 나. 형 식 : 4Track Sliding 다. 모 델 명 : 발로니 이공창 라. 용 광 : 프레임폭 280mm 마. 효 율 : 열저항0.866~0.860m2k/W 기밀성1.02㎥/㎡hr · 시험성적서를 통해서 성적확인 가능 · 국내 창호의 대부분은 패시브에서 요구되는 기밀성능에 비해 현저히 낮은 성능을 보임 · 기밀성 1.02m³/m³hr은 패시브하우스에서 사용하는 Tilt&Turn방식의 시스템 창호와 비교하면 4~5배 이상 차이가 남
창호 주변의 기밀성	팽창테이프 내측 방습테이프 / 외측 투습방습테이프 기밀테이프 · 창호 자체의 성능만큼 중요한 부분이 창호와 구조체 사이의 틈새임 · 틈새를 우레탄폼으로만 주입하고 끝나는 경우가 대부분 이며, 우레탄폼은 방수와 기밀성능을 확보할 수 없음 · 틈새를 막기 위해 팽창테이프 혹은 기밀테이프를 시공 · 기밀테이프는 설치위치에 따른 용도와 목적이 다르기 때문에 올바른 계획 및 시공이 되어야 함 · 통상적으로 기밀층/방습층은 내부, 방수투습층은 외부쪽에 설치 · 창호 주변 모서리 부분에서 누기가 자주 발생. 시공시 주의 필요
배관 및 배선의 기밀	· 배관주변 혹은 전선주변의 기밀이 중요 · 시공부위에 맞는 적절한 부자재를 활용한 기밀작업 필요

1-5 기밀테스트 방법

▪ 테스트 방법(ISO 9972에 따라 두 가지 방법으로 나눠서 진행)

Method 2 (중간기밀테스트)

- 공사 중 중간 테스트로서 건물 외피의 기밀 시공이 완료된 시점에서 진행
- 견고하지 못한 기밀 시공 부위가 발견될 시에는 보수 및 개선이 가능해야 하므로 기밀 자재가 드러나 있는 시점에 진행하는 것이 원칙
- 테스트 전에 미리 건물 외피의 모든 개구부를 닫거나 밀봉처리 필요(외부로 연결된 배관같이 차후 공정을 위한 의도적인 개구부 또한 밀봉)
- 중간 테스트는 건물의 어느 부위에서 침기가 발생하는지에 대하여 알고 보완하기 위함이며 *n50값의 달성 가능 여부를 가능할 수 있는 정보를 제공
- 기본적으로 감압 테스트로 진행

Method 1(최종기밀테스트)

- 최종 기밀테스트로서 건물의 모든 공정이 완료되어 건물을 사용이 가능한 시점에 진행
- 건물 전체에 적용되어 있을 열회수 환기장치의 가동을 잠시 중단하고 개구부를 밀봉한 상태에서 측정
- 감압 테스트와 가압 테스트를 각각 진행하여 두 테스트 결과의 평균치를 최종 *n50값으로 결정

* n50 : 건물 내부와 외부의 기압 차이가 50Pa인 상황에서 유입 또는 유출되는 공기의 양

▪ 측정 시 기후조건
· 최적의 조건은 내외부의 온도차가 적은 경우와 바람이 잠잠한 경우
· 500m·K 이하 : 내외부의 온도차와 건물의 높이를 곱한 값(예 : 건물의 높이 10m, 온도차 20K는 200m·K, 측정 가능한 조건이며 이를 초과할 경우에는 실질적으로 건물 내외부의 압력 차이인 50Pa를 형성하기가 어려움)
· 바람의 속도 6m/s 이하(나뭇잎과 작은 가지가 흔들리며 바람의 속도가 3.6에서 5.4m/s에 이르는 Beaufort 스칼라 3에 해당이 된다.)
· 기준에 맞게 시공사/인증 주체자는 현장을 준비해야 하며 최소 1주일 전 테스트 일정 협의가 필요(측정기후조건에 의해 테스트 일정이 유동적)

▪ 계산방법

· 측정값 :
$$\frac{\text{블로어도어 테스트 시 표시되는 침기량 추정치 - 단위:㎥}}{\text{건물체적(지하층~옥탑층의 바닥면적 x 층고의 합)}} = \text{OO회 (1/h)}$$

2. 기밀테스트 결과

2-1 기밀테스트 실사례

기밀테스트	일시	테스트 결과	비고
Method 2	2023.02.13	감압 **0.25회** / 합격	50Pa
Method 1	2023.05.24	가감압 평균 **0.44회** / 합격	50Pa

* 순천 패시브하우스 실사례

BlowerDoor GmbH
MessSysteme für Luftdichtheit

BUILDING LEAKAGE TEST

Date of Test: 23.05.24   Test File: 230524_순천시 웅령리 단독주택 Method1_가감압0.44회
Technician: 김규화, 하종운
Project Number:

Customer: Building Address: 순천시 웅령리 단독주택
전남 순천시 상사면
웅령리 641

Test Results at 50 Pascals:

		Depressurization	Pressurization	Average
q_{50} :	m³/h (Airflow)	231 (+/- 5.3 %)	459 (+/- 10.2 %)	345
n_{50} :	1/h (Air Change Rate)	0.30	0.59	0.44
q_{F50} :	m³/(h·m² Floor Area)	0.68	1.35	1.02
q_{E50} :	m³/(h·m² Envelope Area)	0.29	0.58	0.44

Leakage Areas:

ELA $_{50}$:	m²	0.0071 (+/- 10.2 %)	0.0140 (+/- 10.2 %)	0.0105
ELA $_{F50}$:	m²/m²	0.0000208	0.0000412	0.0000310
ELA $_{E50}$:	m²/m²	0.0000089	0.0000177	0.0000133

Building Leakage Curve:

Air Flow Coefficient (C_{env}) m³/(h·Paⁿ)	22.2 (+/- 24.1 %)	12.3 (+/- 42.7 %)	
Air Leakage Coefficient (C_L) m³/(h·Paⁿ)	22.1 (+/- 24.1 %)	12.3 (+/- 42.7 %)	
Exponent (n)	0.600 (+/- 0.070)	0.926 (+/- 0.125)	
Coefficient of Determination (r²)	0.97682	0.96869	

Test Standard: ISO 9972
Test Mode: Depressurization and Pressurization
Type of Test Method: Method 1 - Test of Building in use
Purpose of Test: 최종기밀성능테스트   n50 ≤ 1 1/h

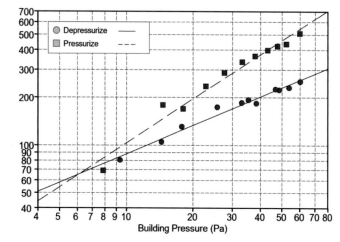

2-2 모니터링 위치

지상2층 평면도   □ 블로어도어 설치지점   ■ 중앙 제어 지점

중간테스트 (감압 그래프)

최종테스트(가감압 평균 그래프)

현장검증 (중간 기밀테스트)

현장방문

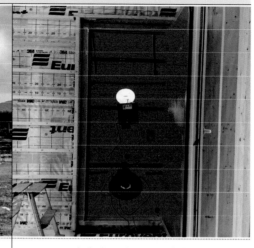

기밀성능테스트 (감압)

빗물받이 설치 검수

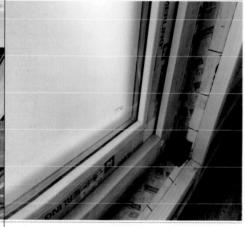

창호용 기밀테이프 적용 검수

외벽 관통부위 기밀자재 적용 검수

스모그머신 테스트

현장검증 (최종 기밀테스트)

현장방문

외부차양 설치 검수

외부차양 설치 검수

OA측 프리필터박스 설치 검수

기초 외주부 단차 및 쇄석 적용 검수

최종 기밀성능테스트 (가감압)

5 환기 T.A.B 검증

1. TAB 개요

1-1 목적 및 필요성

패시브하우스의 공기조화 시스템의 목적은 주거건축물에서 거주자의 쾌적한 주거환경 유지, 외기오염으로부터의 재실자 보호, 외기 배기로 인한 에너지 손실 방지 등에 목적이 있다.

본 시설의 공기조화 설비 TAB는 전반적인 설계도서 및 장비 측정을 통하여 설계 의도에 부합되는 조정 작업을 실시하여 쾌적한 실내환경 및 각 실 간의 부압을 유지하여 공기가 오염이 많은 구역으로 흐르도록 하는데 있다.

TAB는 Testing(시험), Adjusting(조정), Balancing(평가)의 약어이다. 각 장비의 정량적인 성능 판정, 터미널 기구에서의 풍량 및 수량을 적절하게 조정하는 작업, 설계치에 따라 분배시스템(주관, 분기관, 터미널) 내에 비율적인 유량이 흐르도록 배분하여 건물 내의 모든 공기조화 시스템에 설계에서 의도하는 바대로 기능을 발휘하도록 점검 및 조정하는 것을 뜻한다.

1-2 TAB 수행절차

▪ 예비절차(공기분배 계통)

① 자료 수집
· 송풍기 성능 곡선과 기술 사양서
· 쿨링 코일(Cooling Coil) 등과 히팅 코일(Heating Coil) 관련 기술 자료
· 송풍기 모터(Motor)의 명판 사양
· 모터 기동기의 크기, 위치 및 과부하 방지 범위
· 벨트 및 구동부 자료
· 제작사가 제공하는 터미널(Terminal) 관련 자료(예 : 유효면적)
· 공기조화기 및 송풍기에 관한 제작사의 자료와 시험 요령
· 공기 순환 계통의 압력 강하(Filter, Coil)
· 기타 관련 장비 및 기기의 자료

② 계통 도면 작성
* 각 계통에 대한 흐름도를 작성하여 다음 사항들을 표시하였다.
· 모든 댐퍼(Damper), 조정기 및 터미널(Terminal) 입구, 출구 표시
· 메인(Main)과 서브(Sub)의 크기 및 풍량 표시
· 외기, 환기 및 배기를 포함하여 모든 터미널(Terminal) 입/출구의 풍량 표시
· 설치 도중에 설계 변경된 사양을 표시

· 모든 터미널(Terminal) 번호 부여

③ 자료 및 계통 검토

* 공기분배의 자료 및 계통을 검토하여 다음 사항을 파악하였다.

· 계통의 균형(Balancing)을 맞추는데 수행될 모든 단계(온도 제어 및 관련 물 계통의 검토 포함)

· 필요한 측정 계기

· 필요한 보고서 양식

· 덕트(Duct) 측정 위치

· 계통을 정지하거나 계통의 공기량을 변화시킬 수 있는 장치의 위치와 기능

· 송풍기 용량과 터미널(Terminal)의 전체 공기량 비교

· 불균형의 원인이 되는 계통

· 분기와 수직 덕트(Duct)에서 풍량 조절 장치의 누락 여부

· 필터(Filter)에 관한 필요 사항

· 작업 진행 계획과 관련된 균형(Balancing)을 위한 계통의 운전 가능 일자

· 다른 시공자의 작업과 중복 여부

· 계통 균형(Balancing)의 순서

· 외기 온도와 고도에 따른 보정 필요 여부

④ 측정 계기 선정

필요한 계기와 교정 자료를 참고하고, 측정에서 사용되는 전 계기의 목록을 작성하였다. 단, 같은 계기가 두 가지 이상 사용되면 각각 비교하여 계기 눈금의 편차가 5%를 넘지 않도록 보정하였다.

■ 사전 준비 점검(공기분배 계통)

시공자가 시험, 조정, 평가 작업 수행 전 장비와 계통을 완전히 설치한 후 시험, 조정, 평가를 위한 측정 방법을 수행하기 전에 다음 사항을 점검한다.

① 덕트(Duct) 계통 검사

· 모든 외기 댐퍼(Damper), 환기 댐퍼 및 배기 댐퍼의 작동 상태

· 풍량 조절 댐퍼와 방화 댐퍼가 완전 개방 위치에 놓여 있는지 여부

· 터미널 유닛[Terminal Unit(VAV, CAV)]의 작동 상태 및 완전 개방 위치에 놓여 있는지 여부

· 점검구 설치 및 누기 상태

· 터미널(Terminal)의 설치 및 터미널 댐퍼의 완전 개방 여부

· 피토 튜브(Pitto Tube)의 투입 구멍 설치 여부

· 천장 구조물의 견고성 여부

· 실내 건축 구조가 공기 흐름을 방해하는지 여부

· 터닝 베인(Turning Vein) 및 덕트 연결부의 제작 공법 여부

· 덕트 이음부의 시공상태 및 누기 상태

▪ 시험 및 조정절차(공기분배 계통)

① 일반 사항
· 사전 준비 점검이 완료되었는지 확인
· 공기 순환이 정상적으로 되도록 칸막이, 문, 창문 등 건축 구조물이 제대로 설치되어 있는지 점검하여 측정에 있어 장애가 되지 않게 확인
· 급기, 배기 및 환기 계통이 설계 사양대로 작동되는지 확인
· 냉방 시를 기준으로 하여 계통 조건이 공기 흐름의 최대 상태가 유지되었는지 확인
· 계통에서 자동 제어 기기들이 정상적으로 작동되는지 확인
· 송풍기 풍량과 설계 회전수가 제대로 나오는지 확인

② 급기 계통
· 피토 튜브(Pitto Tube) 이송법을 이용하여 메인(Main) 및 서브(Sub)의 공기분배 상태를 확인
· 메인 및 서브, 메인의 풍량 조절 댐퍼를 조정하여 개략적인 풍량을 맞춘다.
· 터미널(Terminal) 기기를 조정하지 않은 상태에서 계통의 각 터미널의 공기 흐름을 측정하여 기록하였다. 또한 기본 조건을 조사하여 터미널 기기 풍량을 정하며, 분기 균형(Balancing) 순서를 계획
· 최대 용량 분기에서 최저 용량 분기까지 측정하여 각 분기를 다음과 같이 조정
- 분기 연결부에서 가장 먼 터미널(Terminal)에서 시작하여 분기 연결 지점 쪽으로 진행하여 각 터미널의 풍량을 조정
- 필요시 제작자가 제의한 특별한 측정계기 또는 보정 계수(K)를 이용
· 계통이 균형(Balancing)을 이룰 때까지 조정을 되풀이
· 송풍기 풍량과 작동 상태를 필요에 따라 재조정
· 급기, 배기 및 환기 계통이 균형(Balancing)된 후 급기 송풍기의 풍량이 100% 외기 조건으로 설계가 고려되었는지 확인

③ 배기 계통
배기 계통은 ①항의 일반 사항 및 ②항의 급기 계통에 준하여 시행

▪ 측정방법

① 일반 사항
· 시험, 조정, 평가 용역 수행자는 시험, 조정, 평가를 실시하려는 건물에 적절한 측정 기구 및 전문 기술자를 투입
· 측정계기는 진동, 충격 및 습기 또는 부정확의 원인이 되는 기타 조건으로부터 손상되지 않도록 운송 보관
· 측정계기는 신뢰성 있는 보정 기관에서 보정되어야 하고, 보정 유효기간을 넘지 않아야 하며 보정된 측정 계기를 사용
· 보정 증명은 계기와 함께 보관되어야 하며 발주자가 신뢰성 증명을 요구할 시 그 사본을 제출할 수 있는 업체

② 풍량 측정

· 공조 계통의 풍량 측정을 다룬다.

- 풍량계는 측정 대상에 적합한 기구를 사용

- 덕트(Duct) 단면적에 의한 풍량 측정에 있어서는 단면적의 정확한 측정이 이루어져야 한다.

- 풍량 측정에서는 공조 계통의 저항이 최소화되도록 한다.

· 회전식 바람개비형 풍속계

- 전기식 베인(Vein) 풍속계 또는 기계식 디지털(Digital) 풍속계가 사용된다.

- 회전식 풍속계로 전열 코일(Coil)의 통과 풍속을 측정할 때 전열 코일 전면에 바로 붙여서 측정하지 않는다.

- 풍속계가 특별히 저속용으로 설계되지 않았다면 1m/s 이하에서는 사용하지 않도록 하여야 하며, 적정한 장비를 사용하도록 한다.

- 기류가 방해를 받지 않도록 풍속계는 기류에 평행하게 유지하여 읽어야 한다.

- 최소 1분간 측정

- 그릴(Grill)의 풍량 측정 시에는 가장 낮은 속도 영역으로부터 높은 속도 영역으로 옮겨가면서 풍속을 측정하며 한 위치에서 연속 4회를 측정하여 그 평균치를 측정하도록 한다.

- 풍속계 제조 회사의 보정 계수를 적용

· 급기 그릴(Grill) 측정

- 댐퍼(Damper) 달린 레지스터(Register) 풍속은 회전식 베인(Vein) 풍속계로 측정하면 부정확하다. 이런 레지스터의 취출기 기류는 국소 위치에 따라 불균일하므로 풍속계가 평균값을 나타낼 수 없다. 따라서 회전식 베인 풍속계 그릴면에서 약 25mm 이격을 하여 측정하여야 하며, 이 때 전면 Bar 유동 방향에 평행하게 나열되어 있어야 한다.

- 풍량 산정 시 필요한 급기 그릴(Grill) 면적은 그릴 내부 프라임(Prime)의 면적으로 취하도록 한다.

· 환기 및 배기 그릴(Grill) 특징

- 환기 및 배기 그릴에서의 측정은 이격 링(Ring)을 풍속계 다이얼(Dial) 표면측에 부착시켜 그릴의 전면에 갖다 붙여 측정하도록 한다.

- 환기 그릴에서의 풍속 측정 방법은 [② 풍량 측정]과 동일하게 하도록 한다.

- 풍량 산정을 위한 면적은 내부 프라임의 면적으로 한다.

▪ 소음측정

· 소음 측정 방법을 다루며 기본 사항은 다음 각 항에 따른다.

- 공조 장비의 소음 측정 전에 건축 설계 도면과 설비 도면을 검토하여 소음 발생 원인과 그 특색 및 전달 경로를 검토하도록 한다.

- 소음 측정기는 측정 대상에 적합하게 선택되어야 하며, 특히 암 소음 측정에 유의하도록 한다.

① 소음계

- 소음계는 휴대용 타입의 일반용 시험기로 기준을 정한다.

- 소음계와 보정기는 동일 제조 회사 제품이어야 하며, 보정기는 소음계의 마이크로 폰(Micro Phone)용으로 기재되어 있어야 한다.

- 보정치가 ±2dB 이상이 요구될 때는 계측기와 보정기는 제조업자에게 검사 및 보정을 의뢰한다.

② 마이크로폰(Micro Phone)

- 소음계에 장착되는 마이크로 폰(Micro Phone) 허용 타입(Type)은 콘덴서(Condenser)형이나 피에조 일렉트릭(Piezo Electric)형이다.
- 마이크로 폰은 20kHz까지 측정할 능력이 있어야 한다.
- 음파 방향에 관한 마이크로 폰 기본 위치의 선정은 제조 회사의 권장 사항에 따라야 한다.
- 마이크로 폰은 다이어그램(Diagram)에 영향을 주는 고습도로부터 보호되어야 한다.
- 마이크로 폰은 37°C 이상 또는 -23°C 이하 온도의 대기 중에 노출되지 않게 한다.
- 외부에서 측정 시 풍속이 2m/s 이상인 경우에는 방풍 스크린(Screen)을 사용하도록 한다.

③ 측정 순서

· 소음계는 각기 사용 전 보정되어야 한다.
· 측정과 관련 없는 방해나 외부 소음이 기록되지 않도록 실험자를 제외한 모든 사람이 없는 상태에서 측정을 실시하도록 한다.
· 시험자는 모든 창호나 문을 닫도록 한다.
· 소음계는 보관 상자 자체가 마이크로 폰(Micro Phone)의 음역에 영향을 미치므로 보관 상자에서 꺼내어 사용한다.
· 실험자는 음원과 마이크로 폰 간의 직선상에 방해물이 없는 상태에서 측정하도록 한다.
· 소음 특정은 장비 운전과 정지 중에 각각 행한다. 만약 암 소음과 장비 운전 중의 측정 차이가 10dB이거나 그 이상이면 암 소음은 고려하지 않아도 된다. 7dB 이하일 경우 대상 장비의 소음 레벨(Level) 결정은 측정 소음 레벨에서 암 소음 영향으로 인한 증가치를 감하도록 한다.

6 에너지 분석 및 인증결과

1. 기본 사항

에너지 분석은 EN ISO 13790 Energy performance of Buildings를 기반으로 만들어진 건물에너지 해석 프로그램 Enegry#을 활용하여 수행한다.

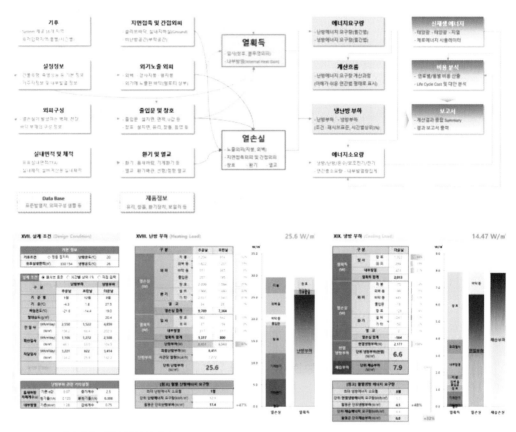

Energy# 소프트웨어 구성도 및 부하 분석 예시

▪ **표준조건**
- 기후데이터 : 지역의 데이터 세트(Meteonorm7)
- 실내온도 : 20°C
- 내부발열량 : 에너지효율등급 용도프로필 기준 실별 개별 산정
- 재실면적 : 35m²/인(20~50m²/인 범위 내에서 다른 값 적용 가능)
- 급탕수요 : 에너지효율등급 용도프로필 기준 실별 개별 산정
- 평균 환기율 : 에너지효율등급 용도프로필 기준 실별 개별 산정 및 오차율 적용

- 주거용 건물 전기에너지 수요 : 에너지효율등급 용도프로필 기준 실별 개별 산정(조명 제외)
- 열적외피 : 예외 없는 외곽 치수 적용
- 기밀성 n50 : 측정값 적용

2. 에너지해석 인증결과 (* 순천시 단독주택 사례)

Project Overview

ENERGY#®
The Optimal Solution of Passive House
Copyright (c)2021. Sungho Bae. All rights reserved

1. 기본 정보

기본 정보	건 물 명	순천시			
	국 가 명	대한민국	시/도		전남
	상세 주소	순천시 상사면			
	건 축 주	윤혜설, 정기현			
건축 정보	대지면적(㎡)	2,072.00	건물 용도		단독주택
	건축면적(㎡)	297.67	건 폐 율		14.37%
	연면적(㎡)	297.67	용 적 률		14.37%
	규모/층수	지상1층			
	구조 방식	목구조			
	내장 마감	강마루, 친환경수성페인트			
	외장 마감	롱브릭타일, PVC삼중유리창호, 징크패널			

설계 정보	설계시작월	2022년 1월	설계종료월	2022년 6월
	설계사무소	(주)건축사사무소 TOP		
	설비설계			
	전기설계			
	구조설계			
	에너지컨설팅	(사)한국패시브건축협회		

시공 정보	시공시작월	2022년 7월	시공종료월	2022년 12월
	시 공 사	(주)예진종합건설		
입력 검증	검증기관	(사)한국패시브건축협회		(서명)
	검증자/번호	임누리 선임연구원, 박용한 주임연구원		2023-P-016
	검 증 일	2023년 8월 17일		
	Program 버젼	에너지샵(Energy#®) 2021 v2.5		

2. 입력 요약

기후 정보	기후 조건	◇ 순천시		
	평균기온(℃)	20.0	난방도시(kKh)	63.6
기본 설정	건물 유형	주거	축열(Wh/㎡K)	80
	난방온도(℃)	20	냉방온도(℃)	26
발열 정보	전체 거주자수	3	내부발열 입력유형	표준치 선택
	내부발열(W/㎡)	4.38		주거시설 표준치
면적 체적	유효실내면적(㎡)	180.2	환기용체적(㎡)	450.6
	A/V 비	0.75	(= 787.1 ㎡ / 1047.3 ㎡)	

열관류율 (W/㎡K)	지 붕	0.148	외벽 등	0.171
	바닥/지면	0.116	외기간접	0.000
	출 입 문	0.651	창호 전체	0.925
기본 유리	제 품	Ensum_T47/5mm Low-e+16mm Argon+5mm Clear+16mm argon+5mm Low-e		
	열관류율	0.64	일사획득계수	0.45
기본 창틀	제 품	Ensum_koemmering88		
	창틀열관류율	0.950	간봉열관류율	0.03
환기 정보	제 품	DOMEKT R 450V		
	난방효율	85%	냉방효율	80%
	습도회수율	60%	전력(Wh/㎡)	0.408470722
열교	선형전달계수(W/K)	6.65	점형전달계수(W/K)	0.00

재생 에너지	태양열	System 미설치
	지 열	System 미설치
	태양광	출력 : 5 kWdc, 전력생산 의존율 : 66%

3. 에너지계산 결과

	난방성능 (리터/㎡·yr)	**2.9**	검토(레벨1/2/3)
난방			↓ 15/30/50
	난방에너지 요구량(kWh/㎡·yr)	29.49	A1
	난방 부하(W/㎡)	25.1	
냉방	냉방에너지 요구량(kWh/㎡·yr)	18.59	-
	현열에너지	10.99	↑ 검토제외
	제습에너지	7.61	
	냉방 부하(W/㎡)	26.5	
	현열부하	18.1	
	제습부하	8.4	
총량	총에너지 소요량(kWh/㎡·yr)	72	
	CO2 배출량(kg/㎡·yr)	20.0	↓ 120/150/180
	1차에너지 소요량(kWh/㎡·yr)	104	A0
기밀	기밀도 n50 (1/h)	0.44	A0
검토 결과	(A1) Passive House		↑ 1/1/1

※ 에너지효율등급 기준에 의한 등급 : 1++

▶▶ 연간 난방 비용

1,067,000 원

▶▶ 연간 총에너지 비용

2,461,300 원

- 겨울철 실내온도를 20℃로 유지할 때 필요한 단위면적당 난방에너지 요구량
- 에너지 소요량은 결과값에 반영되지 않았음

구 분	등 급	연간 난방에너지요구량 [kWh/㎡a]	비 고
(사)한국패시브건축협회 인증 기준	1.5L 이하 (A0 등급)	15 [kWh/㎡ · a] 이하	
	3.0L 이하 (A1 등급)	30 [kWh/㎡ · a] 이하	
	5.0L 이하 (A2 등급)	5 [kWh/㎡ · a] 이하	

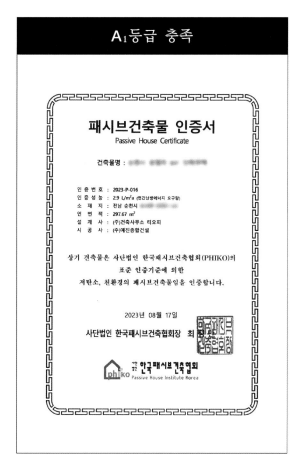

구 분		시뮬레이션 실행 값
외피 평균 열관류율	외 벽	0.171 W/㎡k
	지 붕	0.148 W/㎡k
	바 닥	0.116 W/㎡k
창 호		유리 U_g : 0.64 W/㎡k 유리 g - Value : 0.45 창호 프레임 U_f : 0.95 W/㎡k
기밀성능		0.44회/h @50pa (가감압 평균)
해석결과	난방에너지	29.49 kWh/㎡a
	냉방에너지	18.59 kWh/㎡a
적용기준		난방에너지 요구량 50 kWh/㎡a 이하 이므로 패시브 인증 목표 값 달성

패시브건축물 인증서
Passive House Certificate

건축물명 :

인 증 번 호 : 2023-P-016
인 증 성 능 : 2.9 L/㎡a (연간난방에너지 요구량)
소 재 지 : 전남 순천시
연 면 적 : 297.67 ㎡
설 계 사 : ㈜건축사무소 티오피
시 공 사 : ㈜예진종합건설

상기 건축물은 사단법인 한국패시브건축협회(PHIKO)의
표준 인증기준에 의한
저탄소, 친환경의 패시브건축물임을 인증합니다.

2023년 08월 17일

사단법인 한국패시브건축협회장 최

한국패시브건축협회
Passive House Institute Korea

A1등급 충족

* 순천시 단독주택의 단위면적당 연간 난방에너지 요구량은 A1등급 기준인 30KWh/m2a 이하를 충족하여 (사)한국패시브건축협회 인증기준 A1등급(3.0L 이하)을 획득하였다.

7 패시브하우스 유지와 관리

1. 패시브하우스 유지관리 메뉴얼

1-1 일반 사항

패시브하우스의 쾌적 범위는 온도조건은 난방온도 20℃ / 냉방온도 26℃이고, 습도조건은 40%~60%이다. 건축주는 온습도계를 설치해 실내 주거환경을 주기적으로 체크하는 게 바람직하다.

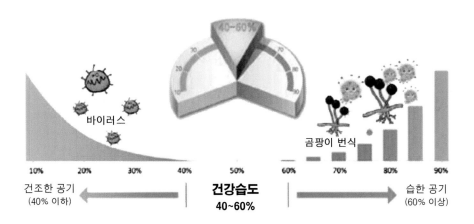

1-2 창호 및 도어

패시브하우스의 외기에 면한 모든 창호 및 도어는 시스템창호 및 도어로 압착으로 잠금이 되는 방식이어야 한다.

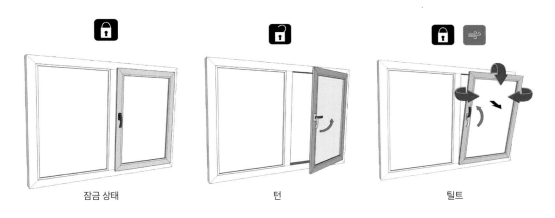

| 잠금 상태 | 턴 | 틸트 |

＊ 턴 : 창을 90도 열 수 있는 방식

＊ 틸트 : 창의 상부를 15도 정도 열어 환기가 가능한 상태. 외부에서 침입하거나 추가적으로 열리는 것은 방지

거주자는 집에서 나가거나 들어올 때 현관문 손잡이를 위로 올려 압착기능을 이용하는 게 필요하다. 이를 통해 현관문의 틈새 바람을 막아주고, 일사로 인한 온도 상승으로 변형현상을 최소화 할 수 있다.

패시브하우스는 환기창치로 공기순환을 시키는 것 외에 자연환기 또한 시간을 정해 짧고 강하게 하는 것이 좋다. 이는 실내 축열된 열을 보존하기 위함이다.

1-3 차양

패시브하우스는 겨울철 일사획득을 최대화해 난방을 대체하는 주택이라 할 수 있다. 겨울철의 경우 설치된 차양장치(외부전동블라인드 또는 ADD-ON 등)를 올려 일사를 받아들이고 난방이 되도록 하여 난방부하를 최소화하도록 관리하는 게 좋다. 반면, 여름철의 경우에는 설치된 차양장치를 통해 일사를 차단하여 실내가 과열되는 것을 방지함으로써 냉방부하를 최소화하도록 관리해야 한다.

1-4 환기장치

환기장치는 약, 중, 강 세 가지 모드가 설정되어 있다. 통상적으로 중모드로 사용하며 장시간 외출 시에는 약모드, 손님 방문 및 요리, 샤워 등 냄새 또는 습기의 배출이 필요한 경우에는 강모드 가동을 권장한다.

환기장치의 유지관리는 필터박스를 통해 가능하며 설치된 환기장치 기기별 설치업체에 문의하여 필터를 교체 유지, 관리해야 한다. 주택의 주변 여건에 따라 다르지만 필터의 교체주기는 필터박스 내의 3개 필터 중 제일 상부에 있는 프리필터를 자주 청소해줄 경우 하부 헤파필터와 활성탄필터는 6개월 가량 사용이 가능하다. 기타 자세한 사항은 적용된 환기장치의 업체별 메뉴얼을 참고한다.

프리필터	미디움필터	미세필터
양호	양호	양호
교체 필요	교체 필요	교체 필요

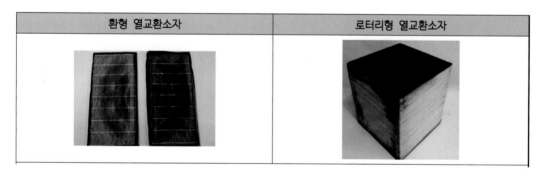

환형 열교환소자	로터리형 열교환소자

· 필터가 먼지를 걸러주지 못하는 상황이 되면 열교환 소자 또한 오염물질의 영향을 받게 된다.

· 열교환 소자는 업체에서 제시하는 주기에 따라 중성세제로 빨아서 재사용한다.

1-5 기타

준공된 지 2년이 지나지 않은 건축물의 경우 콘크리트 속의 수분 증발로 실내로 습기가 많이 공급된다. 따라서 초기에는 상대습도가 40%~60%를 유지하도록 제습기를 가동하는 적극적인 관리가 필요하다.

실내 장비를 추가 설치하는 경우 외벽을 관통하는 장비가 설치될 때에는 기밀자재를 적용한다(공기청정기와 같이 실내에서만 작동하는 기기는 제외). 위 사항과 더불어 패시브주택을 리모델링할 경우에는 (사)한국패시브건축협회로 연락하여 제반 사항에 대한 검토 요청을 받는 게 좋다.

 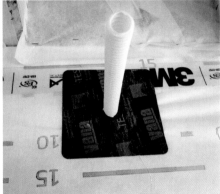

2. 패시브하우스에 대해 자주 묻는 질문사항

Q. 패시브하우스는 냉방을 하지 않아도 시원하다?

패시브하우스는 외부로의 누기가 최소화되고 끊김 없는 단열재의 시공으로 보온병과 같은 상태의 주택이라고 생각하면 된다. 따라서 여름철에는 냉방을 가동하지 않고는 시원해질 수 없으며, 냉방을 가동하면 냉방의 효과가 오래 유지되는 주택이다. 써큘레이터를 활용하여 에어컨의 냉기를 기류가 형성되어 순환되도록 작동하면 쾌적함을 느끼는 데 효과적이다.

Q. 장시간 집을 비울 때 환기장치를 꺼도 되나?

패시브하우스는 기밀시공 주택으로 인위적인 환기의 적용이 필수이다. 365일 24시간 내내 환기장치를 가동해야 쾌적한 거주환경을 유지할 수 있다.

Q. 환기장치를 가동하면 냉난방을 안 해도 되나?

열회수형 환기장치는 실내외의 공기를 섞이지 않게 교차시키면서 온도만 교환하는 시스템으로 냉방이 되는 것은 아니다.

Q. 겨울철 창문에 결로가 발생했는데 창호에 문제가 있는 게 아닌가?

기온이 내려간 아침에 바닥난방을 통해 공급되는 온기가 상승하면서 창턱 하부에 만든 선반이나 싱크대로 충분한 열을 공급받지 못하는 경우가 있다. 이로 인해 일시적인 결로가 생성될 수 있으나, 태양열로 내부온도가 상승하면 자연스럽게 건조되는 경우가 대부분이다. 시간이 지나도 마르지 않을 정도로 과도하게 결로가 발생하여 하부에 물이 고이는 정도로 발생하는 경우에는 협회나 창호업체를 통해 보수가 필요하다.

하자 : 일반 슬라이딩 창에 내장된 보강 철물로 열이 빠져나가며 창틀에 결로가 생기는 현상

일시적인 현상 : 가장 기온이 내려간 아침 바닥난방을 통해 공급되는 온기가 상승하며 창턱 하부에 만들어진 선반 구조나 싱크대나 가구 등에 의해 열을 충분히 공급받지 못했을 경우 결로가 발생할 수 있다. 태양열로 내외부 온도가 상승하면 자연스럽게 건조되는 경우가 대부분이다.

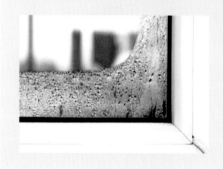

Q. 현관문이 잘 안 열린다?

패시브주택은 환기장치 설치 시 T.A.B[Testing(시험), Adjusting(조정), Balancing(평가)]라는 작업을 통해 급기량과 배기량의 밸런스를 조정하여 인위적으로 양압 상태가 유지되도록 설정한다. 인위적으로 급기 디퓨저를 돌려 잠그거나 강제배기(주방, 화장실)가 작동되고 있는 경우 음압이 형성되어 현관문을 여는 데 많은 힘이 들어갈 수 있다. 인위적인 디퓨저 조정은 삼가는 게 좋고, 강제 배기가 작동하는지 확인한다.

Q. 보일러는 언제 가동하나?

난방수 온도의 경우 높은 온도로 가동하면 실내온도가 설정 온도보다 높이 올라갔다 내려가는 사이클이 생긴다. 따라서 동일한 열량을 투입하더라도 온도차가 크지 않도록 일정하게 유지하는 방식으로 난방하는 에너지소비가 효율적이다. 겨울철 취침 전 일정시간(30분~1시간) 가동 후 취침하고 온도가 서서히 내려가서 새벽에 햇빛이 유입되면서 자연스럽게 실내온도가 유지되도록 가동하기를 권장한다.

Q. 하자의 담보책임 기간은 어떻게 되나?

건설산업기본법 28조 1항에 따라 건설공사의 완공일과 목적물의 관리·사용을 개시한 날 중 먼저 도래한 날

로부터 철근콘크리트 건축물의 경우 10년, 목구조의 경우 5년이다.

Q. 기계실의 출입문은 왜 철제도어가 적용되었나?

기계실은 법적으로 방화문이 적용되어야 한다. 철제도어가 적용되어 5년 정도 지나면 하부의 부식이 시작될 수 있다. 그래서 3년에 한 번 정도 페인트칠을 해주거나 3개월에 한 번 경첩(Hinge)과 하부 부위에 WD40을 뿌려주셔도 오래도록 사용이 가능하다.

자료제공 : (사)한국패시브건축협회

PART2
주문주택 시공 현황
& 에너지 분석

ORDER-MADE PASSIVEHOUSE

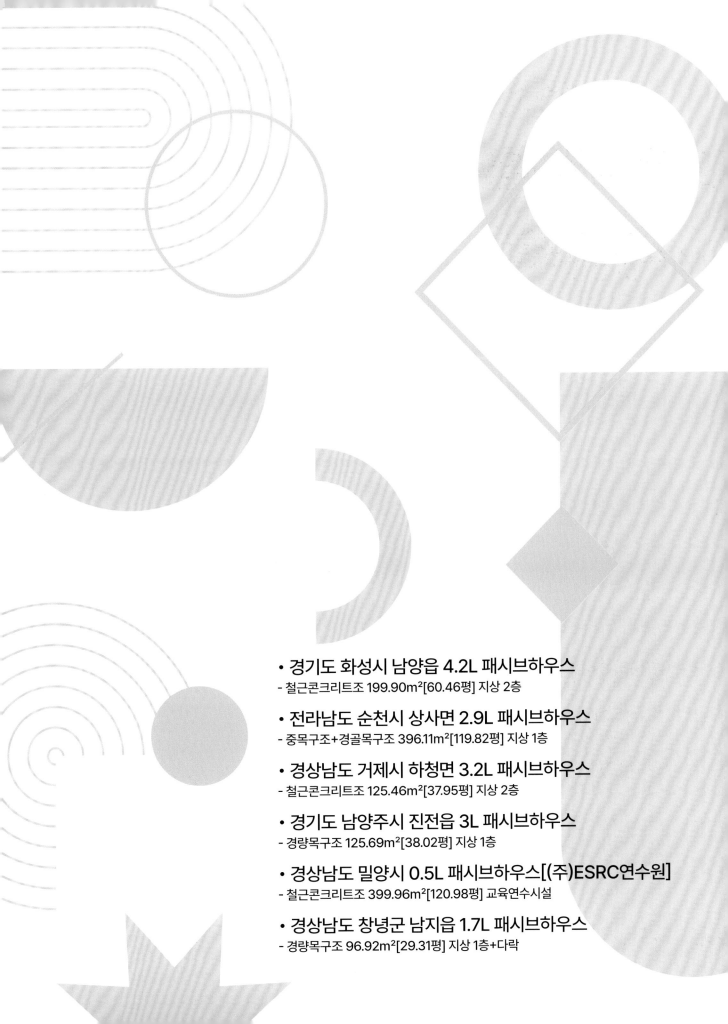

- 경기도 화성시 남양읍 4.2L 패시브하우스
  - 철근콘크리트조 199.90m²[60.46평] 지상 2층

- 전라남도 순천시 상사면 2.9L 패시브하우스
  - 중목구조+경골목구조 396.11m²[119.82평] 지상 1층

- 경상남도 거제시 하청면 3.2L 패시브하우스
  - 철근콘크리트조 125.46m²[37.95평] 지상 2층

- 경기도 남양주시 진전읍 3L 패시브하우스
  - 경량목구조 125.69m²[38.02평] 지상 1층

- 경상남도 밀양시 0.5L 패시브하우스[(주)ESRC연수원]
  - 철근콘크리트조 399.96m²[120.98평] 교육연수시설

- 경상남도 창녕군 남지읍 1.7L 패시브하우스
  - 경량목구조 96.92m²[29.31평] 지상 1층+다락

경기도 화성시 남양읍
4.2L 패시브하우스

199.90m²[60.46평]

경기도 화성시 제1종 전용주거지역에 자리 잡은 단독주택. 응집된 매스로 모던한 구조를 보이는 주택은 높은 기밀과 단열을 자랑하는 4.2L 패시브하우스이다. 건축면적 147.54 m²에 지상 2층 규모로 연면적은 199.90m²이다. 깔끔하게 구획된 택지지구 내에 철근콘크리트 공법으로 시공된 주택은 외장재를 적고벽돌로 마감하여 주변 여러 주택 가운데 남다른 존재감을 드러내고 있다.

CONSTRUCTION DETAIL

외벽 구성 : 지정벽돌 치장하기+T160
EPS(2종2호) 단열재+T9.5 석고보드 2겹
외벽 열관류율 : 0.191W/m²·K

——

지붕 구성 : 25mm 쇄석마감+T30
조경용배수판+투습방수지(지붕용)+T180
XPS(1호)단열재+일체형 복합방수+T100
구배용몰탈+콘크리트면 정리
지붕 열관류율 : 0.161W/m²·K

——

바닥 구성 : 강마루+친환경접착제+T40
시멘트몰탈+메탈라스+온수파이프+T70
경량기포콘크리트+T140 XPS(특호)
단열재+T50 버림콘크리트+0.03mm
PE필름 2겹+T150 잡석 다짐
바닥 열관류율 : 0.152W/m²·K

——

창틀 제조사 : Ensum_koemmering
창틀 열관류율 : 0.950W/m²·K

——

유리 제조사 : 삼호글라스
유리 구성 : T47/5PLA
UN+16AR+5CL+16AR+5PAL UN
유리 열관류율 : 0.57W/m²·K

——

창호 전체열관류율 : 0.858W/m²·K
현관문 제조사 : 엔썸
현관문 열관류율 : 0.573W/m²·K

——

기밀성능(n50) : 0.38회/h
환기장치 제조사 : 컴포벤트 DOMEKT R
450V
환기장치효율(난방효율) : 86%

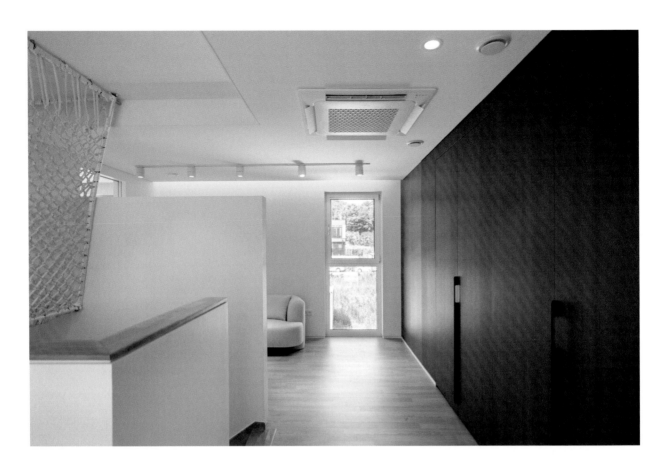

캐노피+툇마루 부분상세도

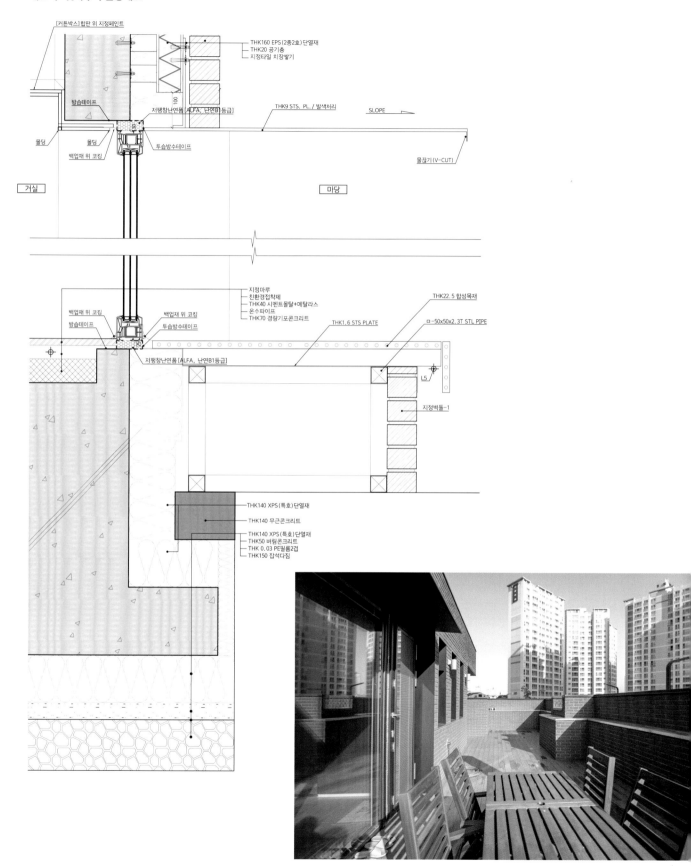

[커튼박스] 합판 위 지정페인트

THK160 EPS (2종2호)단열재
THK20 공기층
지정타일 치장쌓기

방습테이프

저팽창난연폼 [ALFA, 난연B1등급]

THK9 STS. PL. / 발색처리

SLOPE

몰딩

몰딩

백업재 위 코킹

투습방수테이프

물끊기 (V-CUT)

거실

마당

백업재 위 코킹

방습테이프

백업재 위 코킹

투습방수테이프

지정마루
친환경접착제
THK40 시멘트몰탈+메탈라스
온수파이프
THK70 경량기포콘크리트

THK22.5 합성목재

THK1.6 STS PLATE

ㅁ-50x50x2.3T STL PIPE

저팽창난연폼 [ALFA, 난연B1등급]

L5

지정벽돌-1

THK140 XPS (특호)단열재

THK140 무근콘크리트

THK140 XPS (특호)단열재
THK50 버림콘크리트
THK 0.03 PE필름2겹
THK150 잡석다짐

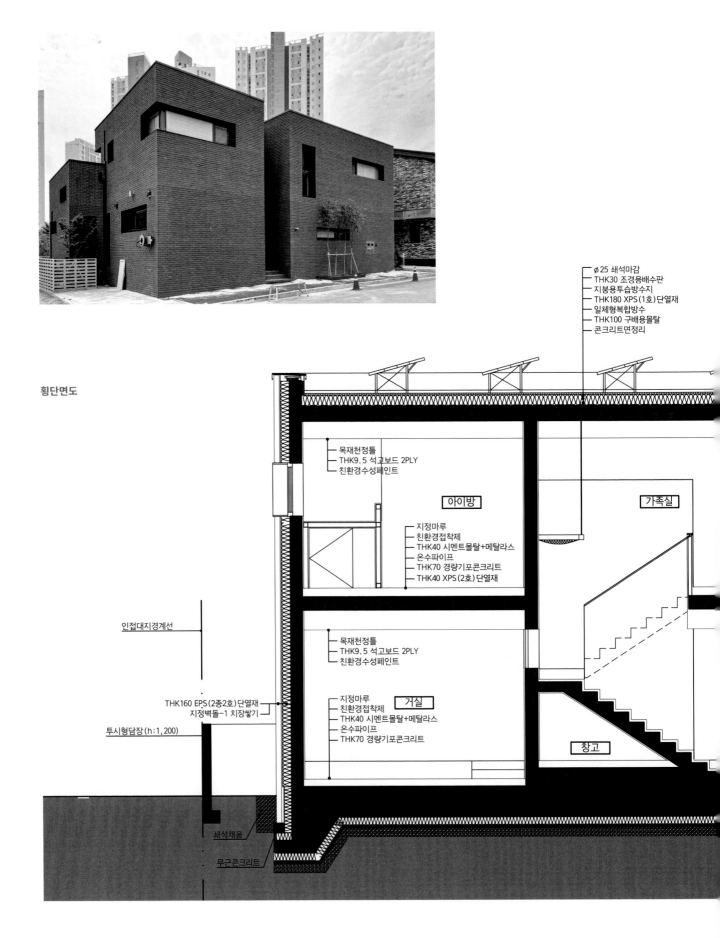

횡단면도

Ø25 쇄석마감
THK30 조경용배수판
지붕용투습방수지
THK180 XPS(1호)단열재
일체형복합방수
THK100 구배용몰탈
콘크리트면정리

목재천정틀
THK9.5 석고보드 2PLY
친환경수성페인트

아이방
가족실

지정마루
친환경접착제
THK40 시멘트몰탈+메탈라스
온수파이프
THK70 경량기포콘크리트
THK40 XPS(2호)단열재

인접대지경계선

목재천정틀
THK9.5 석고보드 2PLY
친환경수성페인트

지정마루
친환경접착제
THK40 시멘트몰탈+메탈라스
온수파이프
THK70 경량기포콘크리트

거실

THK160 EPS(2종2호)단열재
지정벽돌-1 치장쌓기

투시형담장(h:1,200)

창고

쇄석채움

무근콘크리트

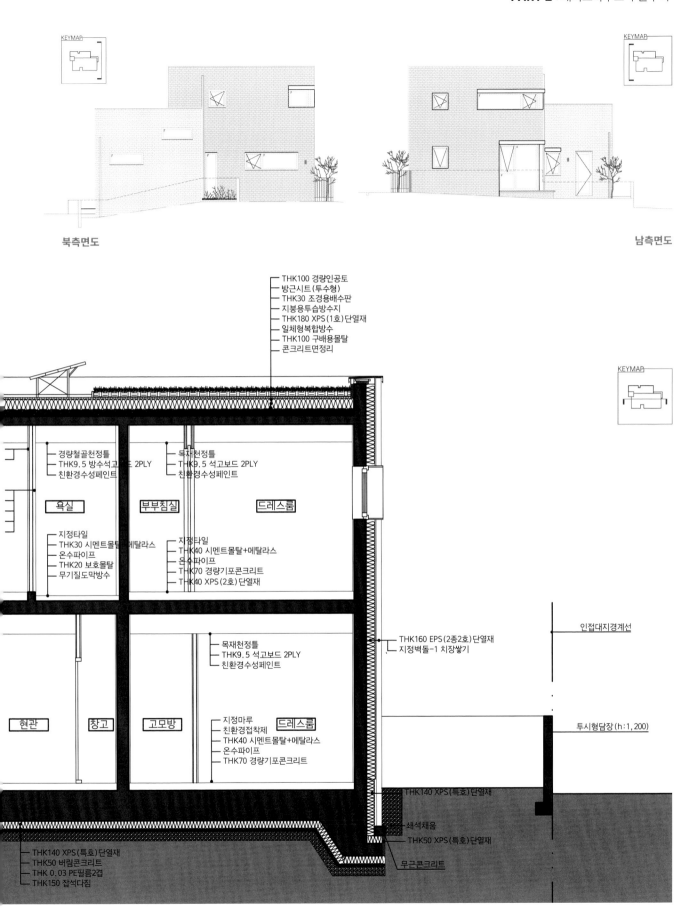

북측면도

남측면도

THK100 경량인공토
방근시트(투수형)
THK30 조경용배수판
지붕용투습방수지
THK180 XPS(1호)단열재
일체형복합방수
THK100 구배용몰탈
콘크리트면정리

경량철골천정틀
THK9.5 방수석고보드 2PLY
친환경수성페인트

목재천정틀
THK9.5 석고보드 2PLY
친환경수성페인트

욕실

부부침실

드레스룸

지정타일
THK30 시멘트몰탈+메탈라스
온수파이프
THK20 보호몰탈
무기질도막방수

지정타일
THK40 시멘트몰탈+메탈라스
온수파이프
THK70 경량기포콘크리트
THK40 XPS(2호)단열재

THK160 EPS(2종2호)단열재
지정벽돌-1 치장쌓기

인접대지경계선

목재천정틀
THK9.5 석고보드 2PLY
친환경수성페인트

현관

창고

고모방

드레스룸

지정마루
친환경접착제
THK40 시멘트몰탈+메탈라스
온수파이프
THK70 경량기포콘크리트

투시형담장(h:1,200)

THK140 XPS(특호)단열재

쇄석채움
THK50 XPS(특호)단열재

무근콘크리트

THK140 XPS(특호)단열재
THK50 버림콘크리트
THK 0.03 PE필름2겹
THK150 잡석다짐

화성시 남양읍 택지개발지구에 들어선 단독주택은 한 아이를 둔 부부와 아이의 할머니, 고모 이렇게 총 5인 가족, 3대가 함께 거주하는 공간으로 조성되었다. 직장에서 건축과 관련된 다양한 업무를 경험한 건축주는 가족들을 위한 보금자리는 디자인보다는 주거성과 쾌적성에 초점을 둔 패시브하우스를 전제로 설계를 의뢰하였다. 보편적인 건축사사무소는 군산 패시브하우스를 비롯해 다수의 저에너지 건축물의 설계실적을 쌓아온 터라 자연스레 인연을 맺게 되었다.

대지는 남북방향의 직사각형 형상인데, 대지를 따라 동향에 마당을 둔 2층 규모의 주택으로 계획하였다. 패시브하우스의 배치형태로는 최적의 채광조건은 아니었지만, 적절한 액티브 요소를 첨가하여 이를 극복 보완하고자 하였다.
크고 작은 모임을 주관하는 가족의 요구사항에 맞춰 1층엔 모임실과 거실, 북 라운지와 주방으로 구성된 공용공간을 두었다. 모임실과 거실, 북 라운지는 가변적인 벽체 구성으로 확장 및 분리가 가능한 탄력적인 공간으로 설계하였다. 현관을 중심으로 1층 공용공간 맞은편에 할머니와 고모방이 위치한다. 할머니 방에는 빛으로 충만한 기도실을 조성했다. 패시브주택의 조건상 천창이 아닌 고측창과 곡면의 벽을 통해 종일 은은한 빛이 비쳐 경건한 분위기다.

2층은 아이와 부부가 생활하는 공간으로 계단실에 매달린 해먹으로 인해 공간의 성격이 자연스럽게 달라지는 느낌을 준다. 2층은 미니주방을 중심으로 아이를 위한 놀이 라운지와 부부를 위한 미디어 라운지로 나뉜다. 그 공간들은 아이방과 부부침실, 옥상 데크로 확장된다. 각각의 공간에 슬라이딩도어와 폴딩도어를 설치하여 물 흐르듯 막힘없이 연결되도록 하였다.

패시브하우스의 기술요소는 기본적으로 충족된 가운데 거의 모든 창에는 외부 블라인드 혹은 캐노피를 설치하여 계절별 일사 조절이 가능하도록

하였다. 창의 개구부 크기 또한 향별로 크기를 달리하여 조망과 일사량 사이의 접점을 찾고자 하였다. 2층은 남북방향으로 테라스를 조성하였다. 가족들의 여가와 놀이 등의 공간으로 활용될 뿐만 아니라 이에 면한 실들에 반사광을 유입할 수 있도록 계획한 것이다.

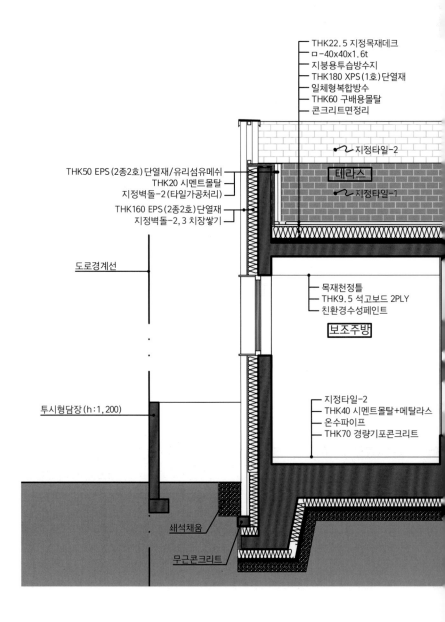

THK22.5 지정목재데크
ㅁ-40x40x1.6t
지붕용투습방수지
THK180 XPS(1호)단열재
일체형복합방수
THK60 구배용몰탈
콘크리트면정리

지정타일-2

테라스

지정타일-1

THK50 EPS(2종2호)단열재/유리섬유메쉬
THK20 시멘트몰탈
지정벽돌-2(타일가공처리)

THK160 EPS(2종2호)단열재
지정벽돌-2,3 치장쌓기

도로경계선

목재천정틀
THK9.5 석고보드 2PLY
친환경수성페인트

보조주방

지정타일-2
THK40 시멘트몰탈+메탈라스
온수파이프
THK70 경량기포콘크리트

투시형담장(h:1,200)

쇄석채움

무근콘크리트

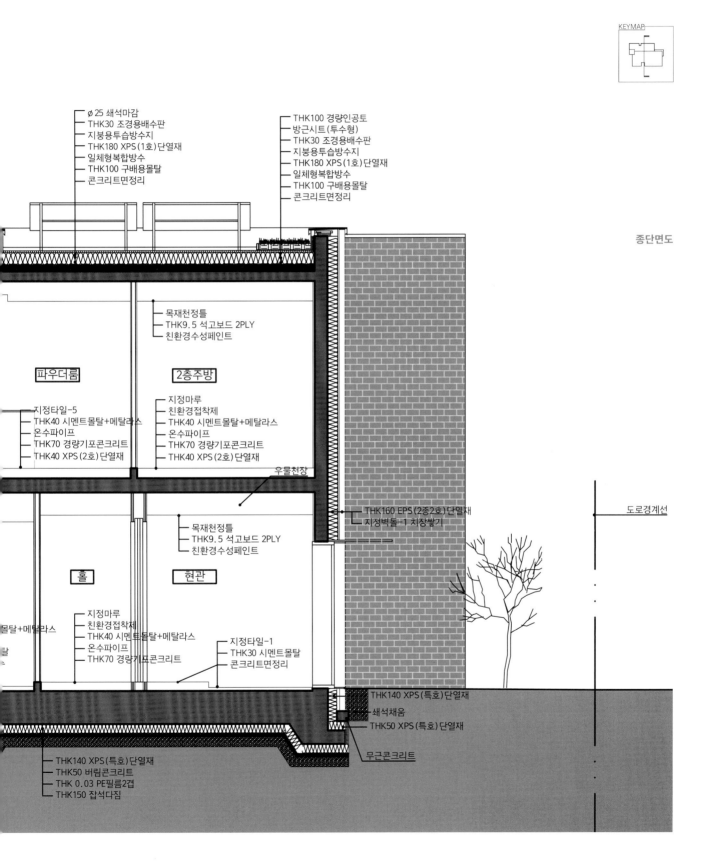

KEYMAP

종단면도

Ø25 쇄석마감
THK30 조경용배수판
지붕용투습방수지
THK180 XPS (1호) 단열재
일체형복합방수
THK100 구배용몰탈
콘크리트면정리

THK100 경량인공토
방근시트 (투수형)
THK30 조경용배수판
지붕용투습방수지
THK180 XPS (1호) 단열재
일체형복합방수
THK100 구배용몰탈
콘크리트면정리

목재천정틀
THK9.5 석고보드 2PLY
친환경수성페인트

파우더룸

2층주방

지정타일-5
THK40 시멘트몰탈+메탈라스
온수파이프
THK70 경량기포콘크리트
THK40 XPS (2호) 단열재

지정마루
친환경접착제
THK40 시멘트몰탈+메탈라스
온수파이프
THK70 경량기포콘크리트
THK40 XPS (2호) 단열재

우물천장

THK160 EPS (2종2호) 단열재
지정벽돌-1 치장쌓기

도로경계선

목재천정틀
THK9.5 석고보드 2PLY
친환경수성페인트

홀

현관

지정마루
친환경접착제
THK40 시멘트몰탈+메탈라스
온수파이프
THK70 경량기포콘크리트

몰탈+메탈라스

탈

지정타일-1
THK30 시멘트몰탈
콘크리트면정리

THK140 XPS (특호) 단열재
쇄석채움
THK50 XPS (특호) 단열재

THK140 XPS (특호) 단열재
THK50 버림콘크리트
THK 0.03 PE필름2겹
THK150 잡석다짐

무근콘크리트

테라스 파라펫 부분상세도

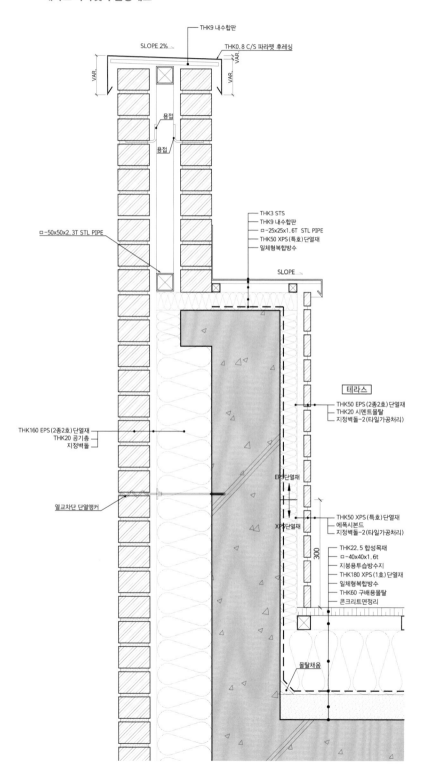

- THK9 내수합판
- THK0.8 C/S 파라펫 후레싱
- SLOPE 2%
- VAR.
- VAR.
- 용접
- 용접
- □-50x50x2.3T STL PIPE
- THK3 STS
- THK9 내수합판
- □-25x25x1.6T STL PIPE
- THK50 XPS(특호)단열재
- 일체형복합방수
- SLOPE
- 테라스
- THK50 EPS(2종2호)단열재
- THK20 시멘트몰탈
- 지정벽돌-2(타일가공처리)
- THK160 EPS(2종2호)단열재
- THK20 공기층
- 지정벽돌
- EPS단열재
- 열교차단 단열앵커
- XPS단열재
- THK50 XPS(특호)단열재
- 에폭시본드
- 지정벽돌-2(타일가공처리)
- 300
- THK22.5 합성목재
- □-40x40x1.6t
- 지붕용투습방수지
- THK180 XPS(1호)단열재
- 일체형복합방수
- THK60 구배용몰탈
- 콘크리트면정리
- 몰탈채움

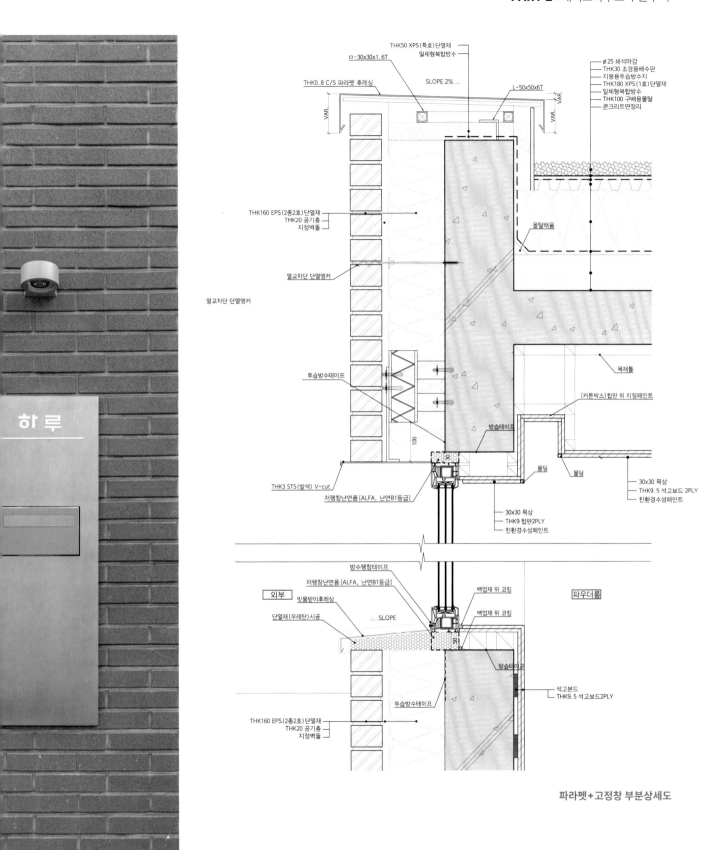

THK50 XPS(특호)단열재
일체형복합방수
ㅁ-30x30x1.6T
SLOPE 2%
THK0.8 C/S 파라펫 후레싱
L-50x50x6T

ø 25 쇄석마감
THK30 조경용배수판
지붕용투습방수지
THK180 XPS(1호)단열재
일체형복합방수
THK100 구배용몰탈
콘크리트면정리

THK160 EPS(2종2호)단열재
THK20 공기층
지정벽돌

몰탈채움

열교차단 단열앵커

열교차단 단열앵커

목재틀

[커튼박스]합판 위 지정페인트

투습방수테이프

방습테이프

THK3 STS(발색) V-cut

몰딩

몰딩

30x30 목상
THK9.5 석고보드 2PLY
친환경수성페인트

저팽창난연품[ALFA, 난연B1등급]

30x30 목상
THK9 합판2PLY
친환경수성페인트

방수팽창테이프

저팽창난연품[ALFA, 난연B1등급]

백업재 위 코킹

파우더룸

외부

빗물받이후레싱

백업재 위 코킹

단열재(우레탄)시공

SLOPE

방습테이프

석고본드
THK9.5 석고보드2PLY

투습방수테이프

THK160 EPS(2종2호)단열재
THK20 공기층
지정벽돌

파라펫+고정창 부분상세도

하 루

주문주택 01 시공 과정

01 현장부지 평탄 작업

02 지내력 보강공사 및 버림타설 완료

03 기초공사 옹벽용 유로폼 거푸집 작업

04 매트콘크리트 타설

05 기초콘크리트 양생 완료

06 기초부위 단열재 시공

07 거푸집 제거 철근배근 시작

08 기초부위 아이소핑크 단열재, 방수시트

09 기초부위 거푸집 시공 및 철근 복배근 작업

10 매트기초 콘크리트 타설 완료

11 거푸집 기초 작업

12 1층 거푸집 시공

13 철근 이중배근 작업

14 골조보양

15 2층 콘크리트 타설 및 양생을 위한 보양천 덮기

티푸스(TIFUS) 벽돌타입 외단열시스템

01(1) TIFUS-MTB-2360
▶ 단열결손 없이 열교차단 성능 확보
▶ 2EA/m당 설치, 최대 적재하중 800Kg/m 이하
▶ 치장벽돌의 하중을 지지하는 비구조용 열교차단재
▶ 구조용 앵글의 전체 평탕도 조절용
  (높이조절용 화스너 이용)

01(2) TIFUS-STB-2350
▶ 긴결철물 설치 바탕구조+단열시공 틀 및 점형열교 저감
▶ 긴결철물(TIE BACK) 고정거리 단축(강성 증진)
▶ 단열두께 상관없이 동일한 규격의 긴결 철물 사용 가능

02 벽돌용 긴결 철물
▶ 지진이나 풍압에 의한 벽돌벽의 전도방지
▶ 아연도금 또는 스텐레스 재질 사용
▶ 0.36㎡ 이내에 1개 이상 설치(창호, 개구부 주변 2배 보강)
▶ 건전성 여부가 치장벽돌 벽의 내진성능을 좌우

03 단열재
▶ 빗물 유입, 결로 발생 등의 치장벽돌
  내부 환경에 단열성능 변화가 없는 단열재 선택
▶ 투습·은박 발수성 그라스울 권장
  (단열성능 회복 우수, 시공시 접착재 X, 경시변화 X)

04 방수시트
▶ 구조벽체와 구조용 앵글 위에 시공(권장)
▶ 구조체 ~단열재(사선)~L형앵글에 설치
▶ 벽돌내부로 유입된 빗물, 결로수에 의한 창호 누수 2차 방어선

05 구조용 앵글(L형 인방용)
▶ 개구부 상부 및 층간에 설치하여 벽돌 하중 지지
▶ 6T~8T 아연도금 구조용 앵글 또는 절곡 가공품 사용
▶ 앵글크기 최소화(단열두께 상관 X)
▶ 창호 상부, 피로티 등에 T-형 가공 인방 사용 가능
▶ TIFUS-MTB와의 결속은 전용 T-BOLT SET사용(4EA/m당)

06 치장벽돌 쌓기
▶ 빗물유입 1차 방어선
▶ 벽돌벽 뒷면 중공벽 내부에 유입된 수분을 배출하기 위한
  배수구 및 통풍구 설치 필수
▶ 쌓기용 몰탈을 가로·세로 줄눈 모두에 100% 충진
▶ 건물 모서리부위 및 벽길이 8~9m 이내마다 신축줄눈 설치

07 창호주변 빗물받이 및 후레싱 설치
▶ 빗물 차수 및 배수막 과 개구부 주위 마감용
▶ 인방부분(LINTEL) 배수홀 설치(WEEP HOLE)
▶ 하부 빗물받이는 밖으로 경사지게 설치
▶ 강풍이나 외력에 탈락되지 않게 견고하게 설치

08 구조용 앵글(L형 기단부용)
▶ GL 이상 위치에 설치(녹 방지)
▶ GL + 100mm 위치에 설치 권장

높이 조절용 화스너

16 2층 벽체 작업 후 슬래브 작업

17 시스템창호 설치 외부 보강철물 식업

18 실내방통 완료 조적 보강 공사

19 중간 기밀 테스트

20 외부 벽돌 조적공사

21 현장 외부 비계 철거 및 마루시공 준비

기후정보	기후 조건	◇ 화성시		
	평균기온(℃)	20.0	난방도시(kKh)	79.6
기본설정	건물 유형	주거	축열(Wh/㎡K)	132
	난방온도(℃)	20	냉방온도(℃)	26
발열정보	전체 거주자수	5	내부발열 입력유형	표준치 선택
	내부발열(W/㎡)	4.38		주거시설 표준치
면적체적	유효실내면적(㎡)	202.3	환기용체적(㎥)	505.0
	A/V 비	0.73	(= 726.8 ㎥ / 989.9 ㎥)	

열관류율 (W/㎡K)	지 붕	0.161	외벽 등	0.191
	바닥/지면	0.152	외기간접	0.000
	출입문	0.573	창호 전체	0.858
기본유리	제 품	Ensum_T47/5PLA UN+16AR+5CL+16AR+5PAL UN		
	열관류율	0.57	일사획득계수	0.35
기본창틀	제 품	Ensum_koemmering88		
	창틀열관류율	0.950	간봉열관류율	0.03
환기정보	제 품	DOMEKT R 450V		
	난방효율	86%	냉방효율	86%
	습도회수율	60%	전력(Wh/㎡)	0.261
열교	선형전달계수(W/K)	21.33	점형전달계수(W/K)	0.00

재생에너지	태양열	System 미설치
	지 열	System 미설치
	태양광	출력 : 5.9 kWdc, 전력생산 의존률 : 77%

				검토 (레벨 1/2/3)
난방	난방성능 (리터/㎡·yr)		4.2	↓ 15/30/50
	난방에너지 요구량(kWh/㎡·yr)		41.53	A2
	난방 부하(W/㎡)		24.7	
냉방	냉방에너지 요구량(kWh/㎡·yr)		15.36	–
		현열에너지	6.09	↓ 검토제외
		제습에너지	9.27	
	냉방 부하(W/㎡)		11.7	
		현열부하	5.9	
		제습부하	5.9	
총량	총에너지 소요량(kWh/㎡·yr)		73	
	CO2 배출량(kg/㎡·yr)		17.0	↓ 120/150/180
	1차에너지 소요량(kWh/㎡·yr)		93	A0
기밀	기밀도 n50 (1/h)		0.38	A0
검토결과	(A2) Passive House			↓ 0.6/1/1.5

● ● ●

연간 난방 비용 : 504,400원
연간 총에너지 비용 : 980,400원

HOUSE PLAN

대지위치 : 경기도 화성시 남양읍 | **대지면적** : 585.60m² | **지역지구** : 제1종 전용주거지역, 지구단위계획 | **용도** : 단독주택 | **건축면적** : 147.54m² | **연면적** : 199.90m² | **건폐율** : 25.19% | **용적률** : 34.14% | **규모** : 지상 2층 | **높이** : 7.86m | **구조** : 철근콘크리트 | **내장마감** : 친환경수성페인트 | **외장마감** : 적벽돌 | **창호재** : 엔썸 TS/ TT47mm 3중유리(1등급) | **난방설비** : 가스보일러 | **냉방설비** : 시스템에어컨 | **설비&전기** : 정연엔지니어링 | **사진** : 포토스토리 | **구조** : 이든구조컨설던트 | **설계** : 보편적인건축사사무소 | **에너지컨설팅&검증기관** : (사)한국패시브건축협회 | **에너지해석 프로그램 버전** : 에너지샵(Energy#®) 2021 v2.5 | **설계기간** : 2021.2~2021.6 | **시공기간** : 2021.10~2022.6 | **시공** : (주)그린홈예진

ENERGY#® | 기후정보

남향일사량(kWh/㎡)	난방기간	532	냉방기간	416

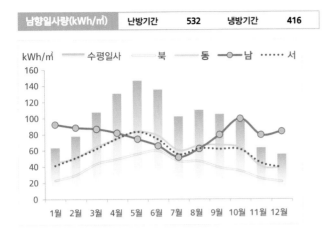

난방도시(kKh)	전체기간	79.6	난방기간	71.7

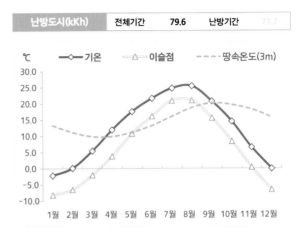

ENERGY#® | 난방에너지 요구량

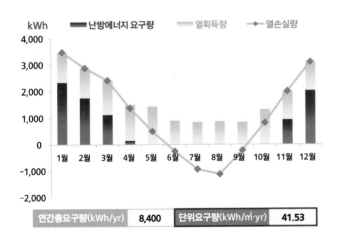

연간총요구량(kWh/yr)	8,400	단위요구량(kWh/㎡·yr)	41.53

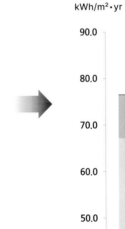

ENERGY#® | 냉방에너지 요구량

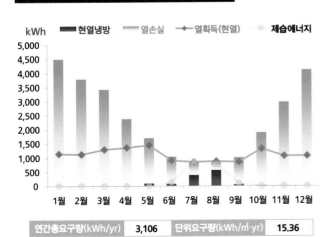

연간총요구량(kWh/yr)	3,106	단위요구량(kWh/㎡·yr)	15.36

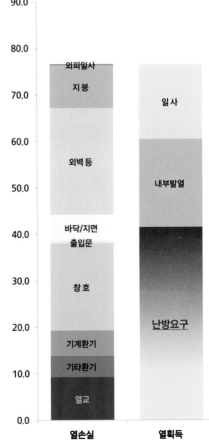

ENERGY#® | 에너지사용량(에너지원별)

에너지원 (Energy Source)	에너지 기초 소요량 (kWh/yr)	에너지 소요량		에너지 비용 (원/yr)
		태양광 발전량	(kWh/yr, Net)	
전기	6,736	5,208	1,528	234,600
도시가스	13,214		13,214	745,774
LPG				
등유				
기타연료				
지역난방				
합 계	19,950		14,742	980,374

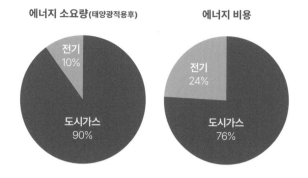

에너지 소요량(태양광적용후)

- 전기 10%
- 도시가스 90%

에너지 비용

- 전기 24%
- 도시가스 76%

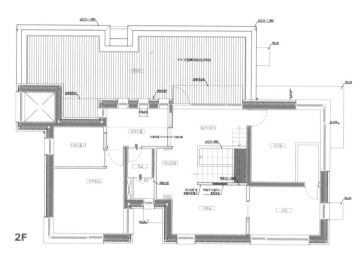

2F

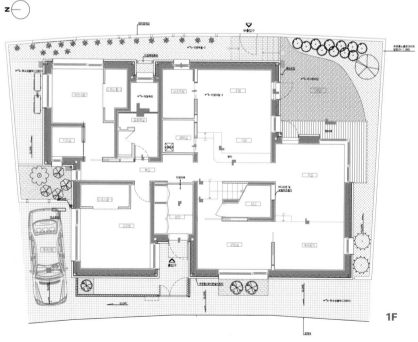

1F

ENERGY#® | 에너지사용량(용도별)

용 도	에너지 기초 소요량 (kWh/yr)	비중	에너지 비용 (원/yr)	비중
난방	9,029	45%	504,403	51%
온수	4,262	21%	244,225	25%
냉방	927	5%	43,724	4%
환기	771	4%	25,276	3%
조명	1,240	6%	40,687	4%
조리				
가전	3,721	19%	122,060	12%
기타				
합 계	19,950		980,374	

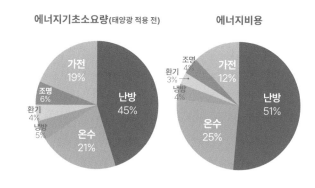

에너지기초소요량(태양광 적용 전)　에너지비용

● ● ●

연간 에너지 기초소요량 : 19,950kWh
연간 에너지 총소요량(태양광 적용 후) **:** 14,742kWh
연간 에너지 총비용 : 980,400원

용도별 요금 추이

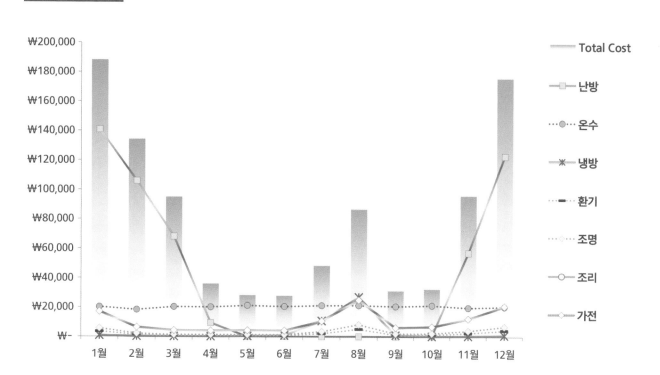

열교분석① | 파라펫 2층

열교분석

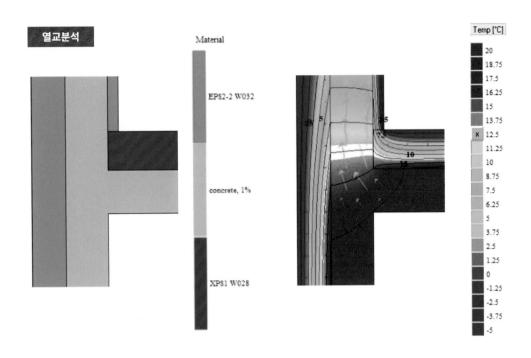

Material
EPS2-2 W032
concrete, 1%
XPS1 W028

Temp [℃]
20
18.75
17.5
16.25
15
13.75
12.5
11.25
10
8.75
7.5
6.25
5
3.75
2.5
1.25
0
-1.25
-2.5
-3.75
-5

열관류율 #1

	구성	열전도율	두께	열저항
	-	(W/mK)	(m)	(㎡K/W)
外	외부표면전달			0.043
1	EPS 2-2	0.032	0.16	5.000
2	철근콘크리트	2.3	0.2	0.087
3				
4				
5				
内	내부표면전달			0.110
	R-Value (㎡K/W)			5.240
	U-Value (W/㎡K)			0.191
	Length (m)			1.380

열관류율 #2

	구성	열전도율	두께	열저항
	-	(W/mK)	(m)	(㎡K/W)
	외부표면전달			0.043
	XPS 1호	0.028	0.18	6.429
	철근콘크리트	2.3	0.2	0.087
	내부표면전달			0.086
	R-Value (㎡K/W)			6.645
	U-Value (W/㎡K)			0.150
	Length (m)			1.360

열교값(W/mk)

Sumpos	외부온도	내부온도	L₂D
(W/m)	(℃)	(℃)	(W/mK)
18.564	-5	20	0.743

$$L_2D - U_1L_1 - U_2L_2 = PSI$$

0.743	0.263	0.204	0.275

열교분석② | 기초

열교분석

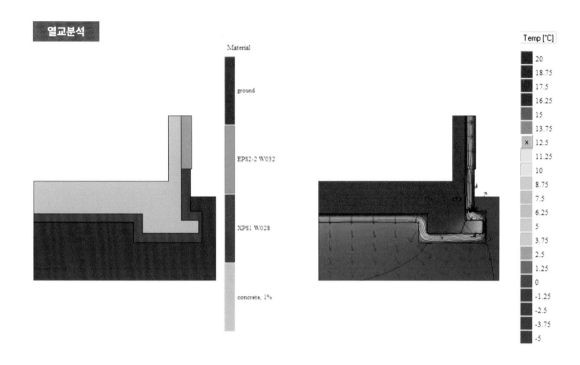

열관류율 #1

	구성	열전도율	두께	열저항
	-	(W/mK)	(m)	(㎡K/W)
外	외부표면전달			0.000
1	복합열전달체	0.121	0.76	6.261
2				
3				
4				
5				
內	내부표면전달			0.086
	R-Value (㎡K/W)			6.347
	U-Value (W/㎡K)			0.158
	Length (m)			2.450

열관류율 #2

구성	열전도율	두께	열저항
-	(W/mK)	(m)	(㎡K/W)
외부표면전달			0.043
EPS 2-2	0.032	0.16	5.000
철근콘크리트	2.3	0.2	0.087
내부표면전달			0.110
R-Value (㎡K/W)			5.240
U-Value (W/㎡K)			0.191
Length (m)			1.630

열교값(W/mk)

Sumpos	외부온도	내부온도	L2D
(W/m)	(℃)	(℃)	(W/mK)
19.114	-5	20	0.765

$$L_{2D} - U_1L_1 - U_2L_2 = PSI$$

0.765	0.386	0.311	0.067

BlowerDoor GmbH
MessSysteme für Luftdichtheit

BUILDING LEAKAGE TEST

Date of Test: 22.06.15   Test File: 220615_화성시 남양읍 남양리 Method1(689.4)_가감압0.38회
Technician:
Project Number: Building Address:
Customer:

Test Results at 50 Pascals:	Depressurization	Pressurization	Average
q_{50} : m³/h (Airflow)	230 (+/- 2.0 %)	300 (+/- 2.9 %)	265
n_{50} : 1/h (Air Change Rate)	0.33	0.44	0.38
q_{F50} : m³/(h·m² Floor Area)	1.15	1.50	1.33
q_{E50} : m³/(h·m² Envelope Area)	0.32	0.41	0.36

Leakage Areas:

ELA_{50} : m²	0.0070 (+/- 2.9 %)	0.0092 (+/- 2.9 %)	0.0081
ELA_{F50} : m²/m²	0.0000351	0.0000458	0.0000404
ELA_{E50} : m²/m²	0.0000097	0.0000126	0.0000111

Building Leakage Curve:

Air Flow Coefficient (C_{env}) m³/(h·Pa^n)	22.5 (+/- 9.3 %)	18.5 (+/- 14.0 %)
Air Leakage Coefficient (C_L) m³/(h·Pa^n)	22.6 (+/- 9.3 %)	18.5 (+/- 14.0 %)
Exponent (n)	0.594 (+/- 0.027)	0.713 (+/- 0.040)
Coefficient of Determination (r²)	0.99641	0.99439

Test Standard: ISO 9972
Test Mode: Depressurization and Pressurization
Type of Test Method: Method 1 - Test of Building in use
Purpose of Test: 최종기밀성능테스트   n50 ≤ 1 1/h

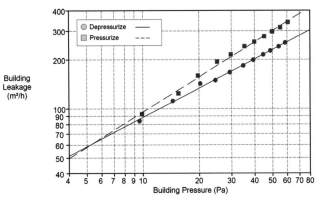

Date of Test: 22.06.15 Test File: 220615_화성시 남양읍 남양리 Method1(689.4)_가감압0.38회

Building Information

Internal Volume, V (m³) (according to ISO)		689.4
Net Floor Area, A_F (m²) (according to ISO)		199.9
Envelope Area, A_E (m²) (according to ISO)		726.8
Height (m)		
Uncertainty of Dimensions (%)		3
Year of Construction		2022
Type of Heating		
Type of Air Conditioning		
Type of Ventilation		None
Building Wind Exposure		Partly Exposed Building
Wind Class		Light Breeze

Equipment Information

Type	Manufacturer	Model	Serial Number	Custom Calibration Date
Fan	Energy Conservatory	Duct Blaster B		
Micromanometer	Energy Conservatory	DG1000	5916	2020-06-22

Depressurization Test 1:

Environmental Data

Indoor Temperature (°C)	Outdoor Temperature (°C)	Barometric Pressure (Pa)
22.0	18.0	101325.0

Baseline Pressure Data

	Pre-Test			Post-Test	
$\Delta p_{0,1-}$	$\Delta p_{0,1+}$	$\Delta p_{0,1}$	$\Delta p_{0,2-}$	$\Delta p_{0,2+}$	$\Delta p_{0,2}$
-0.1	0.1	-0.0	-0.7	0.0	-0.7

Data Points - Automated Test (TTE 5.1.8.4)

Nominal Building Pressure (Pa)	Baseline adjusted Building Pressure (Pa)	Fan Pressure (Pa)	Nominal Flow q_r (m³/h)	Adjusted Flow q_{env} (m³/h)	Adjusted Flow q_L (m³/h)	% Error	Fan Configuration
-0.0	n/a	n/a					
-59.0	-58.6	91.4	255	253	253	0.2	Ring 2
-54.5	-54.1	82.3	242	240	240	-0.4	Ring 2
-49.1	-48.7	73.2	228	226	226	-0.1	Ring 2
-45.0	-44.6	65.7	216	214	214	-0.3	Ring 2
-39.7	-39.3	56.7	200	198	199	-0.3	Ring 2
-35.1	-34.7	48.3	185	183	183	-1.0	Ring 2
-29.8	-29.4	40.1	168	166	167	-0.6	Ring 2
-25.0	-24.6	32.2	150	149	149	-1.1	Ring 2
-20.7	-20.3	180.5	143	142	142	5.6	Ring 3
-14.8	-14.5	112.2	112	111	111	1.2	Ring 3
-10.0	-9.6	64.7	85	84	84	-2.8	Ring 3
-0.7	n/a	n/a					

Deviations from Standard ISO 9972 - Test Parameters

Pressurization Test 1:

Environmental Data

Indoor Temperature (°C)	Outdoor Temperature (°C)	Barometric Pressure (Pa)
23.0	18.0	101325.0

Baseline Pressure Data

	Pre-Test			Post-Test	
$\Delta p_{0,1-}$	$\Delta p_{0,1+}$	$\Delta p_{0,1}$	$\Delta p_{0,2-}$	$\Delta p_{0,2+}$	$\Delta p_{0,2}$
0.0	0.2	0.2	-0.3	0.6	-0.1

Data Points - Automated Test (TTE 5.1.8.4)

Nominal Building Pressure (Pa)	Baseline adjusted Building Pressure (Pa)	Fan Pressure (Pa)	Nominal Flow q_r (m³/h)	Adjusted Flow q_{env} (m³/h)	Adjusted Flow q_L (m³/h)	% Error	Fan Configuration
0.2	n/a	n/a					
60.8	60.7	155.7	334	339	338	-2.1	Ring 2
55.2	55.2	134.9	311	315	314	-2.5	Ring 2
50.1	50.0	120.4	294	298	297	-1.3	Ring 2
45.3	45.3	105.3	274	278	277	-0.9	Ring 2
40.0	39.9	90.3	254	257	256	0.3	Ring 2
35.3	35.3	79.4	238	241	240	2.6	Ring 2
29.9	29.8	63.4	212	215	214	3.1	Ring 2
25.2	25.2	52.0	192	195	194	5.4	Ring 2
19.8	19.7	35.2	157	160	159	2.8	Ring 2
15.5	15.5	133.1	123	124	124	-4.9	Ring 3
9.9	9.9	75.8	92	93	93	-2.1	Ring 3
-0.1	n/a	n/a					

Deviations from Standard ISO 9972 - Test Parameters

Comments

테스트 조건 체크리스트 (A-type)	시공/여부 (O/X)	켬(열림)/끔(닫음) (O/X)	비고
외부 바람 실측	–	–	기상청 정보 적용(3m/s) – 맑음
실내외 온도 실측	O	–	실내 22° 실외 18°
블로어도어 설치	–	O	현관 출입구에 설치
외부 창호	O	X	모든 창 닫음
전동블라인드(셔터)	O	O	블라인드 개방
환기장치	O	X	환기장치 끔
화장실 강제 배기 댐퍼	–	X	화장실 강제 배기 끔
주방 강제 배기 댐퍼	–	X	주방 강제 배기 끔
하수 배관 봉수채움	O	O	봉수채움
에어컨 설치 여부	O	X	에어컨 끔
보일러 설치 여부	O	X	보일러 끔
실내도어	O	O	실내 문 전부 개방

전라남도 순천시 상사면
2.9L 패시브하우스

396.11m²[119.82평]

넓은 부지에 들어선 단층주택이다. 297.67m²(90.04평) 본동과 98.44m²(29.77평) 부속동으로 구성되었는데, 경량목구조와 중목구조를 혼용하여 건축하였다. 박공과 꺾인 지붕 형태가 조화를 이룬 가운데, 횡으로 긴 규모에도 외부에서 보기에 모던한 조형미를 보인다. 기능적인 측면에서도 2.9L 패시브하우스 인증을 받았다. 탁 트인 실내는 거실을 중심으로 안채와 사랑채로 공간이 유기적으로 분할된다.

HOUSE PLAN

대지위치 : 전라남도 순천시 상사면
대지면적 : 2,072m²(가용면적-2,037m²
/ 현황도로-35m²)
지역지구 : 생산녹지지역,
가축사육제한구역
용도 : 단독주택
건축면적 : 396.14m²(119.83평)
연면적 : 396.11m²(119.82평)
[본동-297.67m² / 부속동-98.44m²]
건폐율 : 19.45%
용적률 : 19.45%
규모 : 지상 1층
높이 : 5.9m
구조 : 중목구조+경골목구조
내장마감 : 석고보드 위
친환경수성페인트
외장마감 : 롱브릭타일벽돌
지붕재 : VM징크
창호재 : 엔썸 TS / TT 47mm
3중유리(1등급) 애드온시스템
사진 : 포토스토리
설계 : (주)건축사사무소 티오피
[참여인원-배기석 수석, 배영빈 선임]
에너지컨설팅&검증기관 :
(사)한국패시브건축협회
에너지해석 프로그램 버전 :
에너지샵(Energy#®) 2021 v2.5
시공 : (주)예진종합건설

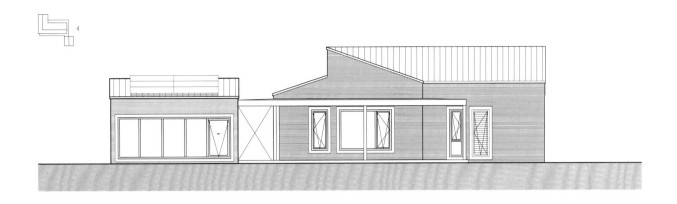

CONSTRUCTION DETAIL

외벽 구성 : 롱브릭타일 + T6 CRC보드 + 38mm 통기층 + 투습방수지 + 2×2 스터드(가로각재, T38 글라스울 32k) + 2×4 스터드(세로각재, T38 글라스울 32k) + T11.1 OSB합판 + 2×6 스터드(T140 글라스울 24k) + 가변형방습지(기밀층) + 38mm 설비층 + T9.5 방수석고보드 + 지정 인테리어 마감(친환경수성페인트)
외벽 열관류율 : 0.171W/m²·K

지붕 구성 : T0.7 징크 돌출이음 + T10 델타멤브레인(환기이격재) + T2 쉬트방수 + T11.1 OSB합판 + 2×4 통기층 + 투습방수지(지붕용) + 2×2 가로각재(T38 글라스울 32k 나등급) + 2×10 스터드(T235 글라스울 24k 나등급)+가변형방습지(기밀층)
지붕 열관류율 : 0.148W/m²·K

바닥 구성 : 지정 인테리어 마감 + T40 시멘트몰탈(ø12 온수배관) + 0.03mm PE필름 + T50+100 비드법 보온판 1종2호 + T300 콘크리트 + T0.03 PE필름 + T100 압출법 보온판 특호 2겹 + T60 무근콘크리트 + T0.03 PE필름 + T150 잡석다짐(ø40 이하)
바닥 열관류율 : 0.116W/m²·K

창틀 제조사 : Ensum_koemmering88
창틀 열관류율 : 0.95W/m²·K

유리 제조사 : 삼호글라스
유리 열관류율 : 0.64W/m²·K

현관문 열관류율 : 0.651W/m²·K

기밀성능(n50) : 0.44회/h
환기장치 제조사 : 컴포벤트 domekt R 450V
환기장치효율(난방효율) : 86%

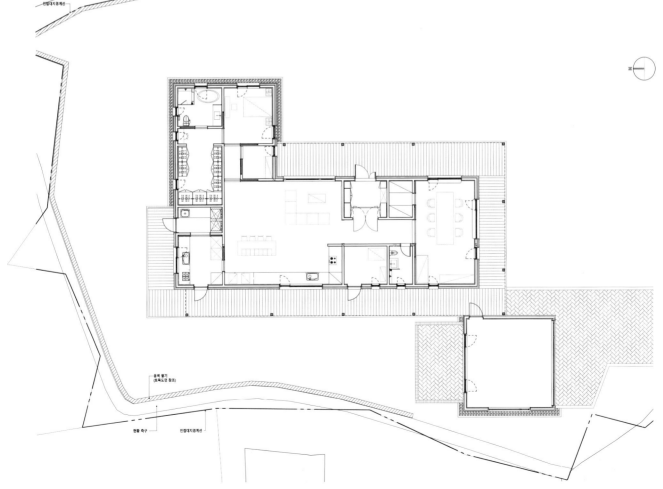

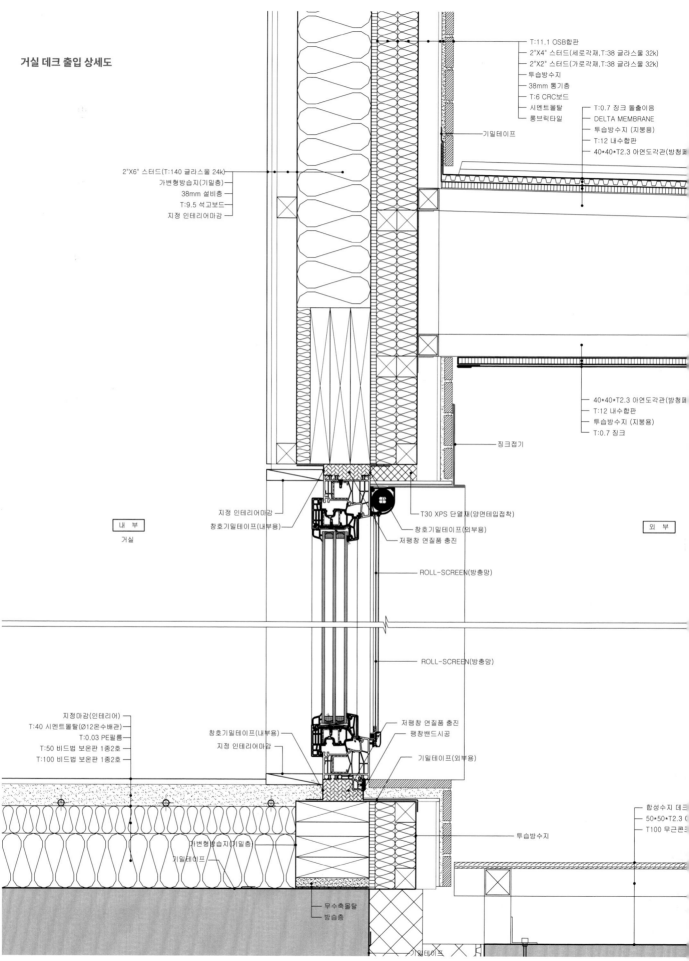

거실 데크 출입 상세도

T:11.1 OSB합판
2"X4" 스터드(세로각재,T:38 글라스울 32k)
2"X2" 스터드(가로각재,T:38 글라스울 32k)
투습방수지
38mm 통기층
T:6 CRC보드
시멘트몰탈
롱브릭타일

T:0.7 징크 돌출이음
DELTA MEMBRANE
투습방수지 (지붕용)
T:12 내수합판
40*40*T2.3 아연도각관(방청페

기밀테이프

2"X6" 스터드(T:140 글라스울 24k)
가변형방습지(기밀층)
38mm 설비층
T:9.5 석고보드
지정 인테리어마감

40*40*T2.3 아연도각관(방청페
T:12 내수합판
투습방수지 (지붕용)
T:0.7 징크

징크접기

지정 인테리어마감
창호기밀테이프(내부용)

T30 XPS 단열재(양면테입접착)
창호기밀테이프(외부용)
저팽창 연질품 충진

ROLL-SCREEN(방충망)

내 부
거실

외 부

ROLL-SCREEN(방충망)

지정마감(인테리어)
T:40 시멘트몰탈(Ø12온수배관)
T:0.03 PE필름
T:50 비드법 보온판 1종2호
T:100 비드법 보온판 1종2호

창호기밀테이프(내부용)
지정 인테리어마감

저팽창 연질품 충진
팽창밴드시공

기밀테이프(외부용)

합성수지 데크
50*50*T2.3 아
T100 무근콘크

투습방수지

가변형방습지(기밀층)
기밀테이프

무수축몰탈
방습층

주방 및 식당 상부 천장 상세도

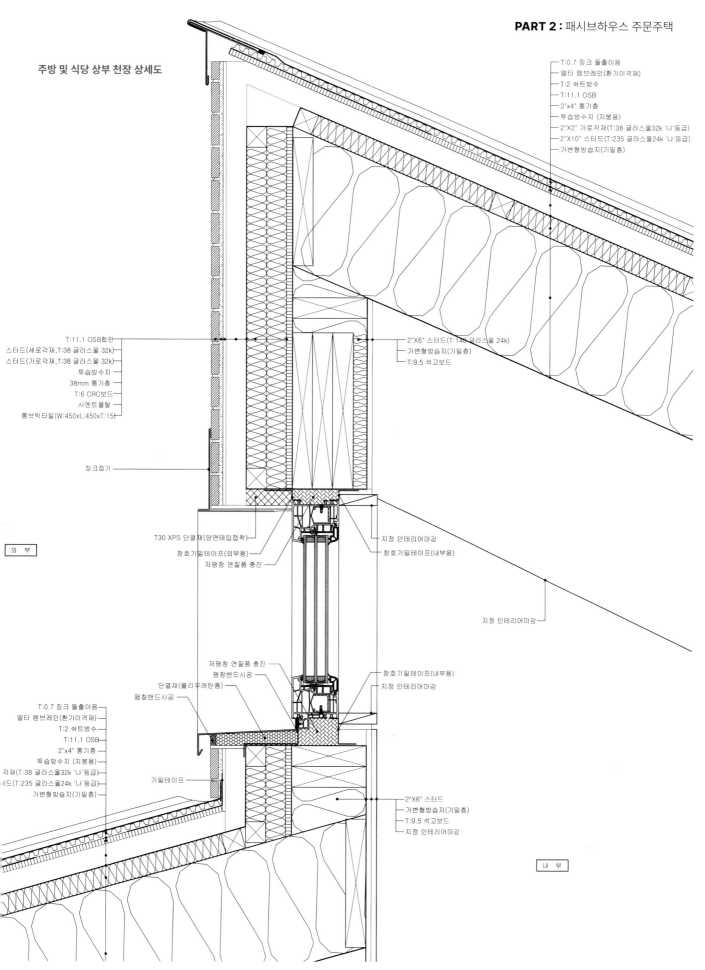

T:0.7 징크 돌출이음
델타 멤브레인(환기이격재)
T:2 쉬트방수
T:11.1 OSB
2"x4" 통기층
투습방수지(지붕용)
2"X2" 가로각재(T:38 글라스울32k '나'등급)
2"X10" 스터드(T:235 글라스울24k '나'등급)
가변형방습지(기밀층)

T:11.1 OSB합판
스터드(세로각재,T:38 글라스울 32k)
스터드(가로각재,T:38 글라스울 32k)
투습방수지
38mm 통기층
T:6 CRC보드
시멘트몰탈
롱브릭타일(W:450xL:450xT:15)

2"X6" 스터드(T:140 글라스울 24k)
가변형방습지(기밀층)
T:9.5 석고보드

징크접기

외 부

T30 XPS 단열재(양면테입접착)
창호기밀테이프(외부용)
저팽창 연질품 충진

지정 인테리어마감
창호기밀테이프(내부용)

지정 인테리어마감

저팽창 연질품 충진
팽창밴드시공
단열재(폴리우레탄폼)
팽창밴드시공

창호기밀테이프(내부용)
지정 인테리어마감

T:0.7 징크 돌출이음
델타 멤브레인(환기이격재)
T:2 쉬트방수
T:11.1 OSB
2"x4" 통기층
투습방수지 (지붕용)
각재(T:38 글라스울32k '나'등급)
드(T:235 글라스울24k '나'등급)
가변형방습지(기밀층)

기밀테이프

2"X6" 스터드
가변형방습지(기밀층)
T:9.5 석고보드
지정 인테리어마감

내 부

083

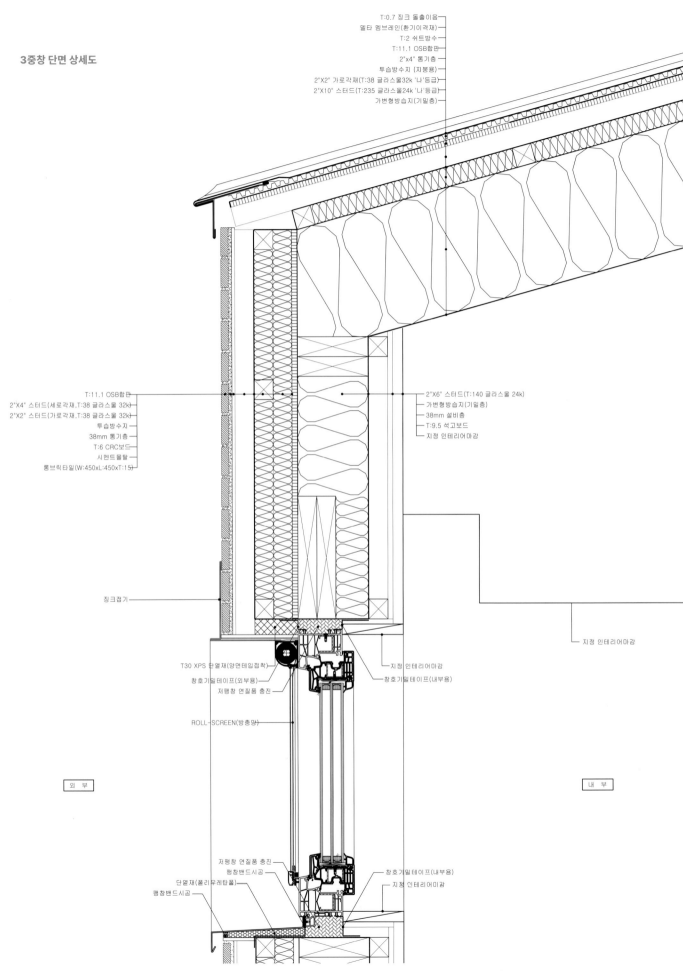

3중창 단면 상세도

T:0.7 징크 돌출이음
델타 멤브레인(환기이격재)
T:2 쉬트방수
T:11.1 OSB합판
2"x4" 통기층
투습방수지(지붕용)
2"X2" 가로각재(T:38 글라스울32k '나'등급)
2"X10" 스터드(T:235 글라스울24k '나'등급)
가변형방습지(기밀층)

T:11.1 OSB합판
2"X4" 스터드(세로각재,T:38 글라스울 32k)
2"X2" 스터드(가로각재,T:38 글라스울 32k)
투습방수지
38mm 통기층
T:6 CRC보드
시멘트몰탈
롱브릭타일(W:450xL:450xT:15)

2"X6" 스터드(T:140 글라스울 24k)
가변형방습지(기밀층)
38mm 설비층
T:9.5 석고보드
지정 인테리어마감

징크접기

지정 인테리어마감

T30 XPS 단열재(양면테입접착)
창호기밀테이프(외부용)
저팽창 연질폼 충진

지정 인테리어마감
창호기밀테이프(내부용)

ROLL-SCREEN(방충망)

외 부

내 부

저팽창 연질폼 충진
팽창밴드시공
단열재(폴리우레탄폼)
팽창밴드시공

창호기밀테이프(내부용)
지정 인테리어마감

외벽 하단부 상세도

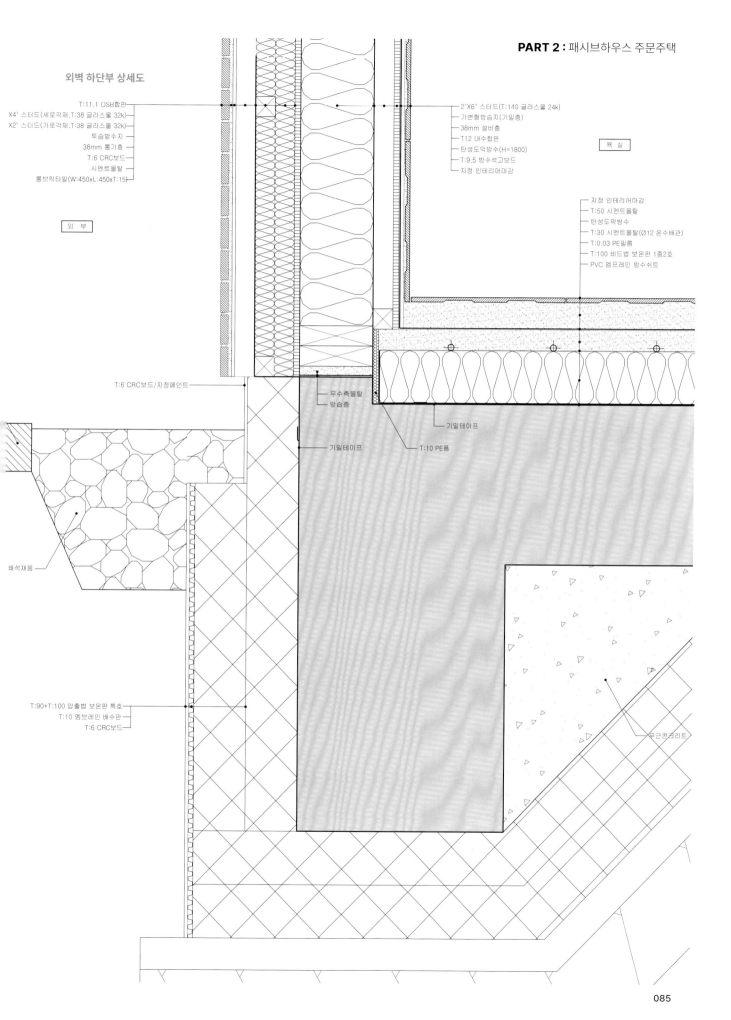

T:11.1 OSB합판
X4" 스터드(세로각재,T:38 글라스울 32k)
X2" 스터드(가로각재,T:38 글라스울 32k)
투습방수지
38mm 통기층
T:6 CRC보드
시멘트몰탈
롱브릭타일(W:450xL:450xT:15)

외 부

2"X6" 스터드(T:140 글라스울 24k)
가변형방습지(기밀층)
38mm 설비층
T12 내수합판
탄성도막방수(H=1800)
T:9.5 방수석고보드
지정 인테리어마감

욕 실

지정 인테리어마감
T:50 시멘트몰탈
탄성도막방수
T:30 시멘트몰탈(Ø12 온수배관)
T:0.03 PE필름
T:100 비드법 보온판 1종2호
PVC 멤프레인 방수쉬트

T:6 CRC보드/지정페인트

무수축몰탈
방습층

기밀테이프

기밀테이프   T:10 PE폼

쇄석채움

T:90+T:100 압출법 보온판 특호
T:10 엠브레인 배수판
T:6 CRC보드

무근콘크리트

085

주요 공정 과정

01 기초부 XPS 단열재 및 설비배관 작업

02 외벽 단열재 보강공사

03 내부 기밀공사

04 중간 기밀 테스트

05 열회수환기장치 배관 시공

06 열회수환기장치 본체 설치

07 창내 전동블라인드 설치

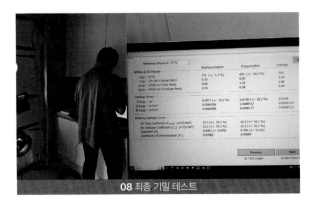

08 최종 기밀 테스트

건축사 설계 후기　㈜건축사사무소 티오피 유진현 건축사

아파트에 오래 살아왔던 부부가 은퇴를 얼마 남기지 않은 시점에 몇 가지 요청 사항과 함께 앞으로 살아갈 집에 대한 설계를 의뢰하였다.

설계 실무 프로세스는 프로그램과 상관없이 거의 비슷한 편이다. 실무경력이 쌓이면서 익숙해진 설계 프로세스와 별개로 수행하는 프로젝트마다 예측하지 못한 여러 변수와 직면하게 된다. 생각하지도 못한 변수에 긴밀히 대응하고, 건축 관계자의 갈등을 조율하는 능력이 건축가에게 요구된다. 주택설계는 더욱 그러하다.

오래된 지난 주택설계의 기억을 더듬어 보았다. 자주 바뀌는 의뢰인의 요구사항, 영세하고 전문성 없는 시공자, 현장관리의 어려움 등이 먼저 떠올랐다. 그럼에도 불구하고 의뢰인의 병원 증축 설계를 진행한 지난 경험과 인연으로 흔쾌히 수락했다. 의뢰인의 병원은 수익과 관련 없는 신생아 중환자실, 난임 및 우울증 치료 등 공공에서 담당해야 할 부분까지 지역에서 묵묵히 감당하고 있었다. 각 분야 전문가들이 사회 구성원으로서 전문성을 살려 공공에 기여하는 의미를 돌아보게 하는 소중한 경험이었다.

2022년 2월 겨울의 끝자락에 의뢰인과 함께 주택부지로는 다소 큰 600평이 넘는 대지를 처음 방문했다. 설계 반영사항으로 작은 부부침실, 아내를 위한 성모상이 있는 작은 기도방, 옥내 주차장 2대, 최대한 넓은 포치, 경사지붕을 요청하였다. 의외로 풍수지리를 고려한 유명한 지관이 정해준 건물이 앉을 범위에 대한 설명도 있었다. 덕분에 600평이 넘는 넓은 땅에 우선으로 고려해야 할 토지이용 및 배치계획에 대한 고민을 덜 수는 있게 되었다.

기획설계 단계에서 패시브 건축을 건축주에게 소개했다. 의뢰인은 집을 짓기로 결정한 후 여러 채널을 통해 많은 자료를 수집한 상태였다. 한국패시브건축협회 홈페이지와 몇몇 건축가의 유튜브 채널을 통해 패시브 건축을 접한 후라, 쉽게 방향

을 정할 수 있었다. 또한 협회 회원사에 견적을 의뢰해 시공사도 어려움 없이 결정했다.

공사를 시작하고 나서 예상하지 못한 두 번의 설계변경이 있었다. 부지를 조성하고 기초 타설을 위해 먹을 놓는 과정에서 뒤늦게 지관이 정해준 건물 자리 금을 밟은 것을 알게 되었다. 건물 자리에 외부 캐노피(포치)도 포함하는 것 또한 간과한 것이다.

넓은 부지에 비해 막상 건물 자리가 한정적이라 설계를 처음부터 다시 하게 되었다. 시공사 직원이 현장에 배치된 이후라 계획에도 없던 패스트 트랙 프로젝트가 되었다. 공사의 연속성을 위해 현장에 구조 골조도면을 먼저 보내고, 인허가 및 실시설계도면을 이어서 작업했다. 다행히도 패시브 주택의 시공 경험이 많은 한국패시브건축협회 회원사인 시공사라서 가능했다.

두 번째 설계 변경은 외장마감이 끝나갈 즈음에 발생했다. 의뢰인이 2대의 옥내 주차장을 외부손님을 위한 사랑방으로 용도를 변경해주길 원했다. 마감이 완성되어 갈 즈음 그곳을 주차장으로 사용하기엔 너무 아깝다 여겨 변경을 결심하게 된 듯하다. 서둘러 비난방 공간을 난방공간으로 변경하는 공사를 수반한 설계변경이 진행되었다.

모든 정답은 현장에 있다고 한다. 사무실에서 현장까지는 350km나 떨어져 있었다. 도면의 표현 여부를 떠나 종종 현장에 가서 건축물을 볼 때마다 한가득 눈에 밟힌다. 나름 현실과 타협한다고 했지만, 처음 시도해보는 외장 줄눈시공, 캐노피 기둥에 우수 홈통을 매립하는 까다로운 요구 등으로 시공사에겐 무척 힘든 현장이었을 것이다.

■ 원안 (현안)

지정마감(인
시멘트몰탈

무근콘크리트 적용위치 변경

PE필름 (분리층)

PE필름 (방습층)

무근콘크리트

- **문제점** : 사선부위 PE필름과 모르타르 접착력 미확보, 고르지 못한 바닥면과 사선부위에 공극발생 및 콘크리트 타설 시 사선부위에 공백 발생

■ 현상

문제점

온통기초

단열재

PE필름 두겹

콘크리트가 채워지지 않는 부분

사선구간 시공대안

작업순서 01   작업순서 02   작업순서 03

- **문제점** : 사선부위 PE필름과 모르타르 접착력미확보, 고르지 못한 바닥면과 사선부위에 공극발생및 콘크리트 타설 시 사선부위에 공백 발생
- **현 상** : 구조계산의 가정값과 상이하며 심한 경우기초판과 기초 테두리 사이에 균열 발생 및 기초 처짐현상 발생
- **대 안** : 직각부위와 사선부위를 나누어 두 번 타설기초의 테두리 선시공 후 삼각형 공간에 무근채움

■ 참고

철근콘크리트	무근 콘크리트
단열재	잡석
유기질 단열재(방수)	PE필름 (분리층)
PE필름 (분리 및 방습층)	

<대안1>

철근콘크리트	잡석
단열재	토목용 EPS
유기질 단열재(방수)	PE필름 (분리층)
무근 콘크리트	PE필름 (분리 및 방습층)

<대안2>

굴조 물량 최소화 가능

- **직각형태로 적용하여 기초하부에 빈공간 발생을방지하고 열교에 의한 2차 하자발생을 차단**
- 온통기초형태에 따라 외단열 (압출법 단열재) 적용

➤ 바닥 하부 습기 흡수로 인한 단열성능 하락 방지를 위함

- 대안1: 단열재 설치 후 PE필름 적용

➤ 시멘트 페이스트 단열재 사이 침투 방지

- 대안2: 압축강도 확보된 토목용 EPS를 하부에 적용

➤ 매트기초 두께 과다시 콘크리트 물량 최소화 가능

컨설팅 사례 ② | 기단부 통기층 미확보

원안 (현안)

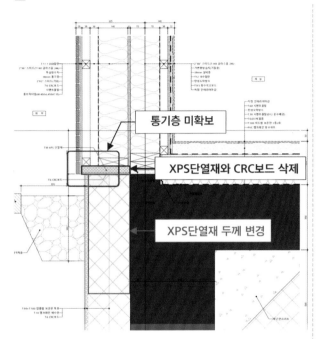

통기층 미확보

XPS단열재와 CRC보드 삭제

XPS단열재 두께 변경

- 기단부와 외벽의 통기층이 막혀있어 외부 마감재 내부로 침투한 빗물을 배출 및 건조에 제한 됨

대안

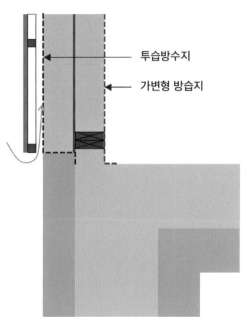

투습방수지

가변형 방습지

- 통기층 확보를 위해 기단부 구성 일부 변경

참고

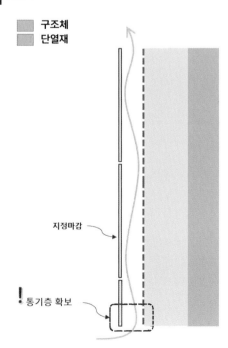

구조체
단열재

지정마감

! 통기층 확보

- **통기층 계획 필수**
  ➤ 여름철 고온의 마감재 표면온도가 단열면까지 도달하지 않도록 하기 위함
  ➤ 조적 내부로 침투한 빗물을 배출 및 건조시켜 주는 역할
- 외부 마감과 단열재 사이 통기층 40mm 이상 확보 필요

원안 (현안)

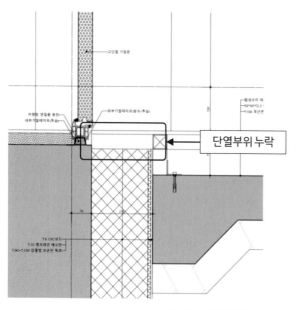

[A-311 부분상세도-1]

현관 주위 단열 보강

각상 사이
단열보강

[현관 부위 평면(참고)]

- 현관문 외부 단열보강

  → 외부 데크 마감으로 인해 현관문 주위 단열누락으로 선형열교 발생

  → 각상 사이 단열보강을 통해 '선형열교 → 점형열교'로 열교 저감 계획 적용

원안 (현안)

외부 기밀테이프 명기
(투습방수테이프)

외부 기밀테이프 명기

철근콘크리트
단열재

평면도

구조체로부터
30mm 이상 이격

기밀테이프
(외부-방수)

기밀테이프
(내부-방습)

창틀 30mm 이상
단열재 덮기

- 외부 기밀테이프 명기

  → 외부 투습방수 테이프 적용하는 것으로 표현이 되어 있으나, 명기가 누락 되어있으므로 명기 요청

패시브하우스 인증기준 및 제출도서

필수요소	내 용	확인	비 고
1. 연간난방에너지요구량	50kWh/m²a 이하	✓	29.49kWh/m²a
2. 외피의 열관류율	0.21W/m²K 이하 (해당지역별 확인필요)	✓	0.171W/m²K 이하 (해당지역 열관류율 충족)
3. 기밀성능	1.0회 [1/h]@50Pa 이하 (가감압 평균)	✓	0.44회 [1/h]@50Pa (가감압 평균)
4. 열교	전체 에너지손실량의 **10%** 미만	✓	
5. 창호	PVC 시스템창호 적용	✓	
	로이삼중유리 + 단열간봉 적용	✓	
	현관문 열관류율 1.0W/m²K 이하	✓	현관문 0.538W/m²K 적용
	현관문 기밀성능 1등급	✓	
	창호의 열관류율 (Uw) 0.8W/m²K 이하	✓	(Uw) 0.786W/m²K 적용
	프레임 열관류율 (Ur) 1.0W/m²K 이하	✓	(Ur) 0.95W/m²K 적용
	유리 열관류율 (Ug) 0.8W/m²K 이하	✓	(Ug) 0.64W/m²K 적용
	유리의 g - Value 0.4 이상	✓	g - Value 0.45 적용
6. 차양	동, 서측 외부차양 설치	✓	Add - on 블라인드 적용
	남측 외부차양 설치	✓	상부 고정 차양 적용
7. 열교환환기장치	유효전열교환효율 75% 이상	✓	유효전열교환효율 84.8%
	결빙방지용 프리히터 적용	✓	
	OA측 프리필터박스 적용	✓	
	환기풍량조절 (T.A.B.) 가능 제품 적용	✓	Domekt R 450V

제출도서

구 분	내 용	확인	비 고
1. 최종도면	건축 최종도면	✓	
	기계설비 최종도면	✓	
2. 제품 시험성적서	단열재 시험성적서	✓	크나우프인슐레이션 에코배트 (KS 규정)
	창호 프레임 시험성적서	✓	엔썸 케멀링
	유리 시험성적서	✓	삼호 글라스
	출입문 (방화문 포함) 시험성적서	✓	Aluplast8 Entry Door
	열교환환기장치 시험성적서	✓	Komfovent Domekt 450
3. 기타	건축주 특이사항 동의서 (해당시)	–	
	열교환환기장치 풍량계산서	✓	23.05.20 잡자재 조정 23.05.24 현장검증
	열교차단자재 적용길이 또는 수량	–	

ENERGY#® | 입력요약

기후 정보	기후 조건	◇ 순천시		
	평균기온(℃)	20.0	난방도시(kKh)	63.6
기본 설정	건물 유형	주거	축열(Wh/㎡K)	80
	난방온도(℃)	20	냉방온도(℃)	26
발열 정보	전체 거주자수	3	내부발열 입력유형	표준치 선택
	내부발열(W/㎡)	4.38		주거시설 표준치
면적 체적	유효실내면적(㎡)	180.2	환기용체적(㎥)	450.6
	A/V 비	0.75	(= 787.1 ㎡ / 1047.3 ㎥)	

열관 류율 (W/ ㎡K)	지 붕	0.148	외벽 등	0.171
	바닥/지면	0.116	외기간접	0.000
	출입문	0.651	창호 전체	0.925
기본 유리	제 품	Ensum_T47/5mm Low-e+16mm Argon+5mm Clear+16mm argon+5mm Low		
	열관류율	0.64	일사획득계수	0.45
기본 창틀	제 품	Ensum_koemmering88		
	창틀열관류율	0.950	간봉열관류율	0.03
환기 정보	제 품	DOMEKT R 450V		
	난방효율	85%	냉방효율	80%
	습도회수율	60%	전력(Wh/㎡)	0.408470722
열교	선형전달계수(W/K)	6.65	점형전달계수(W/K)	0.00

재생 에너지	태양열	System 미설치
	지 열	System 미설치
	태양광	출력 : 5 kWdc, 전력생산 의존률 : 66%

ENERGY#® | 에너지 계산 결과

	난방성능 (리터/㎡·yr)	2.9	검토(레벨1/2/3)
난방			↓ 15/30/50
	난방에너지 요구량(kWh/㎡·yr)	29.49	A1
	난방 부하(W/㎡)	25.1	
냉방	냉방에너지 요구량(kWh/㎡·yr)	18.59	–
	현열에너지	10.99	↓ 검토제외
	제습에너지	7.61	
	냉방 부하(W/㎡)	26.5	
	현열부하	18.1	
	제습부하	8.4	
총량	총에너지 소요량(kWh/㎡·yr)	72	
	CO2 배출량(kg/㎡·yr)	20.0	↓ 120/150/180
	1차에너지 소요량(kWh/㎡·yr)	104	A0
기밀	기밀도 n50 (1/h)	0.44	A0
검토 결과	(A1) Passive House		↓ 1/1/1

●●●

연간 난방 비용 : 1,067,000원
연간 총에너지 비용 : 2,461,300원

ENERGY#® | 기후정보

남향일사량(kWh/㎡)	난방기간	577	냉방기간	484

난방도시(kKh)	전체기간	63.6	난방기간	57.8

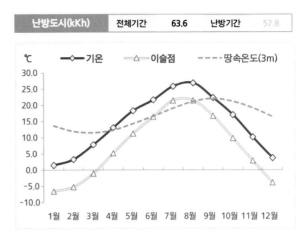

ENERGY#® | 난방에너지 요구량

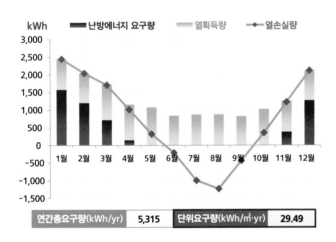

연간총요구량(kWh/yr)	5,315	단위요구량(kWh/㎡·yr)	29.49

ENERGY#® | 냉방에너지 요구량

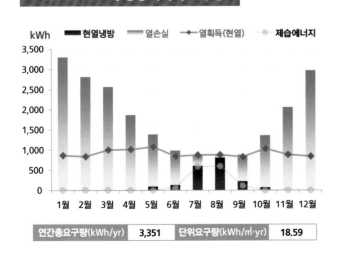

연간총요구량(kWh/yr)	3,351	단위요구량(kWh/㎡·yr)	18.59

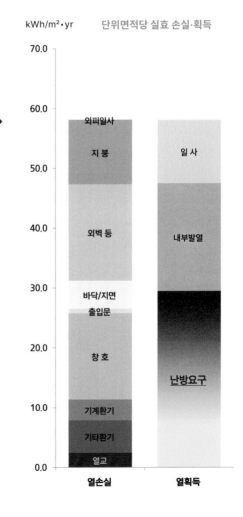

ENERGY#® | 에너지사용량(에너지원별)

에너지원 (Energy Source)	에너지 기초 소요량 (kWh/yr)	에너지 소요량		에너지 비용 (원/yr)
		태양광 발전량	(kWh/yr, Net)	
전기	7,792	5,142	2,649	619,500
도시가스	0		0	0
LPG	10,394		10,394	1,841,792
등유	0		0	0
기타연료	0		0	0
지역난방	0		0	0
합 계	18,185		13,043	2,461,292

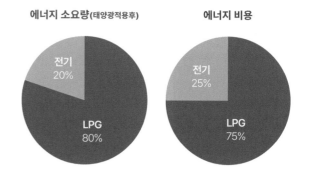

에너지 소요량(태양광적용후)

전기 20%
LPG 80%

에너지 비용

전기 25%
LPG 75%

에너지원별 요금 추이

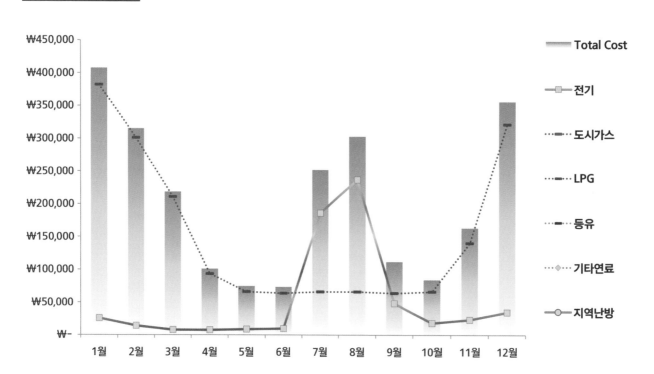

ENERGY#® | 에너지사용량(용도별)

용 도	에너지 기초 소요량 (kWh/yr)	비중	에너지 비용 (원/yr)	비중
난방	6,057	33%	1,066,970	43%
온수	4,405	24%	778,501	32%
냉방	2,121	12%	287,101	12%
환기	791	4%	46,397	2%
조명	1,203	7%	70,581	3%
조리				
가전	3,609	20%	211,743	9%
기타				
합 계	18,185		2,461,292	

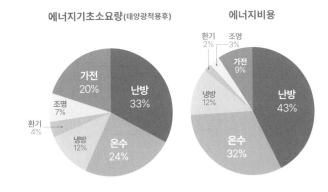

에너지기초소요량(태양광적용후)

에너지비용

• • •

연간 에너지 기초소요량 : 18,185kWh
연간 에너지 총소요량 : 13,043kWh
연간 에너지 총비용 : 2,461,300원

용도별 요금 추이

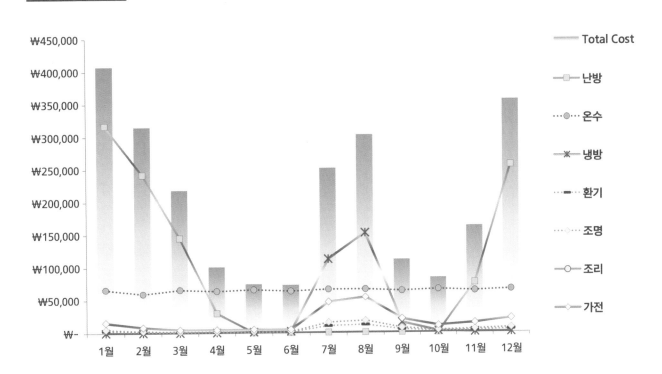

열교분석① / 기초

열교분석

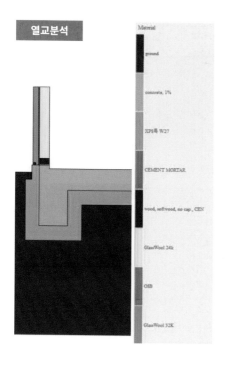

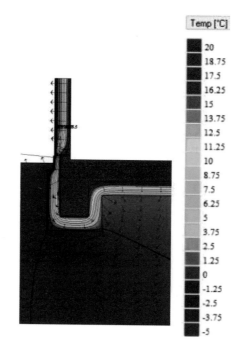

구성 #1(땅을 포함한 바닥)

	구성	열전도율	두께	열저항
	-	[W/(mK)]	[m]	[m²K/W]
外	외부표면전달			0.043
1	복합열전달체	0.054	0.5	9.281
2				0.000
3				0.000
內	내부표면전달			0.086
	R-Value [m²K/W]			9.410
	U-Value [W/(m²K)]			0.106
	Length [m]			3.887

구성 #2

	구성	열전도율	두께	열저항
	-	[W/(mK)]	[m]	[m²K/W]
外	외부표면전달			0.043
1	글라스울 24K	0.038	0.14	3.684
2	OSB	0.130	0.011	0.085
3	글라스울 32K	0.037	0.076	2.054
內	내부표면전달			0.110
	R-Value [m²K/W]			5.976
	U-Value [W/(m²K)]			0.167
	Length [m]			1.646

열교값(W/mk)

Total Flows	외부온도	내부온도	L_{2D}
[W/m]	[℃]	[℃]	[W/(mK)]
18.802	-5	20	0.752

$$L_{2D} - U_1L_1 - U_2L_2 = Psi$$

0.752	0.413	0.275	0.064

열교분석② / 현관문 SILL

열교분석

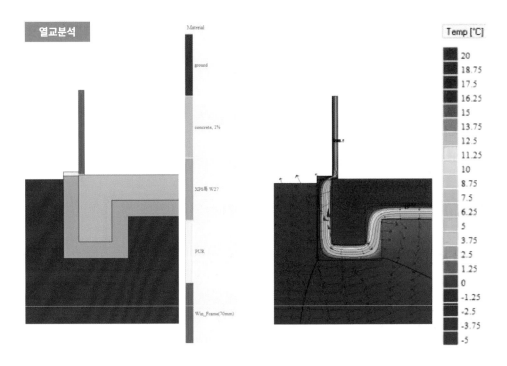

구성 #1(땅을 포함한 바닥)

	구성	열전도율	두께	열저항
	-	[W/(mK)]	[m]	[m²K/W]
外	외부표면전달			0.043
1	복합열전달체	0.053	0.5	9.351
2				0.000
3				0.000
内	내부표면전달			0.086
	R-Value [m²K/W]			9.480
	U-Value [W/(m²K)]			0.105
	Length [m]			3.990

구성 #2

구성	열전도율	두께	열저항
-	[W/(mK)]	[m]	[m²K/W]
외부표면전달			0.043
인슐레이션 프레임	0.130	0.07	0.538
			0.000
			0.000
내부표면전달			0.110
R-Value [m²K/W]			0.691
U-Value [W/(m²K)]			1.446
Length [m]			1.000

열교값(W/mk)

Total Flows	외부온도	내부온도	L₂D
[W/m]	[℃]	[℃]	[W/(mK)]
49.556	-5	20	1.982

$$L_{2D} - U_1L_1 - U_2L_2 = Psi$$

1.982	0.421	1.446	0.115

경상남도 거제시 하청면
3.2L 패시브하우스

125.46m²[37.95평]

필로티 구조에 철근콘크리트 공법으로 시공된 패시브하우스다. 옥상에 역전지붕 공법을 적용하여 태양광 패널을 설치해 에너지 제로에 도전한 주택이다. 외부는 외단열 미장을 하였고, 내부는 전체적으로 노출콘크리트로 마감하였다. 콘크리트 면의 품질상태가 상당히 좋아 계획된 가구나 시설물 배치에 전혀 문제가 없었다. 특히 습도 제어를 위해 기존 대류냉방 대신 복사냉방시스템을 적용한 게 눈여겨볼 만하다.

CONSTRUCTION DETAIL

지붕 구성 : T50 파쇄석 + T5 토목용부직포 + T150 압출법보온판 2호 + T50 압출법보온판 2호 + T3 우레탄 도막방수
지붕 열관류율 : 0.150W/m²·K

———

외벽 구성 : EIFS(메쉬함침시공) + T200 비드법 2종 3호 + 콘크리트 벽체 + 콘크리트노출(면정리)
외벽 열관류율 : 0.154W/m²·K

———

바닥 구성 : T10 강마루 + T50 방통몰탈(엑셀, 12A간격 200mm) + T0.1 PE필름 +T150 비드법보온판 1종 2호 + 레벨용 석분(필요 시) + T500 기초콘크리트 + T100 버림콘크리트 + T0.1 PE필름 +T150 잡석다짐
바닥 열관류율 : 0.157W/m²·K

———

창틀 제조사 : Ensum_koemmering88
창틀 열관류율 : 0.950W/m²·K

———

유리 제조사 : 삼호글라스
유리 구성 : 5PLA UN + 16Ar(SWS) + 5CL + 16Ar(SWS) + 5PLA UN
유리 열관류율 : 0.64W/m²·K

———

창호 전체열관류율(국내기준) : 0.993W/m²·K
현관문 제조사 : 엔썸
현관문 열관류율 : 0.690W/m²·K

———

기밀성능(n50) : 0.18회/h
환기장치 제조사 : Komfovent domekt R 450V
환기장치효율(난방효율) : 86%

HOUSE PLAN

대지위치 : 경남 거제시 하청면 | **대지면적** : 340.00(102.85평)m² | **지역지구** : 계획관리지역 | **용도** : 단독주택 | **건축면적** : 100.98m²(30.55평) | **연면적** : 125.46m²(37.95평)[1층-24.48m²(7.41평), 2층-100.98m²(30.55평) / 1층 필로티-76.50m²(23.14평)] | **건폐율** : 29.70% | **용적률** : 36.90% | **규모** : 지상 2층 | **구조** : 철근콘크리트조 | **내장마감** : 포세린타일, 콘크리트 노출마감 | **외장마감** : 외단열미장마감 | **지붕재** : 노출 슬래브(멤브레인 시트방수) | **창호재** : 엔썸 TS / TT 47mm 3중유리 애드온시스템(1등급) | **난방설비** : 가스보일러 | **냉방설비** : 복사냉방시스템(잡자재) | **사진** : 포토스토리 | **구조** : SM구조기술사사무소 | **설계** : ㈜자림이앤씨건축사사무소 | **에너지컨설팅&검증기관** : (사)한국패시브건축협회 | **에너지해석 프로그램 버전** : 에너지샵(Energy#®) 2021 v2.5 | **시공** : (주)예진종합건설

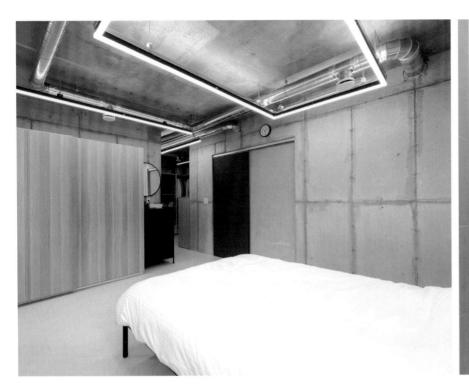

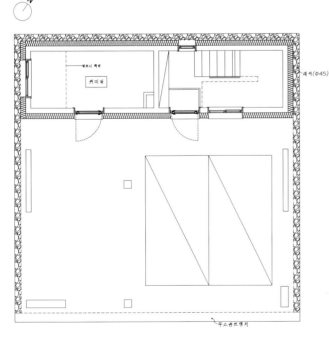

1층 평면도

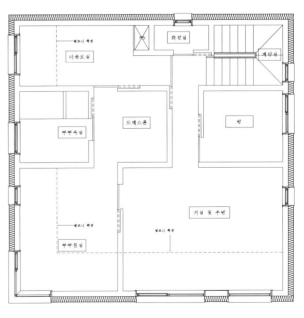

2층 평면도

횡단면도

T50 파쇄석
T5 토목용부직포
T150 압출법2호
T50 압출법2호
T3 우레탄 도막방수

다용도실

T10 강마루
T50 방통몰탈 (액셀, 12A 간격 200mm)
T0.1 PE 필름
T30 비드법 1종 2호
백변용 석판(필요시)

계단실

취미실

T10 강마루
T50 방통몰탈 (액셀, 12A 간격 200mm)
T0.1 PE 필름
T150 비드법 1종 2호
백변용 석판(필요시)

T:250 파쇄석(40mm 라기)

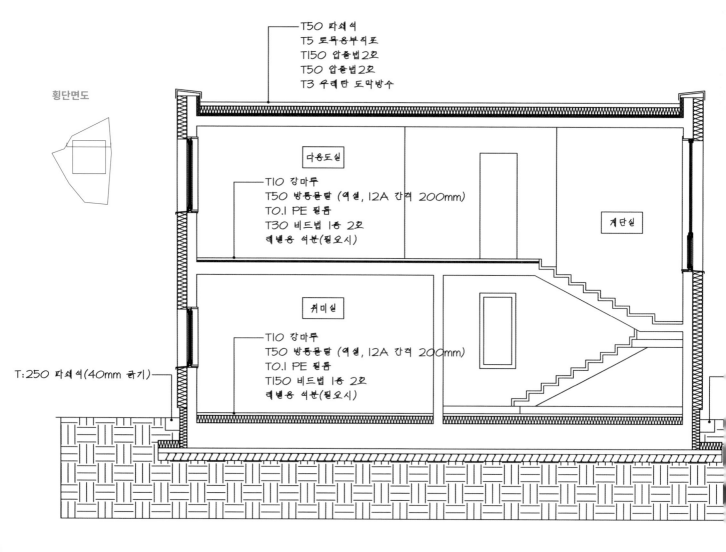

종단면도

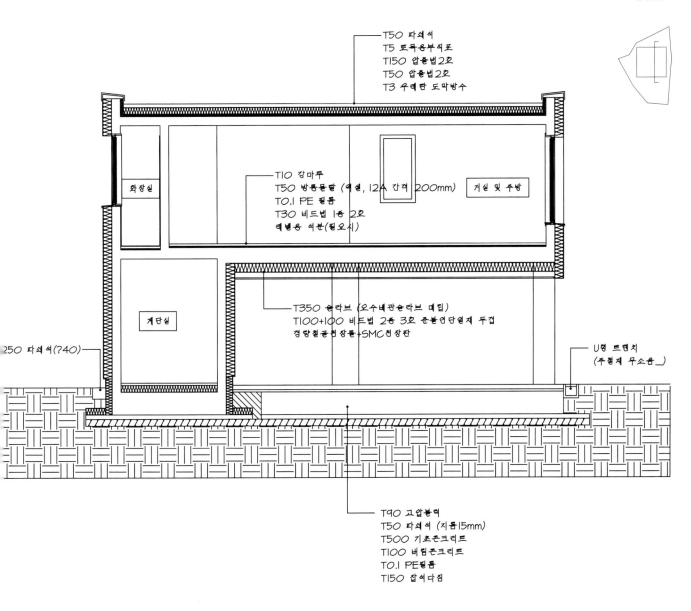

T50 다쇄석
T5 토목용부직포
T150 압출법2호
T50 압출법2호
T3 우레탄 도막방수

화장실

T10 강마루
T50 방통몰탈 (엑셀, 12A 간격 200mm)
T0.1 PE 필름
T30 비드법 1종 2호
덕변용 석판(필요시)

거실 및 주방

계단실

T350 슬라브 (오수배관슬라브 매립)
T100+100 비드법 2종 3호 준불연단열재 두겁
경량철골천장틀+SMC천장판

250 다쇄석(?40)

U형 트렌치
(주청제 무소음_)

T90 고압분덕
T50 다쇄석 (지름15mm)
T500 기초콘크리트
T100 버림콘크리트
T0.1 PE필름
T150 잡석다짐

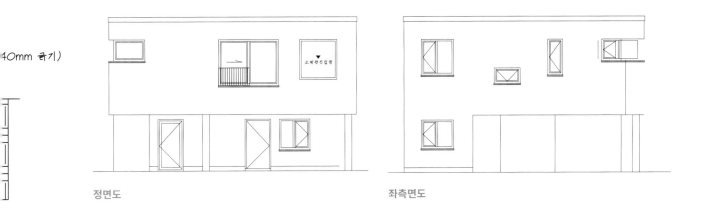

40mm 규기)

정면도

좌측면도

주요 공정 과정

01 열회수환기장치 관련 공사와 2층 벽부 관통 슬리브 11개소 작업

02 창호 및 도어 단열재 시공, 외단열 취부 외벽 견출 작업

03 환기구 기밀 시공

04 열회수환기장치 스파이럴 배관 및 기밀 작업

05 중간 기밀테스트 실시

06 태양광 배선 · 배관 상태 확인 및 점검

07 환기장치 및 보일러, 복사냉방장치 연동 · 연결(잡자재)

08 한국패시브건축협회 최종 기밀테스트

건축주 인터뷰

전원주택을 짓게 된 계기는?

자동차와 바이크 정비 때문이다. 우리 부부는 연간 주행거리가 아주 많은 편이라서 웬만한 정비는 직접 하고 있다. 아파트 지하주차장에 묵직한 공구통을 질질 끌고 내려와 밤새 오토바이를 주무르다 주민들 출근시간이 되면 혹시나 민폐가 될까 쫓기듯 정돈하고 올라오기를 반복했다. 그래서 마음 편히 작업할 수 있는 넓은 공간이 절실했다. 주택을 짓고 싶었던 결정적 이유다. 막상 결심하고 보니 이런저런 기대가 생겨났다. 단열과 제습이 되는 환경, 작물을 키워 먹을 수 있는 작은 밭, 개인 주차장, 자유롭게 세차할 수 있는 마당, 마음껏 음악을 들을 수 있는 환경 등등, 단 한 가지 이유로 건축을 결심했더니, 집을 지으면 좋은 이유가 자꾸 늘어났다.

토지 선택 기준과 땅을 구매하게 된 계기는?

아래 몇 가지 조건을 정하고 지난 몇 년간 지내온 동네에서 토지를 물색했다. 결국, 면 소재지 배후의 오래된 마을 끝자락 폐가를 매입하였다.
① 100평 이내 규모로써 정해진 예산 내의 토지
② 큰길가나 주택단지 또는 상가 밀집 지역이 아닌, 외부 시선이 최소화된 깊숙한 자연 속의 토지
③ 매일 집 앞의 배출 쓰레기를 수거하는 지역(면 소재지)
④ 걸어서 마트, 식당, 대중교통, 관공서 등 편의 시설에 접근 가능할 것
⑤ 국유도로와 접하고 수자원공사의 공공 상하수도에 연결 가능하며, 기가급 인터넷 연결이 가능한 곳
⑥ 되도록이면 농지가 아닌 대지

건축에 관한 정보는 어떻게 수집했는지?

전원주택 생활에 관해서는 네이버 카페 '지성아빠'를 통해 정보를 얻었다. 자금계획은 지자체, 주택금융공사 등 웹페이지를 통해 조사했다. 기본설계를 직접 할 수 있게끔 도와주는 프로그램인 스케치업, 오토캐드는 유튜브 채널 Ansen을 통해 터득했다. 구조 평면은 여러 주택건축업체의 포트폴리오를 참고했다(예 : 다이와하우스 https://www.daiwahouse.co.jp/). 특히, 건축의 방향이나 고민

해결은 한국패시브건축협회 웹사이트와 유튜브 채널이 결정적으로 도움이 되었다. 이런저런 고민으로 결정을 하지 못할 때는 (주)자림이앤씨건축사사무소 최정만 소장님이 크게 도움을 줬다.

건축 공법은 어떤 기준으로 선택했는가?

철근콘크리트 공법을 선택했는데, 우선 감정평가상의 이점 때문이었다. 신혼부부이고 건축자금계획에서 대출 비중이 높아서 건물가액 평가에 유리한 게 철근콘크리트 구조였다. 다음은 성능상 이유이다. 외단열 콘크리트 건물은 축열성능이 높아 여름에도, 겨울에도 복사에너지를 내놓으며 거주자에게 큰 쾌적감을 준다. 일사에너지를 통해 낮 동안 축열하여 난방비용 절감에도 적잖은 도움이 된다.

설계과정은 어떠했고, 생활 편의를 위해 신경 쓴 부분이 있다면?

누수, 곰팡이, 실내공기질 등 하자가 없는 집을 짓기 위해 설계단계부터 패시브하우스를 선택했다. 여기에 더해 쾌적한 온습도를 누리고 싶어 복사냉방과 제습 시스템도 도입했다. 평면 설계는 필요에 따라 제안하였고 내진 구조해석, 단열 등 전문적인 영역은 (주)자림이앤씨건축사사무소에서 전담했다. 특히 바이크, 자동차 등 직접 정비를 할 수 있는 넓은 차고 공간에 온수가 나오는 실외 싱크대, 전원 패널, 벽부형 세차 호스, 공구와 장비를 보관할 기계실 겸 장비실 등이 배치에 반영되었다. 갖가지 작업이나 주행으로 오염된 옷을 1층에 탈의 및 세탁 장소를 설정해 바로 세탁이 가능하도록 했다.

전반적인 시공과정은 어떠했고, 시공 과정에 문제는 없었는지?

(주)자림이앤씨건축사사무소가 근거리에서 공사관리가 가능한 (주)예진종합건설을 추천해 주었다. 현장소장이 한국패시브건축협회의 패시브하우스 실무자교육을 받았기에 상세 공정에 관한 협의가 수월하게 진행되었다. 또한, 시공과정 중에 요청하는 보완사항을 진지하게 듣고 수행해 주셨고, 공정상 이견이 발생하는 상황에서는 대표께서 개입하여 원만히 해결할 수 있었다.

복사냉방시스템(COOLFORT) 적용

실내의 쾌적함을 위해서는 습도 제어가 핵심이다. 이 주택에는 에어컨(대류냉방) 대신 (주)잡자재에서 연구 개발한 복사냉방시스템을 적용하였는데 냉방은 물론 제습, 환기까지 통합적으로 해결한다. 축열재 같은 집의 구조체 자체 온도를 낮춰 대류가 아닌 복사로 건물 전체를 냉방하는 시스템이다. 이를 제대로 구현하기 위해서는 고단열·고기밀·외부차양·고효율 환기장치가 필수적이다. **사진제공 :** (주)잡자재

평지붕 역전지붕 시공

① 청소 및 삼각면목 시공

② 열풍융착식시트방수(두겁까지 시공) / 슬리브[Sleeve] 아래, 위 2곳 시공

③ XPS단열재 150T + 50T 교차 시공

④ 지붕용 투습방수지 시공, 외단열 파라펫 / 상부, 측면까지 연결 단열재 시공

⑤ 두겁 시공 및 측면 마감 / PVC파이프 시공 / 코너 지붕용 투습방수지 보강 / 배수판 설치

⑥ 부직포 설치, 25mm 쇄석 50T 시공 / 태양광 설치

기후 정보	기후 조건				
	평균기온(℃)	20.0	난방도시(kKh)	60.7	
기본 설정	건물 유형	주거	축열(Wh/㎡K)	128	
	난방온도(℃)	20	냉방온도(℃)	26	
발열 정보	전체 거주자수	2	내부발열 입력유형	표준치 선택	
	내부발열(W/㎡)	4.38		주거시설 표준치	
면적 체적	유효실내면적(㎡)	95.3	환기용체적(㎥)	238.2	
	A/V 비	0.91	(= 469.2 ㎡ / 516 ㎥)		

열관 류율 (W/ ㎡K)	지 붕	0.150	외벽 등	0.154
	바닥/지면	0.157	외기간접	0.000
	출 입 문	0.690	창호 전체	0.993
기본 유리	제 품	Ensum_T47/5mm Low-e+16mm Argon+5mm Clear+16mm Argon+5mm Low		
	열관류율	0.64	일사획득계수	0.45
기본 창틀	제 품	Ensum_koemmering88		
	창틀열관류율	0.950	간봉열관류율	0.03
환기 정보	제 품	komfovent domekt r 450v		
	난방효율	85%	냉방효율	80%
	습도회수율	0%	전력(Wh/㎡)	0.408470722
열교	선형전달계수(W/K)	11.60	점형전달계수(W/K)	5.73

재생 에너지	태양열	System 미설치
	지 열	System 미설치
	태양광	출력 : 7.7 kWdc, 전력생산 의존률 : 100%

난방	**난방성능** (리터/㎡·yr)		**3.2**	검토(레벨1/2/3)
				↓ 15/30/50
	난방에너지 요구량(kWh/㎡·yr)		32.27	A2
	난방 부하(W/㎡)		30.8	
냉방	냉방에너지 요구량(kWh/㎡·yr)		22.70	–
		현열에너지	9.38	↓ 검토제외
		제습에너지	13.32	
	냉방 부하(W/㎡)		40.9	
		현열부하	19.8	
		제습부하	21.1	
총량	총에너지 소요량(kWh/㎡·yr)		61	↓ 120/150/180
	CO2 배출량(kg/㎡·yr)		14.0	
	1차에너지 소요량(kWh/㎡·yr)		67	A0
기밀	기밀도 n50 (1/h)		0.18	A0
검토 결과	(A2) Passive House			↑ 1/1/1

● ● ●

연간 난방 비용 : 616,900원
연간 총에너지 비용 : 1,086,000원

ENERGY#® | 기후정보

남향일사량(kWh/㎡)	난방기간	619	냉방기간	456

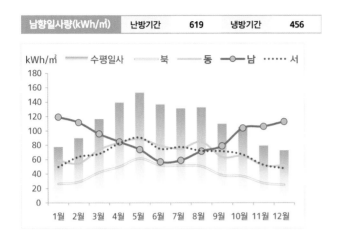

난방도시(kKh)	전체기간	60.7	난방기간	55.0

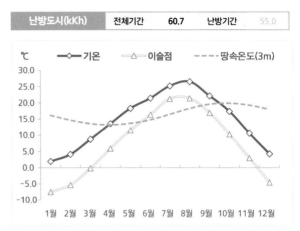

ENERGY#® | 난방에너지 요구량

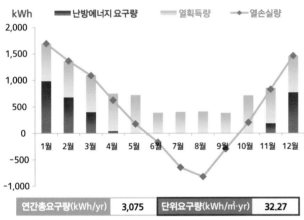

연간총요구량(kWh/yr)	3,075	단위요구량(kWh/㎡·yr)	32.27

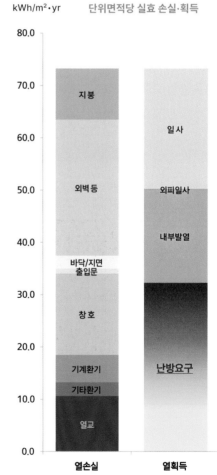

ENERGY#® | 냉방에너지 요구량

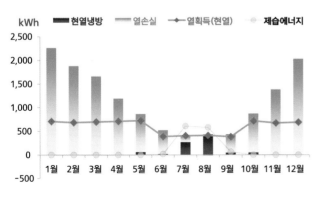

연간총요구량(kWh/yr)	2,164	단위요구량(kWh/㎡·yr)	22.70

ENERGY#® | 에너지사용량(에너지원별)

에너지원 (Energy Source)	에너지 기초 소요량 (kWh/yr)	에너지 소요량		에너지 비용 (원/yr)
		태양광 발전량	(kWh/yr, Net)	
전기	4,116	8,356	0	55,640
도시가스	0		0	0
LPG	5,815		5,815	1,030,379
등유			0	0
기타연료			0	0
지역난방			0	0
합 계	9,930		5,815	1,086,019

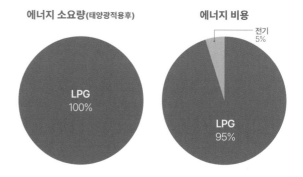

에너지 소요량(태양광적용후)

LPG 100%

에너지 비용

전기 5%

LPG 95%

에너지원별 요금 추이

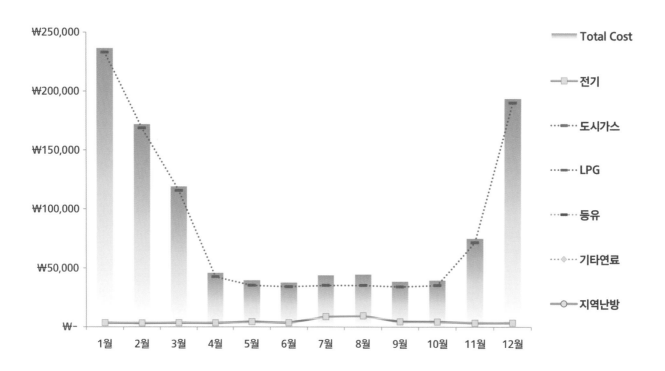

ENERGY#® | 에너지사용량(용도별)

용도	에너지 기초 소요량 (kWh/yr)	비중	에너지 비용 (원/yr)	비중
난방	3,519	35%	616,941	57%
온수	2,345	24%	414,071	38%
냉방	670	7%	10,401	1%
환기	653	7%	8,581	1%
조명	686	7%	9,006	1%
조리				
가전	2,057	21%	27,019	2%
기타				
합 계	9,930		1,086,019	

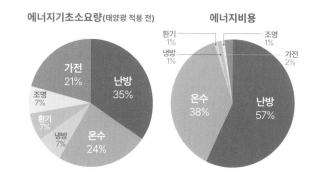

에너지기초소요량(태양광 적용 전)

에너지비용

● ● ●

연간 에너지 기초소요량 : 9,930kWh
연간 에너지 총소요량(태양광 적용 후) **:** 5,815kWh
연간 에너지 총비용 : 1,086,000원

용도별 요금 추이

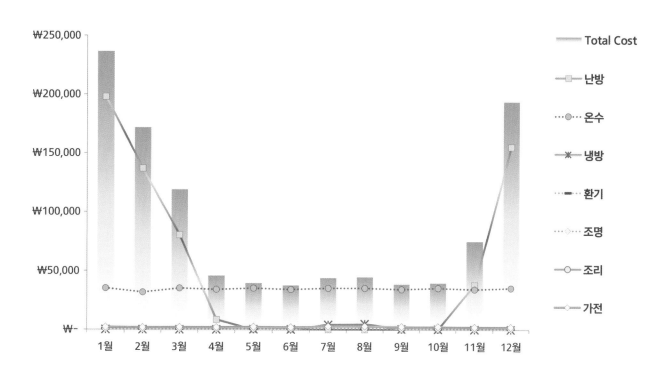

열교분석① | 창호 SILL

열교분석

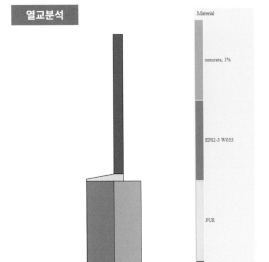

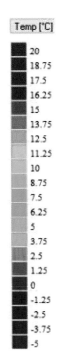

Temp [℃]

	20
	18.75
	17.5
	16.25
	15
	13.75
	12.5
	11.25
	10
	8.75
	7.5
	6.25
	5
	3.75
	2.5
	1.25
	0
	-1.25
	-2.5
	-3.75
	-5

구성 #1

	구성	열전도율	두께	열저항
	-	[W/(mK)]	[m]	[㎡K/W]
外	외부표면전달			0.043
1	철근콘크리트	2.300	0.2	0.087
2	EPS 2-3	0.033	0.2	6.061
3				0.000
內	내부표면전달			0.110
	R-Value [㎡K/W]			6.301
	U-Value [W/㎡			0.159
	K)Length [m]			1.050

구성 #2

	구성	열전도율	두께	열저항
	-	[W/(mK)]	[m]	[㎡K/W]
外	외부표면전달			0.043
1	인슐레이션 프레임	0.130	0.07	0.538
2				0.000
3				0.000
內	내부표면전달			0.110
	R-Value [㎡K/W]			0.691
	U-Value [W/㎡			1.446
	K)Length [m]			1.000

열교값(W/mk)

Total Flows	외부온도	내부온도	L₂D
[W/m]	[℃]	[℃]	[W/(mK)]
41.57	-5	20	1.663

$$L_{2D} - U_1L_1 - U_2L_2 = Psi$$

1.663	0.167	1.446	0.050

열교분석② | 기둥 및 벽체 열교(W5)

열교분석

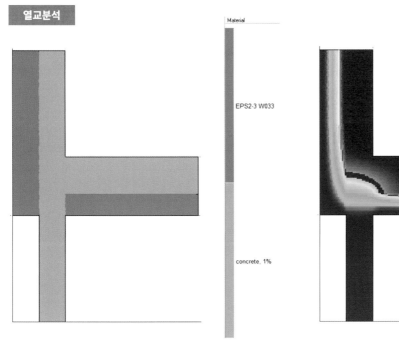

Material

EPS2-3 W033

concrete, 1%

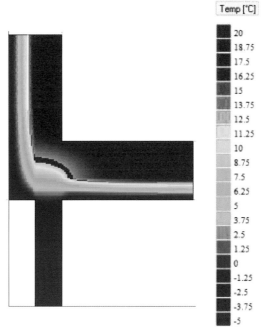

Temp [℃]

	20
	18.75
	17.5
	16.25
	15
	13.75
	12.5
	11.25
	10
	8.75
	7.5
	6.25
	5
	3.75
	2.5
	1.25
	0
	-1.25
	-2.5
	-3.75
	-5

열관류율 #1

	구성	열전도율	두께	열저항
	-	[W/(mK)]	[m]	[m²K/W]
外	외부표면전달			0.043
1	철근콘크리트	2.3	0.35	0.152
2	EPS 2-3	0.033	0.2	6.061
3				0.000
內	내부표면전달			0.086
	R-Value [m²K/W]			6.342
	U-Value [W/(m²K)]			0.158
	Area [m²]			6.160

열관류율 #2

	구성	열전도율	두께	열저항
	-	[W/(mK)]	[m]	[m²K/W]
外	외부표면전달			0.043
1	철근콘크리트	2.3	0.2	0.087
2	EPS 2-3	0.033	0.2	6.061
3				0.000
內	내부표면전달			0.110
	R-Value [m²K/W]			6.301
	U-Value [W/(m²K)]			0.159
	Area [m²]			6.820

열관류율 #3

	구성	열전도율	두께	열저항
	-	(W/mK)	(m)	(m²K/W)
外	외부표면전달			0.043
1				0.000
2				0.000
3				0.000
內	내부표면전달	0.110	Area (m²)	0.000

열교값(W/mk)

Σ pos. flows	외부온도	내부온도	L₃D
[W]	[℃]	[℃]	[W/K]
89.291	-5	20	3.572

$L_{3D} - U_1 A_1 - U_2 A_2 - U_3 A_3 = Chi$

3.571 - 0.971 - 1.084 - 0 = 1.51592

BlowerDoor GmbH
MessSysteme für Luftdichtheit

BUILDING LEAKAGE TEST

Date of Test: 23.05.15   Test File: 230515_거제 하청리 단독주택 Method1_가감압0.18회
Technician: 김규화, 배지현
Project Number:

Customer: Building Address:

Test Results at 50 Pascals:	Depressurization	Pressurization	Average
q_{50} : m³/h (Airflow)	53 (+/- 5.2 %)	54 (+/- 3.6 %)	54
n_{50} : 1/h (Air Change Rate) q	0.18	0.18	0.18
F_{50} : m³/(h·m² Floor Area)	0.42	0.43	0.43
q_{E50} : m³/(h·m² Envelope	0.11	0.12	0.11

Leakage Areas:
	Depressurization	Pressurization	Average
ELA $_{50}$: m²	0.0016 (+/- 3.6 %)	0.0017 (+/- 3.6 %)	0.0016
ELA $_{F50}$: m²/	0.0000129	0.0000132	0.0000130
m² ELA $_{E50}$:	0.0000034	0.0000035	0.0000035

Building Leakage Curve:
	Depressurization	Pressurization
Air Flow Coefficient (C $_{env}$) m³/(h·Paⁿ)	4.6 (+/- 24.4	4.5 (+/- 15.7
Air Leakage Coefficient (C $_L$) m³/(h·Paⁿ) %)	4.6 (+/- %)	4.5 (+/-
Exponent (n)	0.627 (+/- 0.070)	0.635 (+/- 0.046)
Coefficient of Determination (r²)	0.97846	0.99096

Test Standard: ISO 9972
Test Mode: Depressurization and Pressurization
Type of Test Method: Method 1 – Test of Building in use
Purpose of Test: 최종기밀성능테스트   n50 ≤ 1 1/h

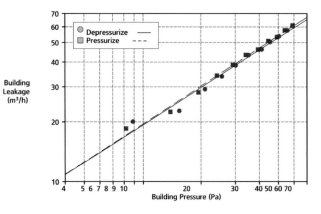

Date of Test: 23.05.15 Test File: 230515_거제 하청리 단독주택 Method1_가감압0.18회

Building Information

Internal Volume, V (m³) (according to ISO)		302.2
Net Floor Area, A F (m²) (according to ISO)		125.46
Envelope Area, A E (m²) (according to ISO)		469.2
Height (m)		
Uncertainty of Dimensions (%)		3
Year of Construction		
Type of Heating		
Type of Air Conditioning		
Type of Ventilation		None
Building Wind Exposure		Partly Exposed Building
Wind Class		Light Breeze

Equipment Information

Type	Manufacturer	Model	Serial Number	Custom Calibration Date
Fan	Energy Conservatory	Duct Blaster B		
Micromanometer	Energy Conservatory	DG1000	559	2019-01-09

Depressurization Test 1:

Environmental Data

Indoor Temperature (°C)	Outdoor Temperature (°C)	Barometric Pressure (Pa)
20.0	23.0	101325.0

Baseline Pressure Data

	Pre- Test			Post -Test	
$\Delta p_{0,1}-$	$\Delta p_{0,1}+$	$\Delta p_{0,1}$	$\Delta p_{0,2}-$	$\Delta p_{0,2}+$	$\Delta p_{0,2}$
-0.1	0.1	0.1	0.0	1.4	1.4

Data Points - Automated Test (TTE 5.1.8.4)

Nominal Building Pressure (Pa)	Baseline adjusted Building Pressure (Pa)	Fan Pressure (Pa)	Nominal Flow q_r (m³/h)	Adjusted Flow q_{env} (m³/h)	Adjusted Flow q_L (m³/h)	% Error	Fan Configuration
0.1	n/a	n/a					
-58.2	-58.9	33.6	60	61	61	3.5	Ring 3
-54.7	-55.5	30.2	57	58	58	1.7	Ring 3
-49.6	-50.3	26.5	53	54	54	1.2	Ring 3
-44.8	-45.5	23.4	50	51	50	1.1	Ring 3
-40.4	-41.1	19.7	46	46	46	-1.4	Ring 3
-34.5	-35.2	17.4	43	43	43	1.8	Ring 3
-29.4	-30.2	13.8	38	39	38	-0.4	Ring 3
-24.9	-25.6	10.8	34	34	34	-2.8	Ring 3
-20.2	-21.0	8.1	29	29	29	-5.0	Ring 3
-14.6	-15.4	5.0	23	23	23	-10.2	Ring 3
-8.1	-8.	3.9	20	20	20	12.0	Ring 3
1.4	9 n/a	n/a					

Deviations from Standard ISO 9972 - Test Parameters

Pressurization Test 1:

Environmental Data

Indoor Temperature (°C)	Outdoor Temperature (°C)	Barometric Pressure (Pa)
20.0	23.0	101325.0

Baseline Pressure Data

	Pre- Test			Post -Test	
$\Delta p_{0,1}-$	$\Delta p_{0,1}+$	$\Delta p_{0,1}$	$\Delta p_{0,2}-$	$\Delta p_{0,2}+$	$\Delta p_{0,2}$
0.0	0.8	0.8	0.0	2.1	2.1

Data Points - Automated Test (TTE 5.1.8.4)

Nominal Building Pressure (Pa)	Baseline adjusted Building Pressure (Pa)	Fan Pressure (Pa)	Nominal Flow q_r (m³/h)	Adjusted Flow q_{env} (m³/h)	Adjusted Flow q_L (m³/h)	% Error	Fan Configuration
0.8	n/a	n/a					
60.5	59.1	34.7	61	61	61	1.3	Ring 3
55.3	53.9	31.1	58	58	58	1.5	Ring 3
50.7	49.2	26.7	54	53	53	-0.7	Ring 3
45.9	44.4	24.4	51	51	51	1.2	Ring 3
40.9	39.4	20.1	46	46	46	-1.	Ring 3
35.5	34.1	17.9	44	43	43	0	Ring 3
30.6	29.2	14.3	39	39	39	2.2	Ring 3
25.6	24.2	11.2	34	34	34	-0.8	Ring 3
20.8	19.4	7.7	28	28	28	-5.2	Ring 3
15.3	13.8	5.0	23	22	22	-6.5	Ring 3
9.6	8.2	103.9	18.6	18.5	18.5	7.6	Ring 4
2.1	n/a	n/a					

Deviations from Standard ISO 9972 - Test Parameters

Comments

테스트 조건 체크리스트 (Method-1)	시공/여부 (O/X)	켬(열림)/끔(닫음) (O/X)	비고
외부 바람	-	-	기상청 정보 적용(3m/s) - 맑음
실내외 온도 실측	-	-	실내 23도 실외 20도
블로어도어 설치	O	O	주출입문에 설치
외부 창호	O	X	모든 창 닫음
외부블라인드	O	-	-
환기장치	O	X	외부 테이프 막음
화장실 강제 배기 댐퍼	O	X	-
주방 강제 배기 댐퍼	O	X	-
하수 배관 봉수채움	O	O	-
에어컨 설치 여부	O	-	복사냉방 적용
보일러 설치 여부	O	-	-
실내도어	O	O	-

경기도 남양주시 진전읍
3L 패시브하우스

125.69m²[38.02평]

경기도 남양주시 진접읍에 소재한 경량목구조로 지어진 3L 패시브하우스이다. 전형적인 박공지붕에 주택은 횡으로 20M에 이르는 긴 형태를 띠면서 깔끔한 외관을 형성하고 있다. 두 세대가 함께 지내는 단독주택으로 각 세대의 프라이버시를 감안해 복도식 구조에 거실을 중심으로 생활공간을 나누었다. 부모님 세대를 위해 단층주택으로 지었고, 내부 연면적은 125.69m²(38.02평)이다.

HOUSE PLAN

대지위치 : 경기도 남양주시 진전읍
대지면적 : 481.66m²(145.70평)
지역지구 : 계획관리지역
용도 : 단독주택
건축면적 : 127.26m²(38.50평)
[1층-125.69m²(38.02평),
데크-36.76m²(11.11평)]
연면적 : 125.69m²(38.02평)
건폐율 : 26.42%
용적률 : 26.10%
규모 : 지상 1층
높이 : 5.6m
구조 : 경량목구조
내장마감 : 석고보드 위
아우로친환경페인트
외장마감 : 세라믹사이딩
지붕재 : 고내식합금도금강판(포스맥)
창호재 : 엔썸 TS / TT 47mm
3중유리(1등급)
난방설비 : 가스보일러
사진 : 포토스토리
설비&전기 : ㈜한국나이스기술단
구조 : ㈜두항구조안전기술사사무소
설계 : ㈜자림이앤씨건축사사무소
에너지컨설팅&검증기관 :
(사)한국패시브건축협회
에너지해석 프로그램 버전 :
에너지샵(Energy#®) 2021 v2.5
설계기간 : 2020.12~2021.8
시공기간 : 2021.11~2022.5
시공 : ㈜예진종합건설

거더

인접대지경계선 ──●

외벽 (외부마감으로부터)
T:11 지정벽돌타일
타일접착제/베이스코트2차/보강매쉬/베이스코트1차
T:6 CRC보드
2"x4" 통기층
투습방수지 (Solitex)
2"X2" 세로각재(T:38 글라스울32k '나'등급)
2"X2" 가로각재(T:38 글라스울32k '나'등급)
T:11.1 OSB
2"X6" (T:140 글라스울24k '나'등급)
가변형방습지(Intello) : 기밀층
2"X2" 각재(설비층)
T:12.5 석고보드 2겹
지정마감

종단면도

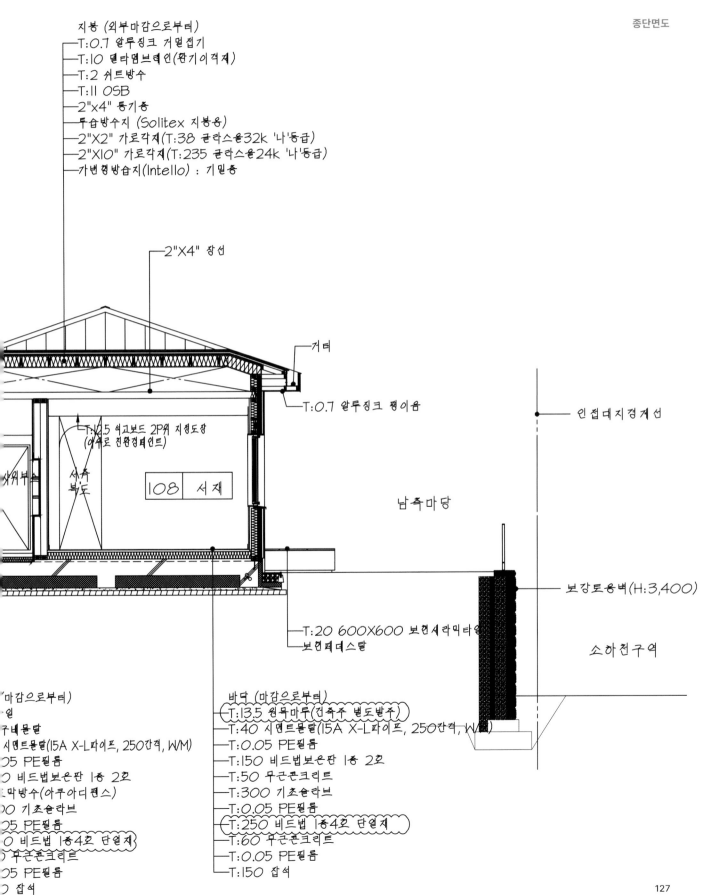

지붕 (외부마감으로부터)
- T:0.7 알루징크 거멀접기
- T:10 델타멤브레인(환기이격재)
- T:2 쉬트방수
- T:11 OSB
- 2"x4" 통기층
- 투습방수지 (Solitex 지붕용)
- 2"X2" 가로각재(T:38 글라스울32k '나'등급)
- 2"X10" 가로각재(T:235 글라스울24k '나'등급)
- 가변형방습지(Intello) : 기밀층

2"X4" 장선

거터

T:0.7 알루징크 평이음

T:12.5 석고보드 2P위 지정도장
(에쉬로 친환경페인트)

서측
복도

| 108 | 서 재 |

남측마당

인접대지경계선

보강토옹벽(H:3,400)

소하천구역

사외부

T:20 600X600 보현세라믹타일
보현페데스탈

(마감으로부터)
일
구내문달
시멘트몰탈(15A X-L파이프, 250간격, W/M)
05 PE필름
○ 비드법보온판 1종 2호
막방수(아쿠아디펜스)
○○ 기초슬라브
5 PE필름
○ 비드법 1종4호 단열재
무근콘크리트
05 PE필름
잡석

바닥 (마감으로부터)
- T:13.5 원목마루(건축주 별도발주)
- T:40 시멘트몰탈(15A X-L파이프, 250간격, W/M)
- T:0.05 PE필름
- T:150 비드법보온판 1종 2호
- T:50 무근콘크리트
- T:300 기초슬라브
- T:0.05 PE필름
- T:250 비드법 1종4호 단열재
- T:60 무근콘크리트
- T:0.05 PE필름
- T:150 잡석

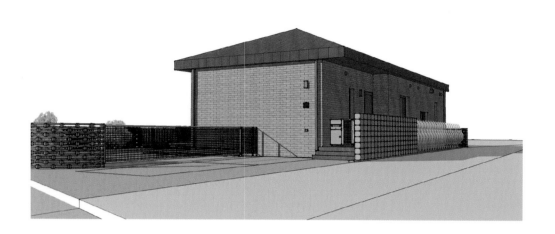

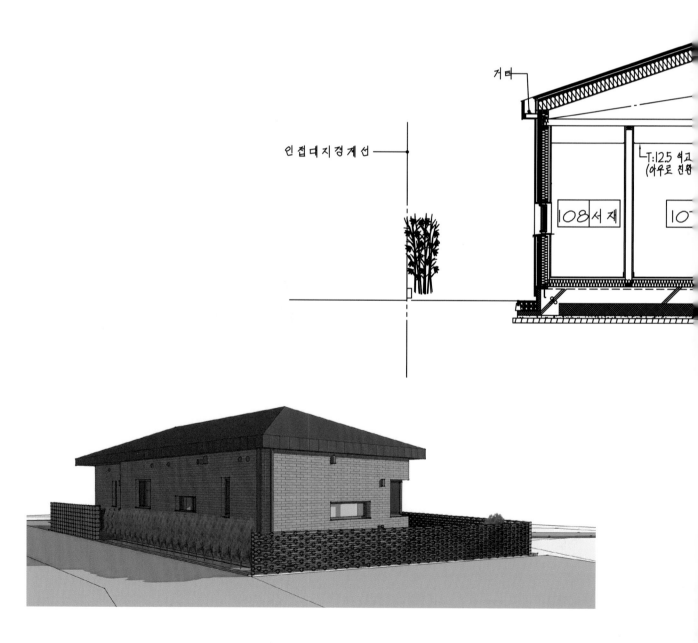

거대

인접대지경계선

T:125 석고
(아우로 전환

108서재

10

봉 (외부마감으로부터)
:0.7 알루징크 거멀접기
:10 델타멤브레인(환기이격재)
:2 쉬트방수
:11 OSB
"x4" 등기층
-습방수지 (Solitex 지붕용)
"X2" 가로각재(T:38 글라스울32k '나'등급)
"X10" 가로각재(T:235 글라스울24k '나'등급)
변형방습지(Intello) : 기밀층

지붕 (외부마감으로부터)
─T:0.7 알루징크 거멀접기
─T:10 델타멤브레인(환기이격재)
─T:2 쉬트방수
─T:11 OSB
─2"x4" 등기층
─투습방수지 (Solitex 지붕용)
─2"X2" 가로각재(T:38 글라스울32k '나'등급)
─2"X10" 가로각재(T:235 글라스울24k '나'등급)
─가변형방습지(Intello) : 기밀층
─2"X2" 각재(설비층)
─T:12.5 석고보드 2겹
─지정마감

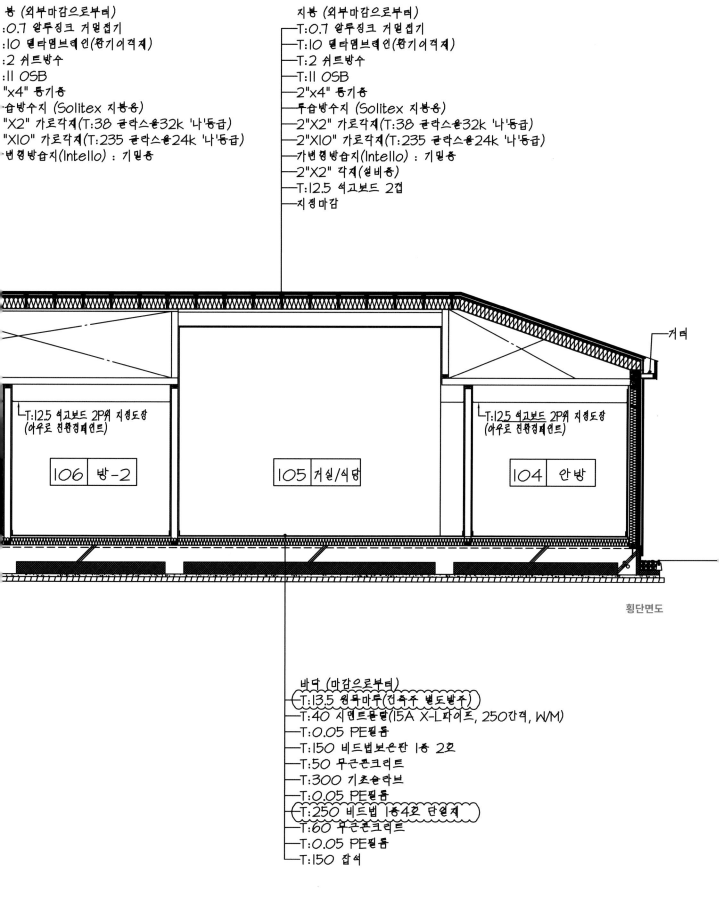

거터

T:12.5 석고보드 2P위 지정도장
(아우로 천연광폐인트)

| 106 | 방-2 |

| 105 | 거실/식당 |

T:12.5 석고보드 2P위 지정도장
(아우로 천연광폐인트)

| 104 | 안방 |

횡단면도

바다 (마감으로부터)
─(T:13.5 원목마루(건축주 별도발주))
─T:40 시멘트몰탈(15A X-L파이프, 250간격, W/M)
─T:0.05 PE필름
─T:150 비드법보온판 1종 2호
─T:50 무근콘크리트
─T:300 기초슬라브
─T:0.05 PE필름
─(T:250 비드법 1종4호 단열재)
─T:60 무근콘크리트
─T:0.05 PE필름
─T:150 잡석

벽체 레인스크린 및 하단부 버그스크린 설치 이후에 지
붕의 징크작업까지 진행되었다.

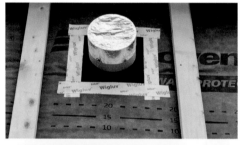

벽체 내부 셀룰로오스 단열재 충진 작업 후 에어컨 및
컴포벤트, 열회수환기장치 등의 공정이 이어졌다.

빗물받이 홈통 부분 상세도

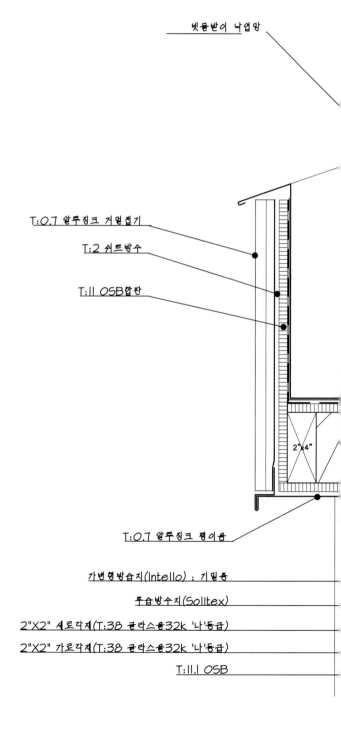

빗물받이 낙엽망

T:0.7 알두징크 거멀접기

T:2 쉬트방수

T:11 OSB합판

2"x4"

T:0.7 알두징크 펑이음

가변형방습지(Intello) : 기밀층

투습방수지(Solitex)

2"X2" 세로각재(T:38 글라스울32k '나'등급)

2"X2" 가로각재(T:38 글라스울32k '나'등급)

T:11.1 OSB

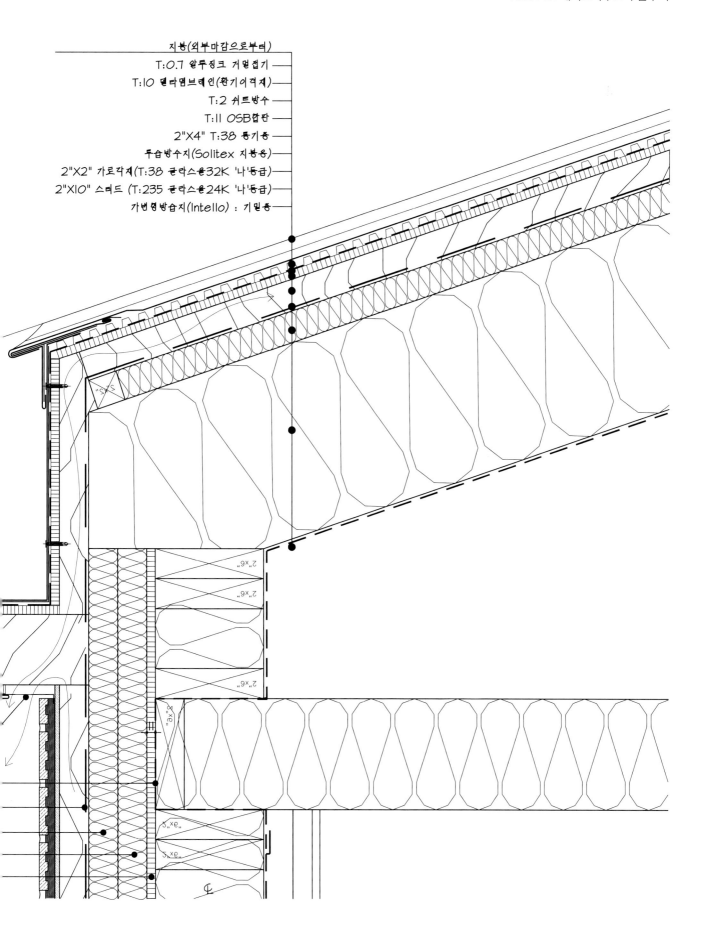

지붕(외부마감으로부터)
T:0.7 알루징크 거멀접기
T:10 델타멤브레인(환기이격재)
T:2 쉬트방수
T:11 OSB합판
2"X4" T:38 통기층
투습방수지(Solitex 지붕용)
2"X2" 가로각재(T:38 글라스울32K '나'등급)
2"X10" 스터드 (T:235 글라스울24K '나'등급)
가변형방습지(Intello) : 기밀층

EPS 바닥 단열 → 배관 설비 → 철근 배근 → 데크와 본체 열교 차단(XPS단열) → 콘크리트 타설 작업 순으로 진행되었다.

외벽 하부에 XPS단열재를 시공하고 배수판을 설치하는 작업

외벽 (외부마감으로부터)
T:11 지정벽돌타일
타일접착제/베이스코트2차/보강메쉬/베이스코트1차
T:6 CRC보드─
2"x4" 동기둥─
투습방수지 (Solitex)─
2"X2" 세로각재(T:38 글라스울32k '나'등급)─
2"X2" 가로각재(T:38 글라스울32k '나'등급)─
T:11.1 OSB─
2"X6" (T:140 글라스울24k '나'등급) ─
가변형방습지(Intello) : 기밀층─
2"X2" 각재(설비용)─
T:12.5 석고보드 2겹─
지정마감─

방충망

건물 주변 쇄석 트렌치 부분 상세도

THK
위 실리콘수

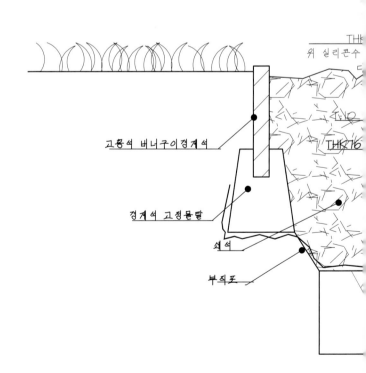

고용석 버너구이경계석

경계석 고정몰탈

쇄석

부직포

THK10

THK16

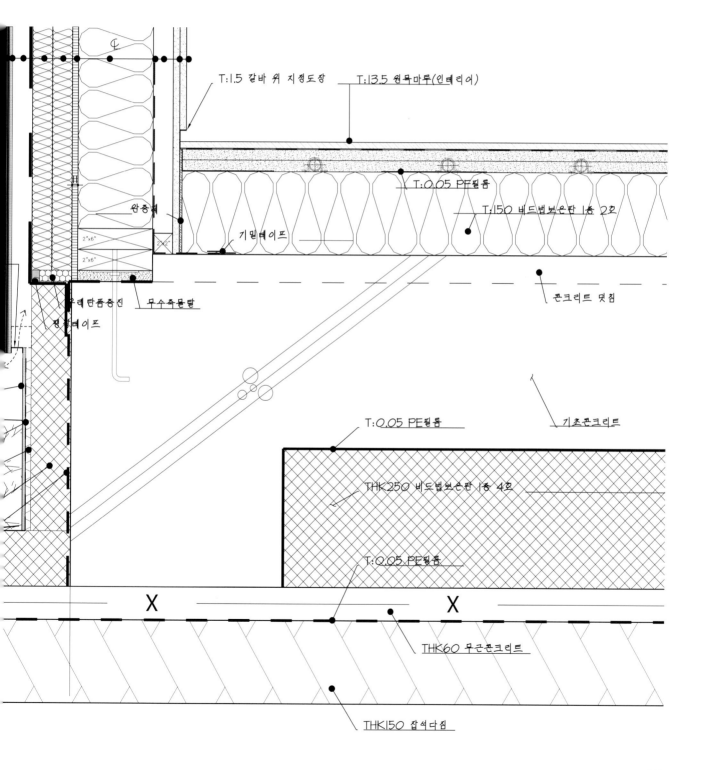

T:1.5 갈바 위 지정도장

T:13.5 원목마루(인테리어)

완충재

기밀테이프

2"x6"

2"x2"

2"x6"

우레탄폼충진

무수축몰탈

T:0.05 PE필름

T:150 비드법보온판 1종 2호

콘크리트 덧침

방수테이프

T:0.05 PE필름

기초콘크리트

THK250 비드법보온판 1종 4호

T:0.05 PE필름

X

X

THK60 무근콘크리트

THK150 잡석다짐

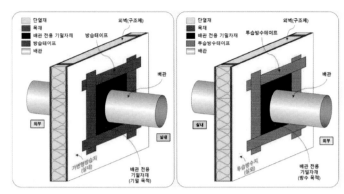

배관 전용 기밀 자재 시공개념도

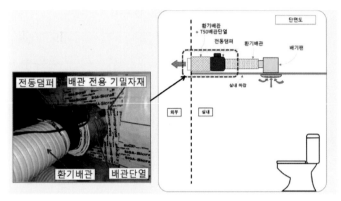

전동댐퍼 설치개념도 및 시공사례

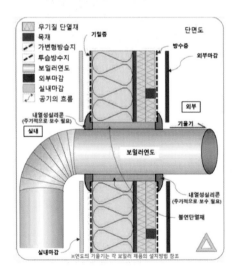

보일러 연도 관통
부위 상세도

CONSTRUCTION DETAIL

외벽 구성 : T11 지정벽돌타일+타일접착제/
베이스코트2차/보강메쉬/베이스코트1차+T6
CRC보드+2×4 통기층+투습방수지+2×2
세로각재(32K 글라스울
38mm-나등급)+2×2 가로각재(32K
글라스울 38mm-나등급)+T11 OSB+2×6
스터드(24K 글라스울
140mm-나등급)+가변형방습지(기밀층)+2×2
각재(설비층)+T12.5 석고보드 2겹
외벽 열관류율 : 0.199W/m²·K

———

지붕 구성 : T0.7 알루징크 거멀접기+T10
델타멤브레인(환기이격제)+T2 쉬트방수+T11
OSB+2×4 통기층+투습방수지(지붕용)+2×2
가로각재(32K 글라스울
38mm-나등급)+2×10 가로각재(24K
글라스울
235mm-나등급)+가변형방습지(기밀층)
지붕 열관류율 : 0.155W/m²·K

———

바닥 구성 : T13.5 원목마루+T40
시멘트몰탈(15A X-L 파이프,
250간격(W/M)+0.05mm PE필름+T150
비드법 보온판 1종 2호+T50
무근콘크리트+T300 기초슬라브+0.05mm
PE필름+T600 비드법 1종 4호 단열재+T60
무근콘크리트+0.05mm PE필름+T150 잡석
바닥 열관류율 : 0.177W/m²·K

———

창틀 제조사 : Ensum_koemmering88
창틀 열관류율 : 0.950W/m²·K

———

유리 제조사 : 삼호글라스
유리 구성 : 5PLA
UN+16AR+5CL+16AR+5PAL UN
유리 열관류율 : 0.57W/m²·K

———

창호 전체열관류율(국내기준) : 0.849W/m²·K
현관문 제조사 : 엔썸
현관문 열관류율 : 0.611W/m²·K

———

기밀성능(n50) : 0.61회/h
환기장치 제조사 : 컴포벤트 domekt R 450V
환기장치효율(난방효율) : 86%

설비 난방 엑셀파이프 배관 시공법

난방파이프 설계 권장 사례

엑셀 고정용 유핀

규격철망을 이용한 엑셀파이프 고정 방식

설비부착물 열교차단 제품예시

열교차단 스크류

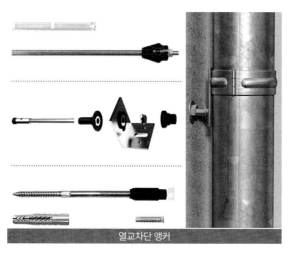

열교차단 앵커

설비 부착물 개념도

전기박스 시공사례

전기설비 전용 기밀 자재 시공 개념도 및 시공사례

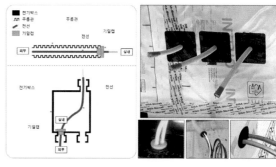

ENERGY#® | 입력요약

기후 정보	기후 조건	◇ 남양주시금곡리		
	평균기온(℃)	20.0	난방도시(kKh)	75.9
기본 설정	건물 유형	주거	축열(Wh/㎡K)	80
	난방온도(℃)	20	냉방온도(℃)	26
발열 정보	전체 거주자수	4	내부발열 입력유형	표준치 선택
	내부발열(W/㎡)	4.38		주거시설 표준치
면적 체적	유효실내면적(㎡)	106.8	환기용체적(㎡)	267.0
	A/V 비	0.79	(= 496.9 ㎡ / 628.9 ㎡)	

열관 류율 (W/ ㎡K)	지 붕	0.155	외벽 등	0.199
	바닥/지면	0.177	외기간접	0.000
	출입문	0.611	창호 전체	0.849
기본 유리	제 품	Ensum_T47/5PLA UN+16AR+5CL+16AR+5PAL UN		
	열관류율	0.57	일사획득계수	0.45
기본 창틀	제 품	Ensum_koemmering88		
	창틀열관류율	0.950	간봉열관류율	0.03
환기 정보	제 품	DOMEKT300		
	난방효율	85%	냉방효율	85%
	습도회수율	82%	전력(Wh/㎡)	0.27
열교	선형전달계수(W/K)	0.00	점형전달계수(W/K)	0.00

재생 에너지	태양열	System 미설치
	지 열	System 미설치
	태양광	System 미설치

ENERGY#® | 에너지 계산 결과

	난방성능 (리터/㎡·yr)		3.0	검토(레벨1/2/3) ↓ 15/30/50
난방	난방에너지 요구량(kWh/㎡·yr)		29.64	Level 2
	난방 부하(W/㎡)		21.3	
냉방	냉방에너지 요구량(kWh/㎡·yr)		16.07	–
		현열에너지	7.18	↓ 검토제외
		제습에너지	8.89	
	냉방 부하(W/㎡)		10.9	
		현열부하	4.8	
		제습부하	6.2	
총량	총에너지 소요량(kWh/㎡·yr)		68	↓ 120/150/180
	CO2 배출량(kg/㎡·yr)		18.0	
	1차에너지 소요량(kWh/㎡·yr)		92	Level 1
기밀	기밀도 n50 (1/h)		0.61	Level 2
검토 결과	(A1) Passive House			↓ 0.6/1/1.5

● ● ●

연간 총에너지 비용 : 920,200원

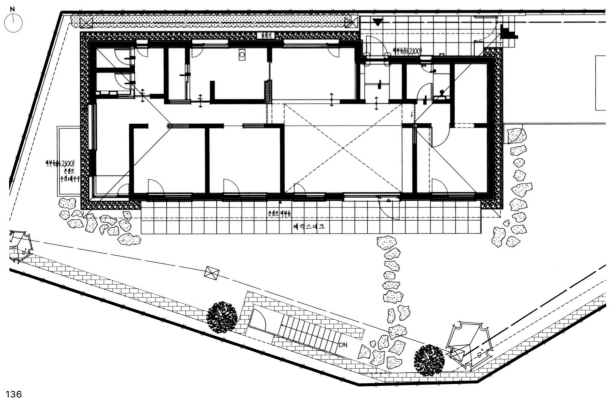

ENERGY#® | 기후정보

남향일사량(kWh/㎡)	난방기간	516	냉방기간	483

난방도시(kKh)	전체기간	75.9	난방기간	63.6

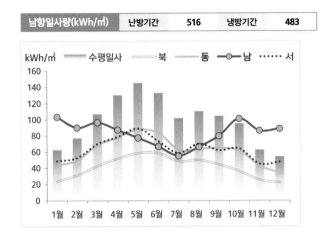

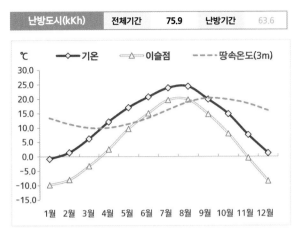

ENERGY#® | 난방에너지 요구량

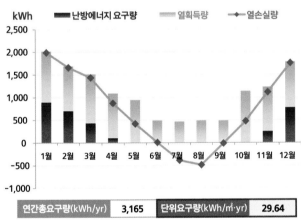

연간총요구량(kWh/yr)	3,165	단위요구량(kWh/㎡·yr)	29.64

ENERGY#® | 냉방에너지 요구량

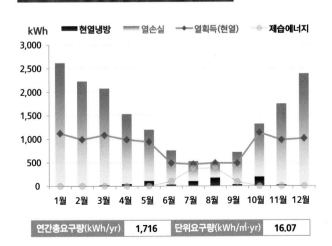

연간총요구량(kWh/yr)	1,716	단위요구량(kWh/㎡·yr)	16.07

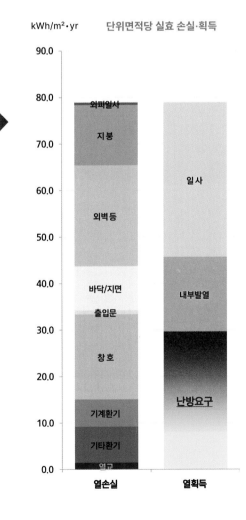

ENERGY#® | 에너지사용량(에너지원별)

에너지원 (Energy Source)	에너지 기초 소요량 (kWh/yr)	에너지 소요량		에너지 비용 (원/yr)
		태양광 발전량	(kWh/yr, Net)	
전기	1,093		1,093	73,550
도시가스				
LPG	6,164		6,164	846,609
등유				
기타연료			0	0
지역난방			0	0
합 계	7,257		7,257	920,159

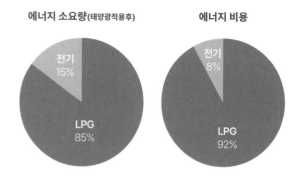

에너지 소요량(태양광적용후)

전기 15%
LPG 85%

에너지 비용

전기 8%
LPG 92%

ENERGY#® | 에너지사용량(용도별)

용도	에너지 기초 소요량 (kWh/yr)	비중	에너지 비용 (원/yr)	비중
난방	3,556	49%	485,037	53%
온수	2,657	37%	364,128	40%
냉방	561	8%	43,938	5%
환기	482	7%	27,056	3%
조명				
조리				
가전				
기타				
합 계	7,257		920,159	

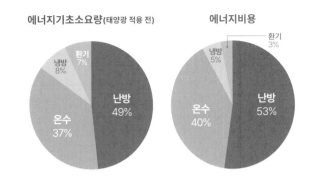

에너지기초소요량(태양광 적용 전)

에너지비용

• • •

연간 에너지 기초소요량 : 7,257kWh
연간 에너지 총소요량 : 7,257kWh
연간 에너지 총비용 : 920,200원

용도별 요금 추이

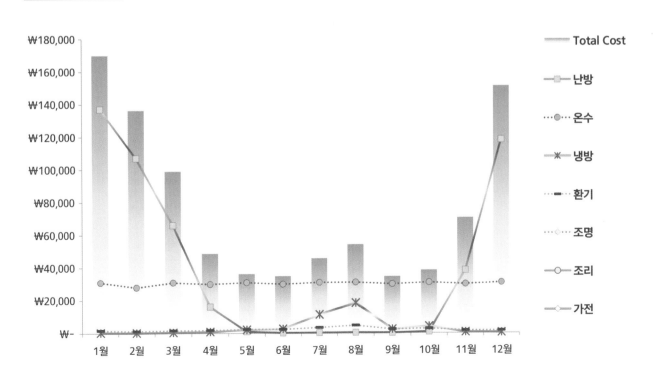

열교분석

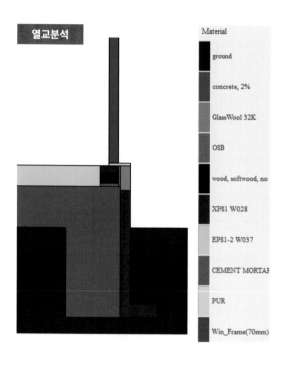

Material	
	ground
	concrete, 2%
	GlassWool 32K
	OSB
	wood, softwood, no
	XPS1 W028
	EPS1-2 W037
	CEMENT MORTAR
	PUR
	Win_Frame(70mm)

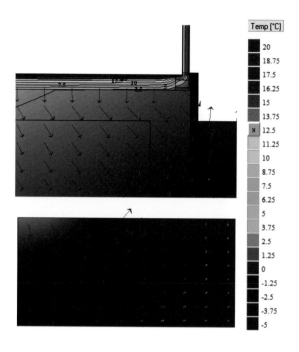

Temp [°C]
20
18.75
17.5
16.25
15
13.75
12.5
11.25
10
8.75
7.5
6.25
5
3.75
2.5
1.25
0
-1.25
-2.5
-3.75
-5

열관류율 #1

	구성	열전도율	두께	열저항
	-	(W/mK)	(m)	(㎡K/W)
外	외부표면전달			0.043
1	복합열전달체	0.083	0.45	5.424
2				
3				
4				
5				
內	내부표면전달			0.086
	R-Value (㎡K/W)			5.553
	U-Value (W/㎡K)			0.180
	Length (m)			3.232

열관류율 #2

구성	열전도율	두께	열저항
-	(W/mK)	(m)	(㎡K/W)
외부표면전달			0.043
글라스울 24K	0.038	0.14	3.684
OSB	0.13	0.011	0.085
글라스울 32K	0.037	0.038	1.027
글라스울 32K	0.037	0.038	1.027
내부표면전달			0.110
R-Value (㎡K/W)			5.976
U-Value (W/㎡K)			0.167
Length (m)			0.470

열교값(W/mk)

Sumpos	외부온도	내부온도	L_2D
(W/m)	(℃)	(℃)	(W/mK)
49.997	-5	20	1.999

$$L_2D - U_1L_1 - U_2L_2 - U_3L_3 = PSI$$

1.999 - 0.582 - 0.078 - 1.446 =			-0.107

열교분석⊙ | 현관문 설치열교(하부)

열교분석

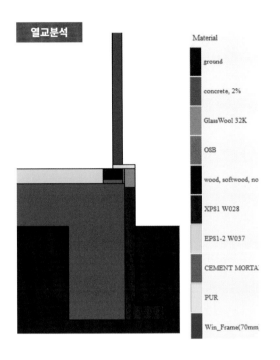

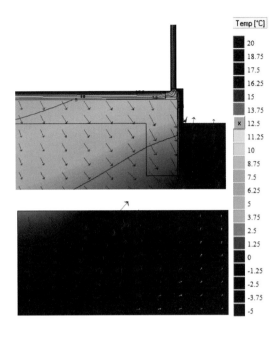

열관류율 #1

	구성	열전도율	두께	열저항
	-	(W/mK)	(m)	(㎡K/W)
外	외부표면전달			0.043
1	복합열전달체	0.097	0.4	4.140
2				
3				
4				
5				
內	내부표면전달			0.086
	R-Value (㎡K/W)			4.269
	U-Value (W/㎡K)			0.234
	Length (m)			3.232

열관류율 #2

구성	열전도율	두께	열저항
-	(W/mK)	(m)	(㎡K/W)
외부표면전달			0.043
글라스울 24K	0.038	0.14	3.684
OSB	0.13	0.011	0.085
글라스울 32K	0.037	0.038	1.027
글라스울 32K	0.037	0.038	1.027
내부표면전달			0.110
R-Value (㎡K/W)			5.976
U-Value (W/㎡K)			0.167
Length (m)			0.511

열교값(W/mk)

Sumpos	외부온도	내부온도	L₂D
(W/m)	(℃)	(℃)	(W/mK)
54.923	-5	20	2.197

$$L_2D - U_1L_1 - U_2L_2 - U_3L_3 = PSI$$

$$2.196 - 0.757 - 0.085 - 1.446 = -0.092$$

경상남도 밀양시 (주)ESRC연수원
0.5L 패시브하우스
399.96m²[120.98평]

교육연구시설 일부에 패시브 건축을 적용한 사례이다. 결로 방지를 위한 고단열재 및 방수투습자재가 꼼꼼하게 쓰였고, 외부의 냉기는 물론 열기가 실내로 침투하지 못하도록 구조용 열교차단재를 섬세하게 시공한 부분이 주목할 만하다. 또한 고효율 열회수환기 장치 설치를 통한 실내외 공기질과 온습도 제어를 위한 환기 솔루션도 적용하였다. 한국 패시브건축협회의 검증을 통해 0.5L 패시브하우스 인증을 받았다.

HOUSE PLAN

대지위치 : 경상남도 밀양시 | **대지면적** : 1,264m²(382.36평) | **용도** : 교육연구시설 | **건축면적** : 390.15m²(118.02평) | **연면적** : 399.96m²(120.98평)[1층-267.48m²(80.91평), 2층-132.48m²(40.07평)] | **건폐율** : 30.87% | **용적률** : 31.64% | **규모** : 지상 2층 | **구조** : 철근콘크리트 | **내장마감** : 천연페인트, 포세린타일 | **외장마감** : 세라스킨 토탈시스템(백색), 고밀도 목재 패널 | **지붕재** : 백자갈 마감 | **창호재** : 엔썸 TS / TT 47mm 3중유리(1등급) | **난방설비** : 드래곤 전기보일러 | **냉방설비** : 시스템 에어컨 | **사진** : 포토스토리 | **기계설비설계** : 서진설비 설계사무소 | **전기설비설계** : 우진엔지니어링 | **구조설계** : (주)강구조안전기술 | **설계기간** : 2021. 1~2021. 4 | **시공기간** : 2021. 5~2021. 12 | **설계** : 건인자 건축사사무소 | **에너지컨설팅&검증기관** : (사)한국패시브건축협회 | **에너지해석 프로그램 버전** : 에너지샵(Energy#®) 2021 v2.5 | **시공** : (주)예진종합건설

CONSTRUCTION DETAIL

외벽 구성 : T8 고밀도목재패널(준불연패널)
+ 세라스킨 토탈시스템[250mm
비드법보온판 1종 3호(나등급)] + T200
철근콘크리트옹벽 + T9.5 석고보드 2겹위
퍼티위 천연페인트
외벽 열관류율 : 0.154W/m²·K

지붕 구성 : T100 둥근백자갈채우기(지름
35mm 내외) + 부직포(백색) + 조경용
배수판 + 지붕용 투습방수지 + T300
압출법보온판 1호(가등급) / 방수 / 비접착
+ 멤브레인 시트방수 + T200
철근콘크리트 슬래브
지붕 열관류율 : 0.098W/m²·K

바닥 구성 : 몰탈 위 T12 포세린타일 +
T120 온수파이프 판넬히팅 + T500
철근콘크리트 슬래브 + T0.03 PE필름
2겹 + T250 압출법보온판 1호(가등급) +
T0.03 PE필름 2겹 + T50 버림 콘크리트
+ T150 잡석다짐
바닥 열관류율 : 0.098W/m²·K

창틀 제조사 : 엔썸 케멀링88
창틀 열관류율 : 0.950W/m²·K

유리 제조사 : 삼호글라스
유리 구성 : 5PLA
UN+16AR+5CL+16AR+5PLA UN
유리 열관류율 : 0.57W/m²·K

창호 전체열관류율(국내기준) :
0.858W/m²·K
현관문 제조사 : 엔썸 케멀링
현관문 열관류율 : 0.747W/m²·K

기밀성능(n50) : 0.22회/h
환기장치 제조사 : 젠다 Comfoair Q450
ERV
환기장치효율(난방효율) : 83%

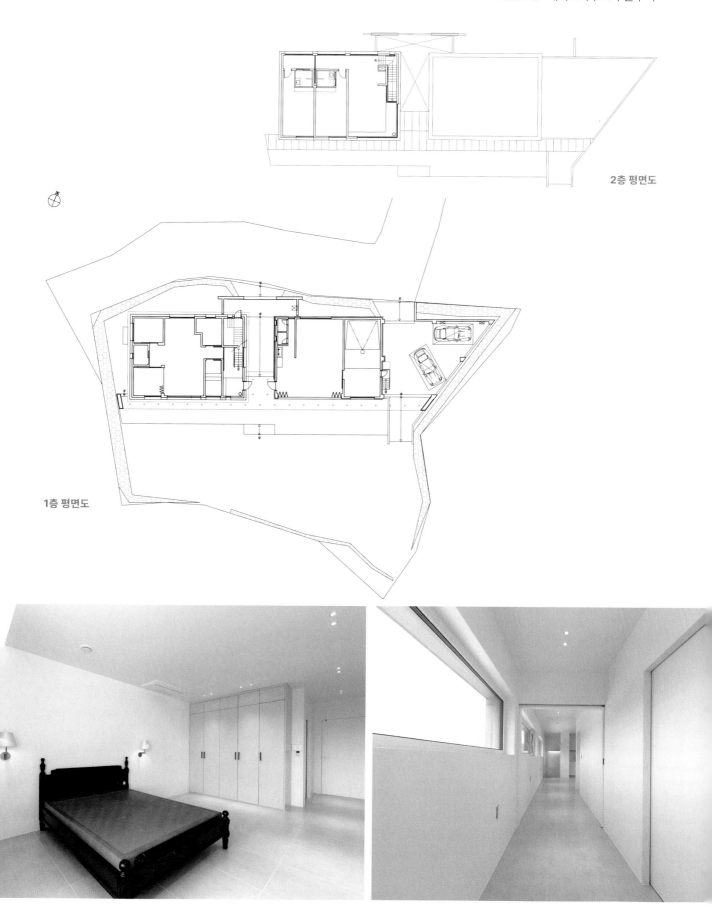

2층 평면도

1층 평면도

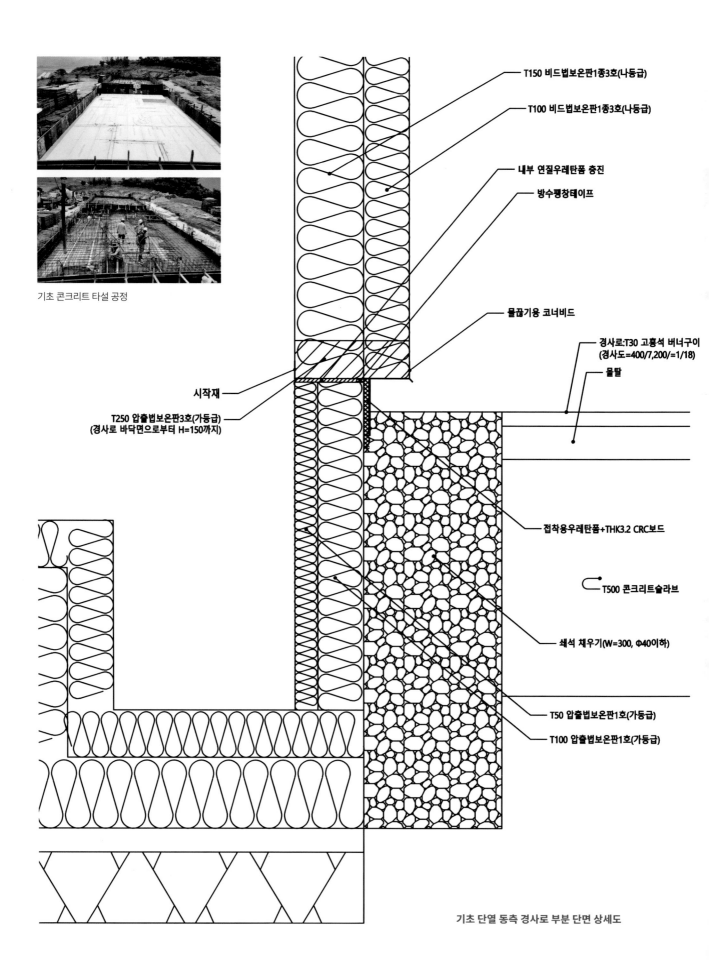

기초 콘크리트 타설 공정

T150 비드법보온판1종3호(나등급)

T100 비드법보온판1종3호(나등급)

내부 연질우레탄폼 충진

방수팽창테이프

물끊기용 코너비드

경사로:T30 고흥석 버너구이
(경사도=400/7,200/=1/18)

물탈

시작재

T250 압출법보온판3호(가등급)
(경사로 바닥면으로부터 H=150까지)

접착용우레탄폼+THK3.2 CRC보드

T500 콘크리트슬라브

쇄석 채우기(W=300, Φ40이하)

T50 압출법보온판1호(가등급)

T100 압출법보온판1호(가등급)

기초 단열 동측 경사로 부분 단면 상세도

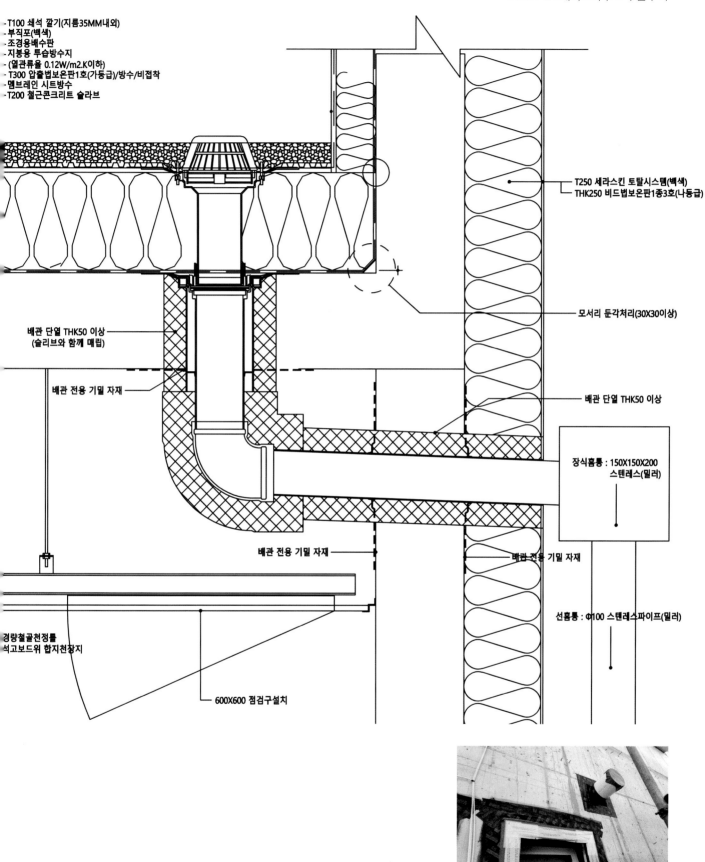

- T100 쇄석 깔기(지름35MM내외)
- 부직포(백색)
- 조경용배수판
- 지붕용 투습방수지
- (열관류율 0.12W/m2.K이하)
- T300 압출법보온판1호(가등급)/방수/비접착
- 멤브레인 시트방수
- T200 철근콘크리트 슬라브

T250 세라스킨 토탈시스템(백색)
THK250 비드법보온판1종3호(나등급)

모서리 둔각처리(30X30이상)

배관 단열 THK50 이상
(슬리브와 함께 매립)

배관 전용 기밀 자재

배관 단열 THK50 이상

장식홈통 : 150X150X200
스텐레스(밀러)

배관 전용 기밀 자재

배관 전용 기밀 자재

선홈통 : Φ100 스텐레스파이프(밀러)

경량철골천정틀
석고보드위 합지천장지

600X600 점검구설치

이중 루프 드레인 단면 상세도

외부 배관 기밀 작업

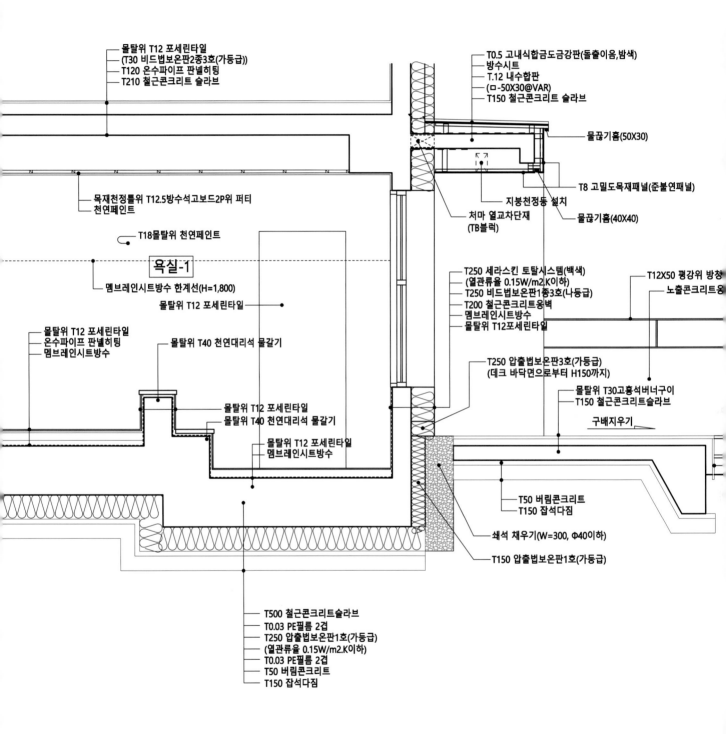

몰탈위 T12 포세린타일
(T30 비드법보온판2종3호(가등급))
T120 온수파이프 판넬히팅
T210 철근콘크리트 슬라브

T0.5 고내식합금도금강판(돌출이음,밤색)
방수시트
T.12 내수합판
(ㅁ-50X30@VAR)
T150 철근콘크리트 슬라브

물끊기홈(50X30)

목재천정틀위 T12.5방수석고보드2P위 퍼티
천연페인트

T8 고밀도목재패널(준불연패널)

지붕천정등 설치

T18몰탈위 천연페인트

처마 열교차단재
(TB블럭)

물끊기홈(40X40)

욕실-1

멤브레인시트방수 한계선(H=1,800)

몰탈위 T12 포세린타일

T250 세라스킨 토탈시스템(백색)
(열관류율 0.15W/m2.K이하)
T250 비드법보온판1종3호(나등급)
T200 철근콘크리트옹벽
멤브레인시트방수
몰탈위 T12포세린타일

T12X50 평강위 방청
노출콘크리트옹

몰탈위 T12 포세린타일
온수파이프 판넬히팅
멤브레인시트방수

몰탈위 T40 천연대리석 물갈기

T250 압출법보온판3호(가등급)
(데크 바닥면으로부터 H150까지)

몰탈위 T30고흥석버너구이
T150 철근콘크리트슬라브

구배지우기

몰탈위 T12 포세린타일
몰탈위 T40 천연대리석 물갈기

몰탈위 T12 포세린타일
멤브레인시트방수

T50 버림콘크리트
T150 잡석다짐

쇄석 채우기(W=300, Φ40이하)

T150 압출법보온판1호(가등급)

T500 철근콘크리트슬라브
T0.03 PE필름 2겹
T250 압출법보온판1호(가등급)
(열관류율 0.15W/m2.K이하)
T0.03 PE필름 2겹
T50 버림콘크리트
T150 잡석다짐

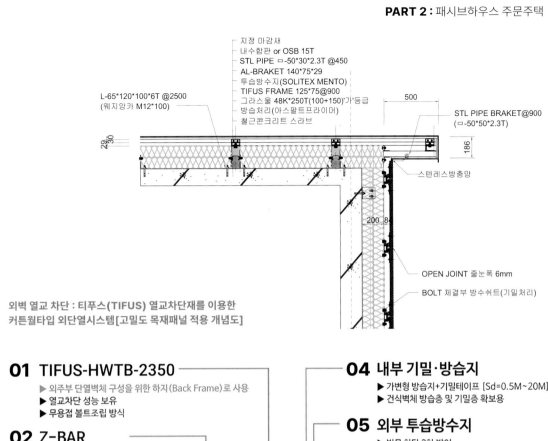

지정 마감재
내수합판 or OSB 15T
STL PIPE ⊏-50*30*2.3T @450
AL-BRAKET 140*75*29
투습방수지(SOLITEX MENTO)
TIFUS FRAME 125*75@900
그라스울 48K*250T(100+150)'가'등급
방습처리(아스팔트프라이머)
철근콘크리트 스라브

L-65*120*100*6T @2500
(웨지앙카 M12*100)

500

STL PIPE BRAKET@900
(□-50*50*2.3T)

186

스텐레스방충망

200

OPEN JOINT 줄눈폭 6mm

BOLT 체결부 방수쉬트(기밀처리)

**외벽 열교 차단 : 티푸스(TIFUS) 열교차단재를 이용한
커튼월타입 외단열시스템[고밀도 목재패널 적용 개념도]**

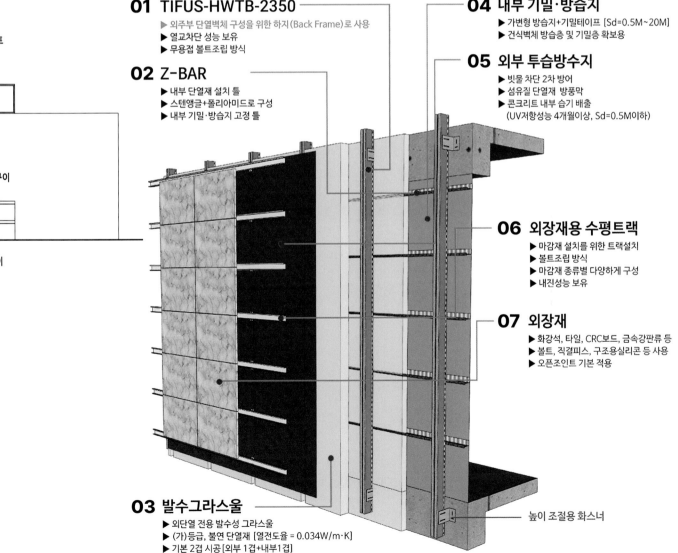

01 TIFUS-HWTB-2350
▶ 외주부 단열벽체 구성을 위한 하지(Back Frame)로 사용
▶ 열교차단 성능 보유
▶ 무용접 볼트조립 방식

02 Z-BAR
▶ 내부 단열재 설치 틀
▶ 스텐앵글+폴리아미드로 구성
▶ 내부 기밀·방습지 고정 틀

03 발수그라스울
▶ 외단열 전용 발수성 그라스울
▶ (가)등급, 불연 단열재 [열전도율 = 0.034W/m·K]
▶ 기본 2겹 시공 [외부 1겹+내부1겹]

04 내부 기밀·방습지
▶ 가변형 방습지+기밀테이프 [Sd=0.5M~20M]
▶ 건식벽체 방습층 및 기밀층 확보용

05 외부 투습방수지
▶ 빗물 차단 2차 방어
▶ 섬유질 단열재 방풍막
▶ 콘크리트 내부 습기 배출
 (UV저항성능 4개월이상, Sd=0.5M이하)

06 외장재용 수평트랙
▶ 마감재 설치를 위한 트랙설치
▶ 볼트조립 방식
▶ 마감재 종류별 다양하게 구성
▶ 내진성능 보유

07 외장재
▶ 화강석, 타일, CRC보드, 금속강판류 등
▶ 볼트, 직결피스, 구조용실리콘 등 사용
▶ 오픈조인트 기본 적용

높이 조절용 화스너

처마 단열 숙소부 1층 상부 처마 단면 상세도

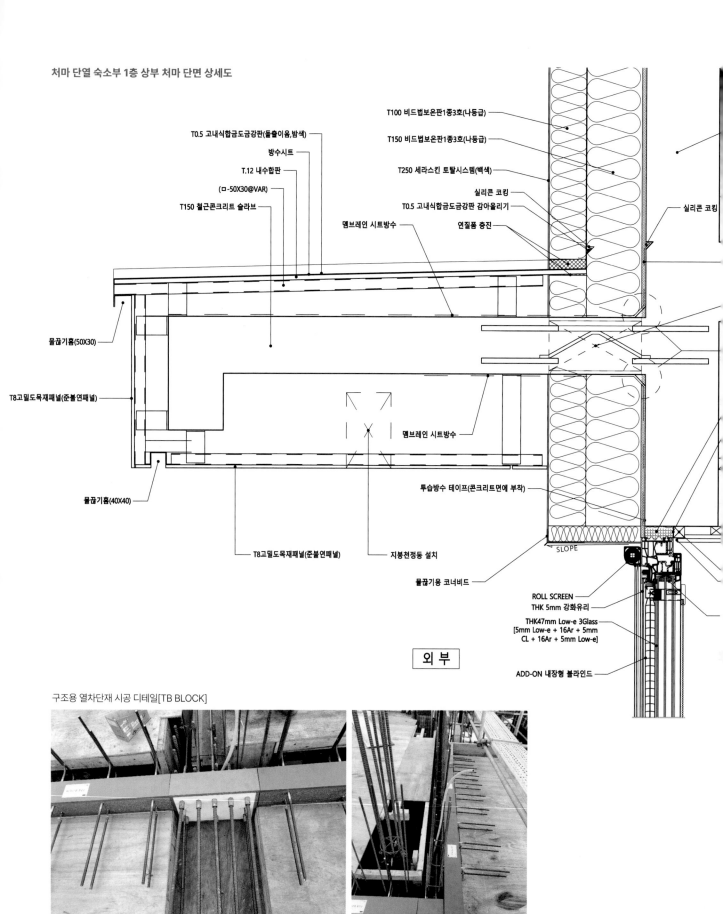

T0.5 고내식합금도금강판(돌출이음,밤색)
방수시트
T.12 내수합판
(ㅁ-50X30@VAR)
T150 철근콘크리트 슬라브
멤브레인 시트방수

T100 비드법보온판1종3호(나등급)
T150 비드법보온판1종3호(나등급)
T250 세라스킨 토탈시스템(백색)
실리콘 코킹
T0.5 고내식합금도금강판 감아올리기
연질폼 충진
실리콘 코킹

물끊기홈(50X30)

T8고밀도목재패널(준불연패널)

물끊기홈(40X40)

T8고밀도목재패널(준불연패널)
지붕천정등 설치
멤브레인 시트방수

투습방수 테이프(콘크리트면에 부착)

물끊기용 코너비드

SLOPE

ROLL SCREEN
THK 5mm 강화유리
THK47mm Low-e 3Glass
[5mm Low-e + 16Ar + 5mm
CL + 16Ar + 5mm Low-e]

ADD-ON 내장형 블라인드

외 부

구조용 열차단재 시공 디테일[TB BLOCK]

슬래브 열교차단제 상세(TB-H150)

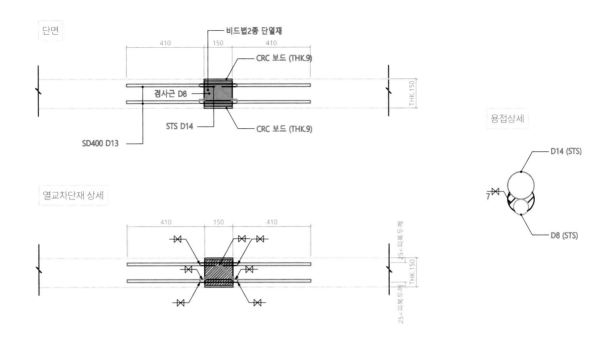

보 열교차단제 상세

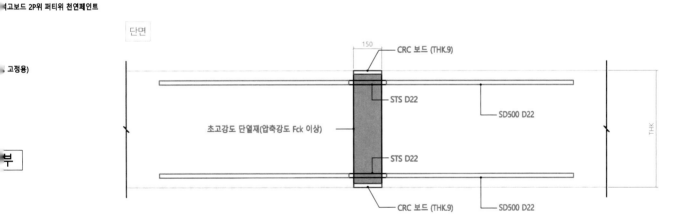

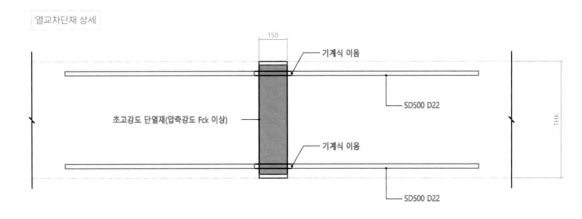

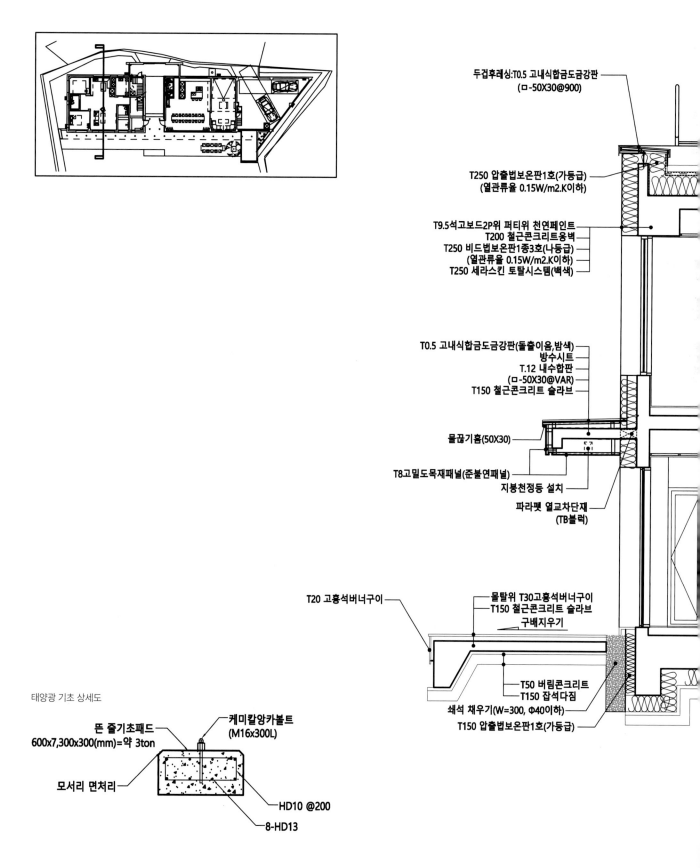

두겁후레싱:T0.5 고내식합금도금강판
(ㅁ-50X30@900)

T250 압출법보온판1호(가등급)
(열관류율 0.15W/m2.K이하)

T9.5석고보드2P위 퍼티위 천연페인트
T200 철근콘크리트옹벽
T250 비드법보온판1종3호(나등급)
(열관류율 0.15W/m2.K이하)
T250 세라스킨 토탈시스템(백색)

T0.5 고내식합금도금강판(돌출이음,밤색)
방수시트
T.12 내수합판
(ㅁ-50X30@VAR)
T150 철근콘크리트 슬라브

물끊기홈(50X30)

T8고밀도목재패널(준불연패널)
지붕천정등 설치
파라펫 열교차단재
(TB블럭)

T20 고흥석버너구이

몰탈위 T30고흥석버너구이
T150 철근콘크리트 슬라브
구배지우기

T50 버림콘크리트
T150 잡석다짐
쇄석 채우기(W=300, Φ40이하)
T150 압출법보온판1호(가등급)

태양광 기초 상세도

케미칼앙카볼트
(M16x300L)

똰 줄기초패드
600x7,300x300(mm)=약 3ton

모서리 면처리

HD10 @200

8-HD13

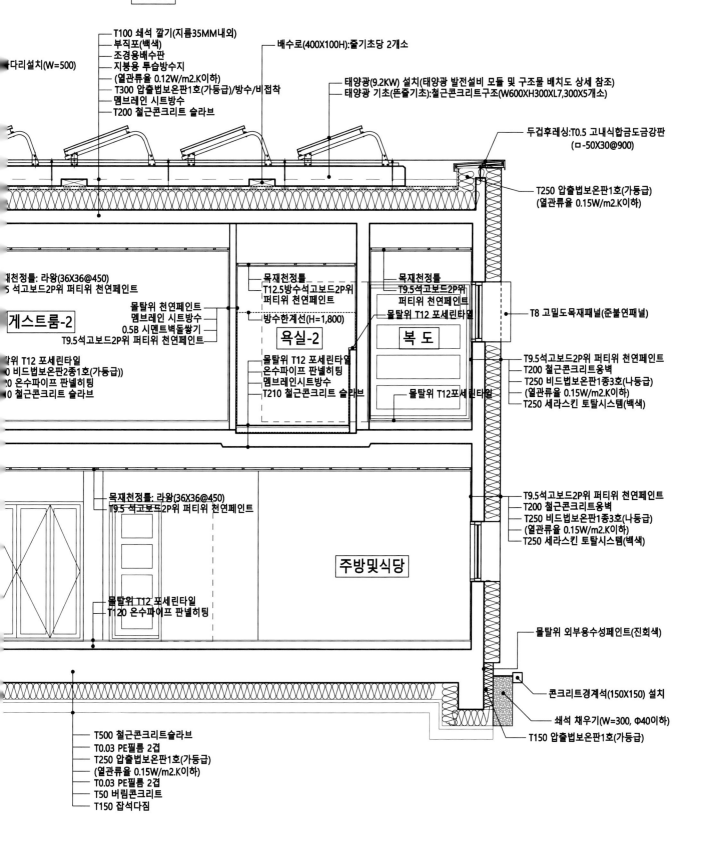

ROOF

T100 쇄석 깔기(지름35MM내외)
부직포(백색)
조경용배수판
지붕용 투습방수지
(열관류율 0.12W/m2.K이하)
T300 압출법보온판1호(가등급)/방수/비접착
멤브레인 시트방수
T200 철근콘크리트 슬라브

다리설치(W=500)

배수로(400X100H):줄기초당 2개소

태양광(9.2KW) 설치(태양광 발전설비 모듈 및 구조물 배치도 상세 참조)
태양광 기초(돈줄기초):철근콘크리트구조(W600XH300XL7,300X5개소)

두겁후레싱:T0.5 고내식합금도금강판
(ㅁ-50X30@900)

T250 압출법보온판1호(가등급)
(열관류율 0.15W/m2.K이하)

천정틀: 라왕(36X36@450)
석고보드2P위 퍼티위 천연페인트

게스트룸-2

위 T12 포세린타일
비드법보온판2종1호(가등급))
온수파이프 판넬히팅
철근콘크리트 슬라브

목재천정틀
T12.5방수석고보드2P위
퍼티위 천연페인트

물탈위 천연페인트
멤브레인 시트방수
0.5B 시멘트벽돌쌓기
T9.5석고보드2P위 퍼티위 천연페인트

방수한계선(H=1,800)

욕실-2

물탈위 T12 포세린타일
온수파이프 판넬히팅
멤브레인시트방수
T210 철근콘크리트 슬라브

목재천정틀
T9.5석고보드2P위
퍼티위 천연페인트
물탈위 T12 포세린타일

복도

물탈위 T12포세린타일

T8 고밀도목재패널(준불연패널)

T9.5석고보드2P위 퍼티위 천연페인트
T200 철근콘크리트옹벽
T250 비드법보온판1종3호(나등급)
(열관류율 0.15W/m2.K이하)
T250 세라스킨 토탈시스템(백색)

목재천정틀: 라왕(36X36@450)
T9.5 석고보드2P위 퍼티위 천연페인트

물탈위 T12 포세린타일
T120 온수파이프 판넬히팅

주방및식당

T9.5석고보드2P위 퍼티위 천연페인트
T200 철근콘크리트옹벽
T250 비드법보온판1종3호(나등급)
(열관류율 0.15W/m2.K이하)
T250 세라스킨 토탈시스템(백색)

물탈위 외부용수성페인트(진회색)

콘크리트경계석(150X150) 설치

쇄석 채우기(W=300, Φ40이하)
T150 압출법보온판1호(가등급)

T500 철근콘크리트슬라브
T0.03 PE필름 2겹
T250 압출법보온판1호(가등급)
(열관류율 0.15W/m2.K이하)
T0.03 PE필름 2겹
T50 버림콘크리트
T150 잡석다짐

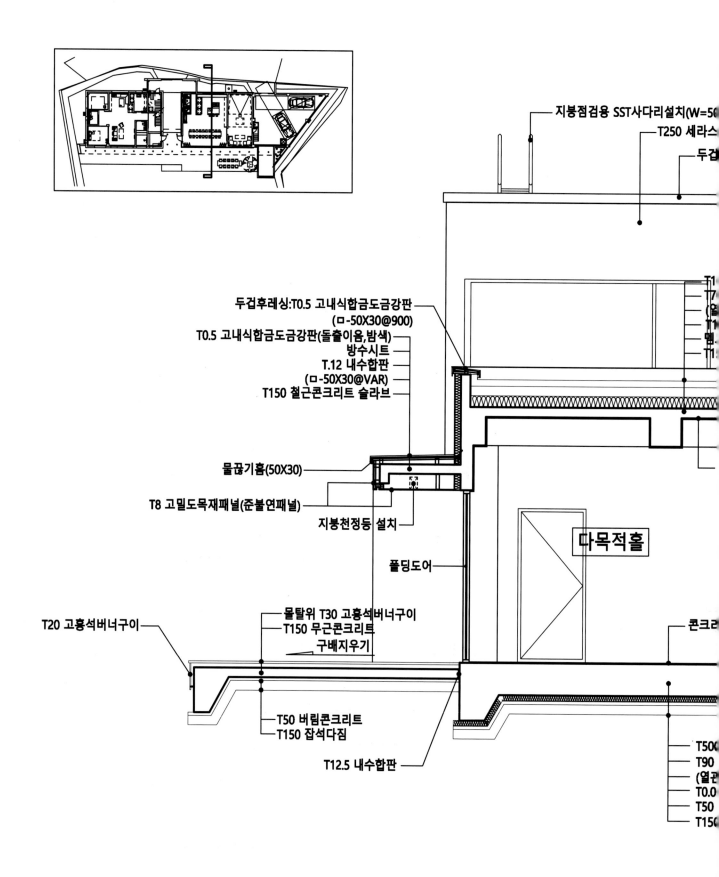

지붕점검용 SST사다리설치(W=50
T250 세라스
두겁

두겁후레싱:T0.5 고내식합금도금강판
(ㅁ-50X30@900)
T0.5 고내식합금도금강판(돌출이음,밤색)
방수시트
T.12 내수합판
(ㅁ-50X30@VAR)
T150 철근콘크리트 슬라브

물끊기홈(50X30)

T8 고밀도목재패널(준불연패널)
지붕천정등 설치

T1
T7
(일
T1

다목적홀

폴딩도어

물탈위 T30 고흥석버너구이
T150 무근콘크리트
구배지우기

T20 고흥석버너구이

콘크리

T50 버림콘크리트
T150 잡석다짐

T12.5 내수합판

T500
T90
(열관
T0.0
T50
T150

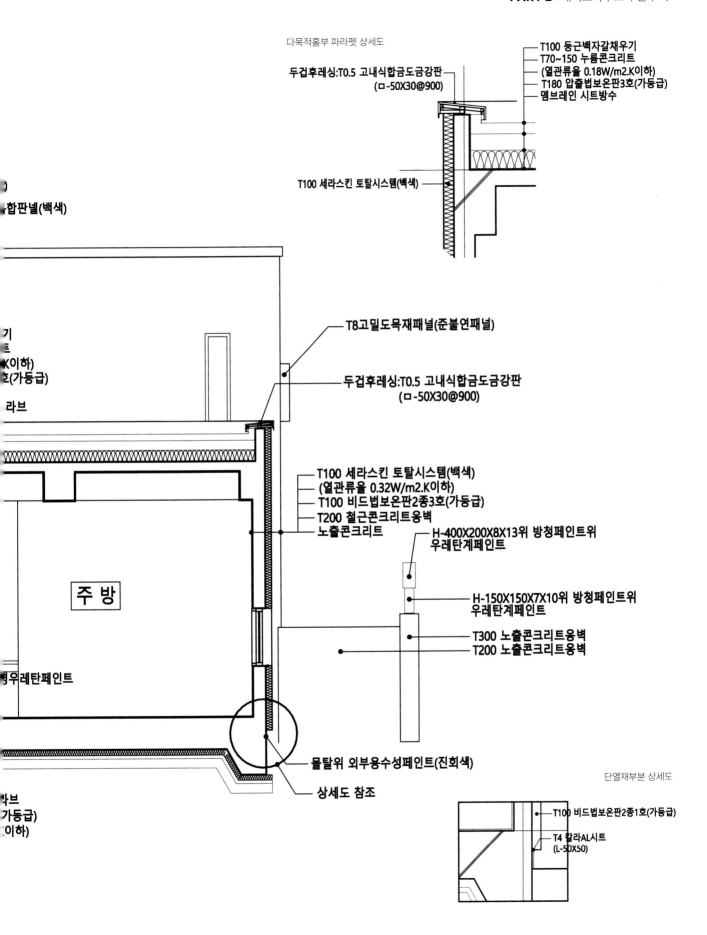

다목적홀부 파라펫 상세도

T100 둥근백자갈채우기
T70~150 누름콘크리트
(열관류율 0.18W/m2.K이하)
T180 압출법보온판3호(가등급)
멤브레인 시트방수

두겁후레싱:T0.5 고내식합금도금강판
(ㅁ-50X30@900)

T100 세라스킨 토탈시스템(백색)

합판넬(백색)

T8고밀도목재패널(준불연패널)

두겁후레싱:T0.5 고내식합금도금강판
(ㅁ-50X30@900)

T100 세라스킨 토탈시스템(백색)
(열관류율 0.32W/m2.K이하)
T100 비드법보온판2종3호(가등급)
T200 철근콘크리트옹벽
노출콘크리트

H-400X200X8X13위 방청페인트위
우레탄계페인트

H-150X150X7X10위 방청페인트위
우레탄계페인트

T300 노출콘크리트옹벽
T200 노출콘크리트옹벽

주 방

우레탄페인트

물탈위 외부용수성페인트(진회색)

상세도 참조

단열재부분 상세도

T100 비드법보온판2종1호(가등급)

T4 칼라AL시트
(L-50X50)

기후 정보	기후 조건	◇ 밀양			
	평균기온(℃)	20.0	난방도시(kKh)	60.8	
기본 설정	건물 유형	주거	축열(Wh/㎡K)	180	
	난방온도(℃)	20	냉방온도(℃)	26	
발열 정보	전체 거주자수	10.71	내부발열 입력유형	표준치 선택	
	내부발열(W/㎡)	4.38		주거시설 표준치	
면적 체적	유효실내면적(㎡)	224.1	환기용체적(㎡)	559.6	
	A/V 비	0.59	(= 678.1 ㎥ / 1142.5 ㎡)		

열관 류율 (W/ ㎡K)	지 붕	0.098	외벽 등	0.154
	바닥/지면	0.098	외기간접	0.000
	출입문	0.747	창호 전체	0.858
기본 유리	제 품	Ensum_T47/5PLA UN+16AR+5CL+16AR+5PAL UN		
	열관류율	0.57	일사획득계수	0.45
기본 창틀	제 품	Ensum_koemmering88		
	창틀열관류율	0.950	간봉열관류율	0.03
환기 정보	제 품	ComfoAir Q450 ERV		
	난방효율	83%	냉방효율	68%
	습도회수율	71%	전력(Wh/㎡)	0.21
열교	선형전달계수(W/K)	4.15	점형전달계수(W/K)	10.82

재생 에너지	태양열	System 미설치
	지 열	System 미설치
	태양광	System 미설치

	난방성능 (리터/㎡·yr)		**0.5**	검토(레벨1/2/3)
난방				↓ 15/30/50
	난방에너지 요구량(kWh/㎡·yr)		4.86	Level 1
	난방 부하(W/㎡)		7.5	
냉방	냉방에너지 요구량(kWh/㎡·yr)		19.30	–
		현열에너지	11.99	↓ 검토제외
		제습에너지	7.31	
	냉방 부하(W/㎡)		11.4	
		현열부하	6.4	
		제습부하	5.0	
총량	총에너지 소요량(kWh/㎡·yr)		56	
	CO2 배출량(kg/㎡·yr)		26.0	↓ 120/150/180
	1차에너지 소요량(kWh/㎡·yr)		153	Level 3
기밀	기밀도 n50 (1/h)		0.22	Level 1
검토 결과	(Level 3) Low Energy House			↓ 0.6/1/1.5

● ● ●

연간 난방 비용 : 405,000원
연간 총에너지 비용 : 3,808,000원

ENERGY#® | 기후정보

남향일사량(kWh/㎡)	난방기간	478	냉방기간	604

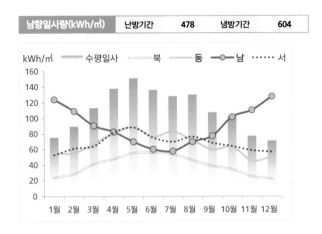

난방도시(kKh)	전체기간	60.8	난방기간	45.4

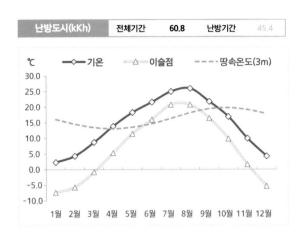

ENERGY#® | 난방에너지 요구량

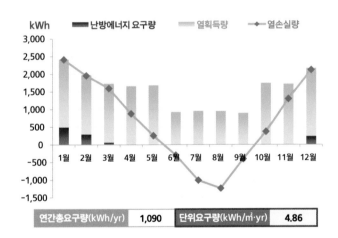

연간총요구량(kWh/yr)	1,090	단위요구량(kWh/㎡·yr)	4.86

ENERGY#® | 냉방에너지 요구량

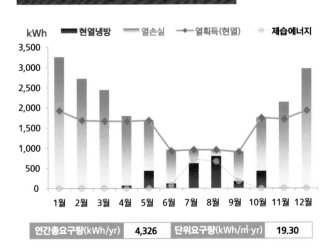

연간총요구량(kWh/yr)	4,326	단위요구량(kWh/㎡·yr)	19.30

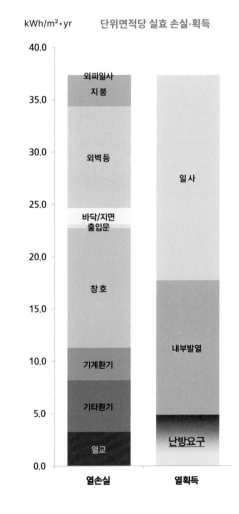

kWh/m²·yr 단위면적당 실효 손실·획득

ENERGY#® | 에너지사용량(에너지원별)

에너지원 (Energy Source)	에너지 기초 소요량 (kWh/yr)	에너지 소요량 태양광 발전량	(kWh/yr, Net)	에너지 비용 (원/yr)
전기	12,509		12,509	3,807,980
도시가스			0	0
LPG			0	0
등유			0	0
기타연료			0	0
지역난방	0		0	0
합 계	12,509		12,509	3,807,980

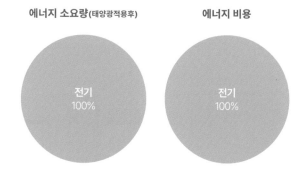

에너지 소요량(태양광적용후)

전기 100%

에너지 비용

전기 100%

ENERGY#® | 에너지사용량(용도별)

용 도	에너지 기초 소요량 (kWh/yr)	비중	에너지 비용 (원/yr)	비중
난방	1,203	10%	404,993	11%
온수	4,126	33%	1,217,279	32%
냉방	1,486	12%	506,248	13%
환기	504	4%	148,694	4%
조명	1,297	10%	382,691	10%
조리				
가전	3,892	31%	1,148,074	30%
기타				
합 계	12,509		3,807,980	

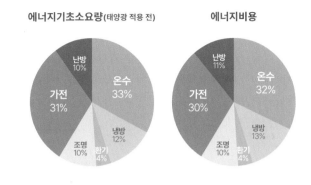

에너지기초소요량(태양광 적용 전)

에너지비용

• • •

연간 에너지 기초소요량 : 12,509Wh
연간 에너지 총소요량 : 12,509kWh
연간 에너지 총비용 : 3,808,000원

용도별 요금 추이

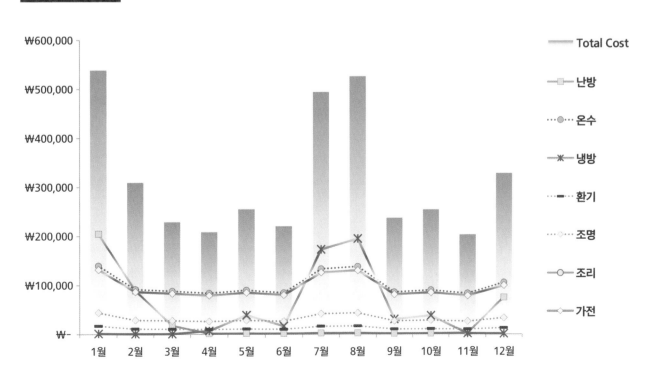

열교분석① / 현관문 설치열교(측부)

열교분석

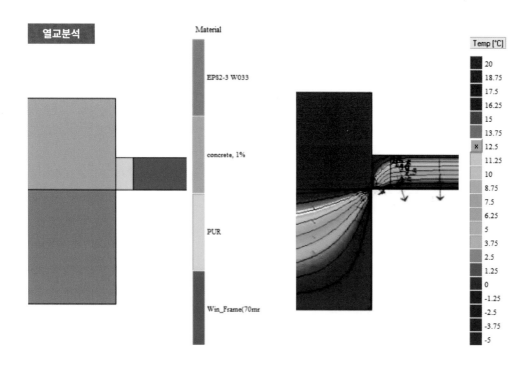

Material

EPS2-3 W033

concrete, 1%

PUR

Win_Frame(70mr

Temp [℃]

| 20 |
| 18.75 |
| 17.5 |
| 16.25 |
| 15 |
| 13.75 |
| × 12.5 |
| 11.25 |
| 10 |
| 8.75 |
| 7.5 |
| 6.25 |
| 5 |
| 3.75 |
| 2.5 |
| 1.25 |
| 0 |
| -1.25 |
| -2.5 |
| -3.75 |
| -5 |

열관류율 #1

	구성	열전도율	두께	열저항
	-	(W/mK)	(m)	(㎡K/W)
外	외부표면전달			0.043
1	EPS 2-3	0.033	0.25	7.576
2	철근콘크리트	2.3	0.2	0.087
3				
4				
5				
內	내부표면전달			0.110
	R-Value (㎡K/W)			7.816
	U-Value (W/㎡K)			0.128
	Length (m)			1.040

열관류율 #2

구성	열전도율	두께	열저항
-	(W/mK)	(m)	(㎡K/W)
외부표면전달			0.043
인슐레이션프레임	0.13	0.07	0.538
내부표면전달			0.110
R-Value (㎡K/W)			0.691
U-Value (W/㎡K)			1.446
Length (m)			1.000

열교값(W/mk)

Sumpos	외부온도	내부온도	L2D
(W/m)	(℃)	(℃)	(W/mK)
42.104	-5	20	1.684

$$L_2D - U_1L_1 - U_2L_2 = PSI$$

1.684	0.133	1.446	0.105

열교분석② / 현관문 설치열교(하부)

열교분석

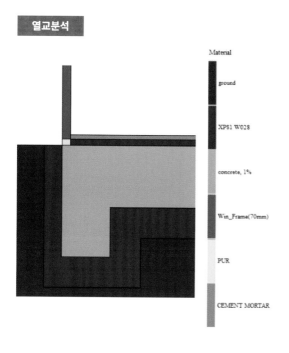

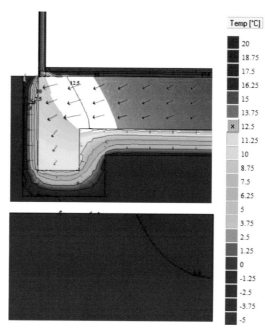

열관류율 #1

	구성	열전도율	두께	열저항
	-	(W/mK)	(m)	(㎡K/W)
外	외부표면전달			0.000
1	XP1호	0.028	1.4	50.000
2	XP1호	0.028	0.05	1.786
3	철근콘크리트	2.3	0.5	0.217
4	XP1호	0.028	0.25	8.929
5				
內	내부표면전달			0.086
	R-Value (㎡K/W)			61.018
	U-Value (W/㎡K)			0.016
	Length (m)			0.000

열관류율 #2

구성	열전도율	두께	열저항
-	(W/mK)	(m)	(㎡K/W)
외부표면전달			0.043
인슐레이션프레임	0.13	0.07	0.538
내부표면전달			0.110
R-Value (㎡K/W)			0.691
U-Value (W/㎡K)			1.446
Length (m)			1.000

열교값(W/mk)

Sumpos	외부온도	내부온도	L2D
(W/m)	(℃)	(℃)	(W/mK)
36.7536	-5	20	1.470

$$L_2D - U_1L_1 - U_2L_2 = PSI$$

1.470	0.000	1.446	0.024

Q. 해당 건축물을 설계하게 된 배경과 소감

밀양에서 사업을 하는 건축주는 회사의 연수 공간을 확보하는 차원에서 숙소, 다목적홀(식당), 영상교육실, 부속주차장 등의 시설과 마당 공간을 계획하였다. 아울러 2층 규모의 숙소부에는 패시브 건축을 적용하기를 요청하였다. 건축주 부부는 패시브하우스 자료 수집은 물론 건축디자인에 대한 고민까지 상당 기간 구체적인 준비를 해온 만큼 적극적이었다. 그래서 오히려 즐거운 건축디자인 작업이 되었다. 또한 (사)한국패시브건축협회와의 협업으로 패시브 건축에 대한 많은 지식을 접하게 되었고, 고생이 많았던 (주)예진종합건설 대표님과 박영재 소장께도 감사드린다.

Q. 배치계획은?

도로에서 건물로의 접근성에 있어서 주출입구와 차량 출입을 분리하고 숙소부와 다목적홀(식당) 및 영상교육실의 매스를 분리하였다. 분리된 공간으로 주출입구를 삼고 필로티 주차장을 설치하여 주차공간을 확보하였고, 차량은 경사로를 이용해 마당으로 진입이 가능케 하였다. 숙소부와 다목적홀의 분리된 매스를 전면의 길고 깊은 처마로 연결하여 하나의 건물이 되게 하였다.

Q. 입면 및 평면계획에 대하여

입면계획에 있어서 건축주가 요구한 요철 없는 심플한 벽면을 구성하였다. 2층인 숙소부와 1층인 다목적홀(식당), 필로티 주차장의 매스를 분리하고 레벨을 다르게 두어 연결하였다. 또 마당을 향한 남측 전면에 큰 처마를 수평으로 연결하여 각기 다른 매스를 하나로 묶었으며, 마당에 면하여 커다란 데크와 함께 건물의 입면을 이룬다.

평면계획에 있어서 건축주가 제시한 초안을 바탕으로 하였다. 건물 주출입인 대문을 통해 4m 폭의 비워진 공간을 경사로를 따라 들어오면 남측 전경이 보이면서 숙소부와 다목적홀의 출입구가 마주 보이는 곳에 다다른다. 숙소부와 다목적홀은 큰 처마 밑에서 서로 연결되며 마당 공간과 연계된다.

숙소부 1층은 건축주가 주로 사용하되 직원 및 외부인을 맞이할 때 쓰인다. 2층에는 욕실이 딸린 2개의 게스트룸을 두고 공용으로 사용하는 휴게실을 두었다. 휴게실은 남동측 2면에 큰 창을 두어 최고의 조망을 확보하였다. 다목적홀은 식당 기능과 연수 외에 여러 친목 기능을 할 수 있도록 배치하였다. 남측 전면을 폴딩도어로 하여 큰 데크와 연결하였고, 1.5m 깊이의 큰 처마까지 두었다.

Q. 패시브 건축과 협회와의 진행 과정에 대하여

사실 처음 접하는 패시브 건축 설계라서 약간의 시행착오를 겪었다. 숙소부의 패시브 건축에 대한 기본사항만을 체크하고 건축설계를 진행해 건축허가를 득한 후에 (사)한국패시브건축협회에 연락하니 설계단계에서 패시브 건축 인정신청을 하고, 몇 번의 검토 단계를 거쳐 설계도서가 완료되는 과정을 거쳐야 했다. 인증신청 후에 협회와의 협업은 매우 구체적이고 상세한 디테일이 요구되었다. 3번의 도면 검토와 수정을 거친 후에야 도면이 완성되었고, 많은 상세도와 시방서 작업이 진행되었다.

까다롭고 힘들었지만 상당히 수준 높은 패시브 건축설계의 지식을 알게 되었다. 기초, 외벽, 지붕 부분의 단열에 있어서 두꺼운 단열재의 시공방법과 상세사항, 창호와 벽체 부위별 단열재 처리방법과 단열의 연속성, 건물 내외부를 관통하는 건축, 전기, 기계 설비 배관재의 패시브 관련 부품의 사용, 패시브 적용 창호재의 선정, 외벽에 연결되는 모든 부재의 열교차단재 사용, 외벽과 연결되는 처마 부분의 단열에 대한 상세 등이 검토과정을 통해 모두 적용되었다.

건축주 인터뷰

Q. 건축물을 짓게 된 계기는?

아파트에만 살아와서 전원생활을 하고 싶었다. 이곳에 몇 필지 땅이 있어 당초에는 지인과 함께 집을 짓고 들어올까 했다. 그런데 그렇게 짓다 보면 전망도 가리고 아쉬운 부분이 있어 근처에 공장의 직원들이 와서 연수는 물론 식사나 회식도 할 수 있는 공간과 우리 가족이 살 집을 함께 지으면 좋겠다고 생각했다.

Q. 건축공법을 어떻게 선택하게 되었는지?

전원주택을 짓겠다 마음먹고 제일 걱정했던 게 외풍과 누수 이런 쪽이었다. 그래서 인터넷이나 유튜브를 검색하던 차에 (사)한국패시브건축협회를 알게 되었다. 관련 내용을 꼼꼼히 검토해 보니 패시브하우스가 가장 합리적이겠다는 판단을 하게 되었다. 패시브하우스는 보통 목조로 많이 짓는데 가까이 포항, 경주에서 지진도 있었고 내 구성이나 기밀성, 규모를 고려했을 때 조금 어렵더라도 철근콘크리트공법으로 패시브하우스를 짓는 게 좋겠다는 결론을 얻었다.

Q. 설계과정은 어떠했는지, 또 생활 편의를 위해 신경 쓴 부분이 있다면?

오랜 시간 아파트 생활을 해서 아파트 구조가 익숙했다. 그래서 기존에 살던 집을 기준으로 공간을 분할했고, 원하는 바가 반영된 심플한 설계가 만족스러웠다. 건축설계가 진행된 이후에는 (사)한국패시브건축협회에서 다시 검토하여 보완을 해주는 단계를 거쳤기 때문에 더욱 믿음이 갔고, 큰 문제 없이 마무리될 수 있었다.

Q. 전반적인 시공과정은 어떠했는지?

패시브하우스를 짓기로 마음먹고 (사)한국패시브건축협회 협력사를 찾았는데 대부분 수도권에 몰려 있었다. 마침 경남 부산 쪽에서 이전에 문의를 했었던 낯익은 시공업체인 (주)예진종합건설이 회원사로 있어서 믿고 맡길 수 있었다. 시공하다 보면 상호간에 분쟁이 생기기도 한다는데, 전혀 문제가 없었다. 자재 선택이나 공사 과정 중에

공유가 필요한 부분은 항상 현장소장이 체크를 해서 알려주었다. 특히 페인트나 타일 같은 자재는 워낙 종류가 많아 일반인으로서는 알기가 쉽지 않은데, 요구에 적정한 제품을 간추려 제안을 줘서 선택이 손쉬웠다.

Q. 전체 공사 과정 또는 완공 후 아쉬웠던 점은?

시공 전반에 대한 아쉬움은 없었다. 다만, 사소하게는 콘센트라든가 스위치 위치를 더 세세하게 검토하지 못한 점이 후회스럽다. 집을 짓기 전에 스위치나 콘센트 위치를 시뮬레이션을 통해 빠짐없이 살펴봤으나, 미처 생각하지 못한 지점이 나오기 마련이다. 특히 콘크리트 주택은 콘크리트 양생이 끝나면 위치 변경이나 수정이 힘들어서 콘크리트 타설하기 전에 꼼꼼히 살펴보고 수정할 부분은 주저 없이 요구하는 게 좋을 듯하다.

Q. 건축을 준비하고 계신 분들께 조언 한 말씀

만약 오랫동안 거주할 집이라면 패시브나 저에너지주택을 추천할 만하다. 전체 소요되는 에너지를 덜 쓰게 되므로 어떤 면에서는 친환경주택이라 할 수 있다. 집이 꽤 넓은 편인데 난방을 많이 하지 않아도 항상 따뜻하다. 또 한 가지는 건축주가 건축에 대한 공부를 깊이 있게 하는 게 바람직하다. 건축공법이라든지 인테리어 그리고 주택의 구조 등 전반적으로 어느 정도 숙지를 해야 원하는 주택을 지을 수 있다. 건축에 대한 공부를 할 때는 양이 너무 방대하니까 우리 부부처럼 분담해서 준비하는 게 효과적일 것 같다.

경상남도 창녕군 남지읍
1.7L 패시브하우스

96.92m²[29.31평]

패시브하우스는 일반적으로 냉난방 효율을 높인 주택 정도로 인식되고 있는데, 정확한 정의는 아니다. 물론 단열, 기밀, 환기라는 핵심 개념을 중심으로 에너지 효율이 강조되지만, 실제적으로는 '건강에 유익하고 하자 없는 집'이라는 개념이 가장 근접한 정의이다. 단열성 높은 기밀한 공간에 열회수환기장치를 통해 주기적으로 맑은 공기가 공급되는 만큼 이를 제대로 구현하기 위한 면밀한 설계와 시공이 전제되어야 하기 때문이다.

HOUSE PLAN

대지위치 : 경상남도 창녕군 남지읍
대지면적 : 695.00m²(210.25평)
지역지구 : 보전관리지역
용도 : 단독주택
건축면적 : 97.82m²(29.59평)
연면적 : 96.92m²(29.31평)
건폐율 : 14.07%
용적률 : 13.95%
규모 : 지상 1층
구조 : 경량목구조
내장마감 : 합지벽지
외장마감 : 스타코, 청고벽돌
지붕재 : 고내식합금도금강판
창호재 : 엔썸 TS / TT 47mm 3중
유리(1등급)
난방설비 : 기름보일러
냉방설비 : 시스템에어컨
사진 : 포토스토리
설계 : 건축사사무소신건축
에너지컨설팅 :
(사)한국패시브건축협회
에너지해석 프로그램 버전 :
에너지샵(Energy#®) 2017 v2.3
시공 : (주)그린홈예진

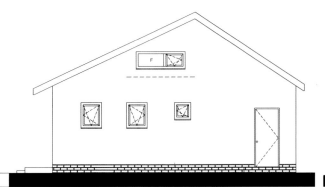

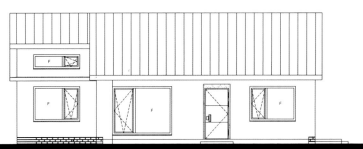

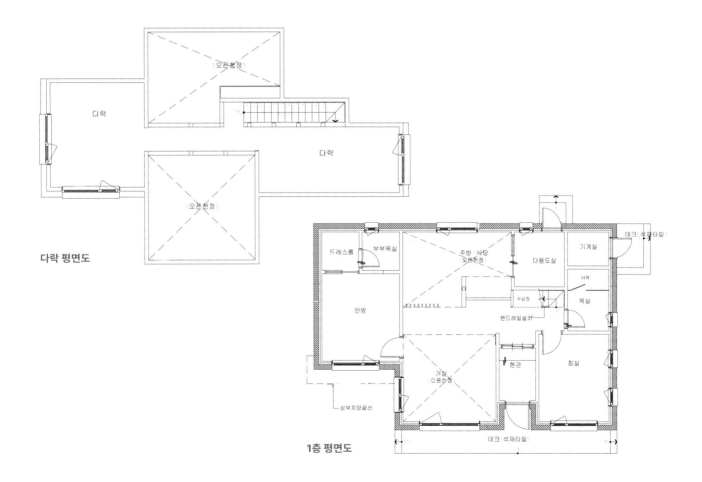

다락 평면도

1층 평면도

CONSTRUCTION DETAIL

외벽 구성 : 지정색 스타코 + T200
비드법보온판 1종 3호 + T11.1
OSB합판 + 2×6 @406 구조재 +
T90 나등급 글라스울 + T9.5
석고보드 2겹 + 규조토 마감
외벽 열관류율 : 0.121W/m²·K

———

지붕 구성 : T0.5 리얼징크(지정색) +
방수시트 + T11.1 OSB합판 + 2×2
@406 각재(지붕용 투습방수지) +
2×12 @406 경량목구조 + T140
R-24(28k 유리면보온판충진 2겹) +
서까래 하부 가변형 투습지 + T9.5
석고보드 2겹 + 편백루버 마감(다락)
지붕 열관류율 : 0.161W/m²·K

———

바닥 구성 : 지정 강마루 + T50
시멘트 몰탈 및 온수난방배관 +
PE필름 + T150 비드법 1종 1호 +
T250 철근콘크리트 + T400 토목용
EPS + T0.05 PE필름 2겹 + T100
버림콘크리트 + 수맥차단용 동판 +
T100 잡석다짐
바닥 열관류율 : 0.172W/m²·K

———

창틀 제조사 : 케멀링88
창틀 열관류율 : 1.000W/m²·K

———

유리 제조사 : 한글라스
유리 구성 : 5PLA UN + 16Ar(SWS)
+ 5CL + 16Ar(SWS) + 5PLA UN
유리 열관류율 : 0.68W/m²·K

———

창호 전체열관류율(국내기준) :
0.963W/m²·K

———

현관문 제조사 : 엔썸
기밀성능(n50) : 0.71회/h
환기장치 제조사 : SSK 400
환기장치효율(난방효율) : 75%

종단면도

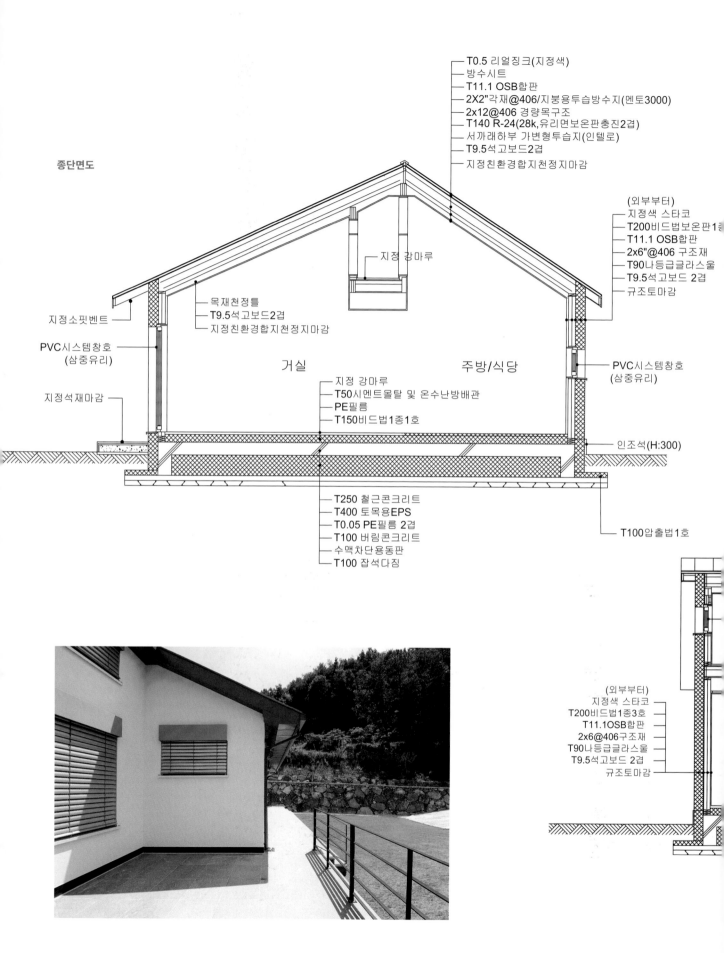

T0.5 리얼징크(지정색)
방수시트
T11.1 OSB합판
2X2"각재@406/지붕용투습방수지(멘토3000)
2x12@406 경량목구조
T140 R-24(28k,유리면보온판충진2겹)
서까래하부 가변형투습지(인텔로)
T9.5석고보드2겹
지정친환경합지천정지마감

(외부부터)
지정색 스타코
T200비드법보온판1종
T11.1 OSB합판
2x6"@406 구조재
T90나등급글라스울
T9.5석고보드 2겹
규조토마감

지정 강마루

목재천정틀
T9.5석고보드2겹
지정친환경합지천정지마감

지정소핏벤트

PVC시스템창호
(삼중유리)

지정석재마감

거실

주방/식당

PVC시스템창호
(삼중유리)

지정 강마루
T50시멘트몰탈 및 온수난방배관
PE필름
T150비드법1종1호

인조석(H:300)

T250 철근콘크리트
T400 토목용EPS
T0.05 PE필름 2겹
T100 버림콘크리트
수맥차단용동판
T100 잡석다짐

T100압출법1호

(외부부터)
지정색 스타코
T200비드법1종3호
T11.1OSB합판
2x6@406구조재
T90나등급글라스울
T9.5석고보드 2겹
규조토마감

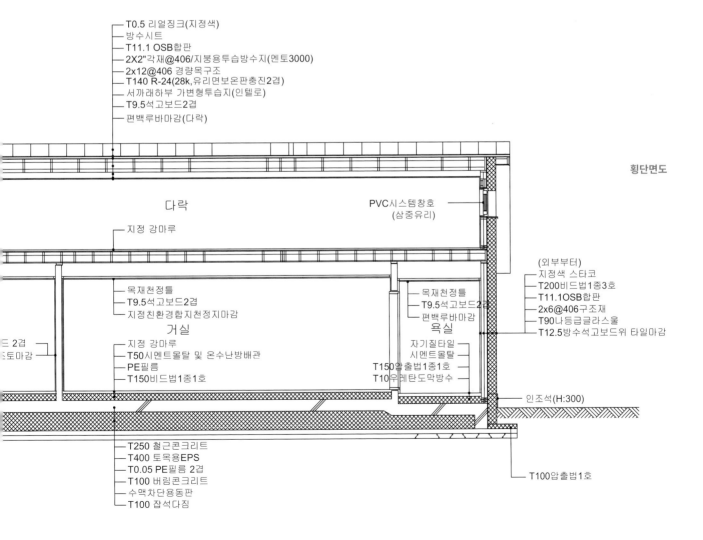

T0.5 리얼징크(지정색)
방수시트
T11.1 OSB합판
2X2"각재@406/지붕용투습방수지(멘토3000)
2x12@406 경량목구조
T140 R-24(28k,유리면보온판충진2겹)
서까래하부 가변형투습지(인텔로)
T9.5석고보드2겹
편백루바마감(다락)

횡단면도

다락

지정 강마루

PVC시스템창호
(삼중유리)

목재천정틀
T9.5석고보드2겹
지정친환경합지천정지마감

거실

지정 강마루
T50시멘트몰탈 및 온수난방배관
PE필름
T150비드법1종1호

드 2겹
토마감

목재천정틀
T9.5석고보드2겹
편백루바마감

욕실

자기질타일
시멘트몰탈
T150압출법1종1호
T10우레탄도막방수

(외부부터)
지정색 스타코
T200비드법1종3호
T11.1OSB합판
2x6@406구조재
T90나등급글라스울
T12.5방수석고보드위 타일마감

인조석(H:300)

T250 철근콘크리트
T400 토목용EPS
T0.05 PE필름 2겹
T100 버림콘크리트
수맥차단용동판
T100 잡석다짐

T100압출법1종1호

177

ENERGY#® | 입력요약

기후 정보	기후 조건	◇ 경남 창녕군		
	평균기온(℃)	20.0	난방도시(kKh)	63.9
기본 설정	건물 유형	주거	축열(Wh/㎡K)	84
	난방온도(℃)	20	냉방온도(℃)	26
발열 정보	전체 거주자수	4	내부발열 입력유형	표준치 선택
	내부발열(W/㎡)	4.38		주거시설 표준치
면적 체적	유효실내면적(㎡)	101.2	환기용체적(㎡)	238.5
	A/V 비	0.84	(= 411.5 ㎡ / 487.3 ㎡)	

열관 류율 (W/ ㎡K)	지 붕	0.161	외벽 등	0.121
	바닥/지면	0.172	외기간접	0.000
	출입문	0.707	창호 전체	0.963
기본 유리	제 품	5PLA UN + 16Ar(SWS) + 5CL + 16Ar(SWS) + 5PLA UN		
	열관류율	0.68	일사획득계수	0.46
기본 창틀	제 품	Kommering88		
	창틀열관류율	1.000	간봉열관류율	0.03
환기 정보	제 품	SSK 400		
	난방효율	75%	냉방효율	52%
	습도회수율	60%	전력(Wh/㎡)	0.465
열교	선형전달계수(W/K)	0.36	점형전달계수(W/K)	0.00

재생 에너지	태양열	System 미설치
	지 열	System 미설치
	태양광	System 미설치

ENERGY#® | 에너지 계산 결과

				에너지성능검토 (Level 1/2/3)
난방	**난방성능** (리터/㎡)		**1.7**	↓ 15/30/50
	난방에너지 요구량(kWh/㎡)		17.09	Level 2
	난방 부하(W/㎡)		14.5	
냉방	냉방에너지 요구량(kWh/㎡)		20.55	Level 2
		현열에너지	10.42	↓ 19.9/34.9/49.9
		제습에너지	10.13	
	냉방 부하(W/㎡)		12.6	
		현열부하	7.0	
		제습부하	5.6	
총량	총에너지 소요량(kWh/㎡)		81	
	CO2 배출량(kg/㎡)		39.0	↓ 120/150/180
	1차에너지 소요량(kWh/㎡)		152	Level 3
기밀	기밀도 n50 (1/h)		0.71	Level 2
검토 결과	(Level 3) Low Energy House			↓ 0.6/1/1.5

● ● ●

연간 난방 비용 : 221,600원
연간 총에너지 비용 : 1,085,000원

ENERGY#® | 기후정보

남향일사량(kWh/㎡)	난방기간	623	냉방기간	509

난방도시(kKh)	전체기간	63.9	난방기간	55.2

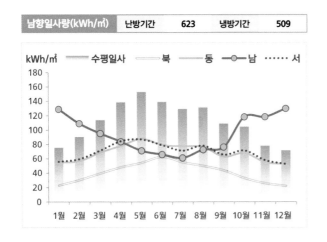

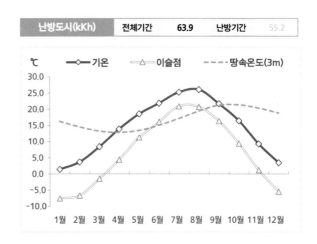

ENERGY#® | 난방에너지 요구량

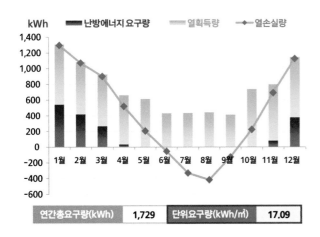

연간총요구량(kWh)	1,729	단위요구량(kWh/㎡)	17.09

ENERGY#® | 냉방에너지 요구량

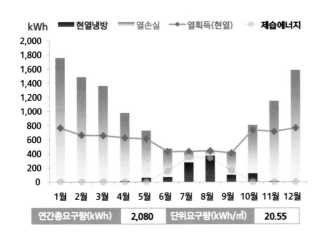

연간총요구량(kWh)	2,080	단위요구량(kWh/㎡)	20.55

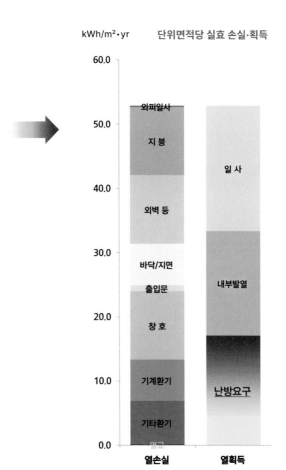

단위면적당 실효 손실·획득

ENERGY#® | 에너지사용량(에너지원별)

에너지원 (Energy Source)	에너지 기초 소요량 (kWh)	에너지 소요량		에너지 비용 (원)
		태양광 발전량	(kWh, Net)	
전기	3,833	0	3,833	613,810
도시가스			0	0
LPG	0		0	0
등유	4,363		4,363	471,219
기타연료			0	0
지역난방			0	0
합 계	8,196		8,196	1,085,029

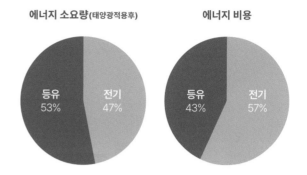

에너지 소요량(태양광적용후)

등유 53% 전기 47%

에너지 비용

등유 43% 전기 57%

에너지원별 요금 추이

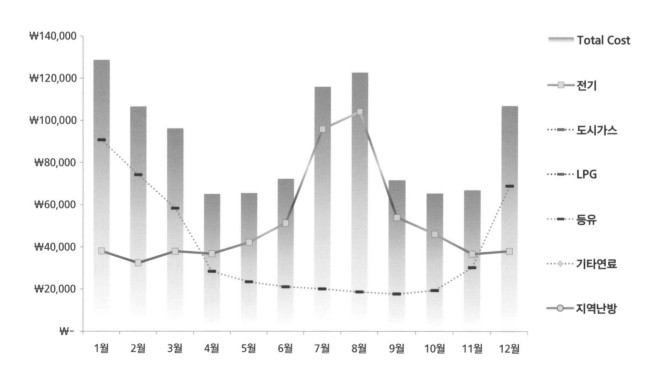

ENERGY#® | 에너지사용량(용도별)

용도	에너지 기초 소요량 (kWh)		비중	에너지 비용 (원)		비중
난방		2,013	25%		221,566	20%
온수		2,448	30%		264,723	24%
냉방		714	9%		132,156	12%
환기		489	6%		75,484	7%
조명		633	8%		97,775	9%
조리						
가전		1,899	23%		293,325	27%
기타						
합 계		8,196			1,085,029	

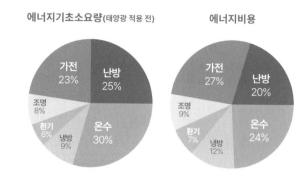

에너지기초소요량(태양광 적용 전)

에너지비용

• • •

연간 에너지 기초소요량 : 8,196kWh
연간 에너지 총소요량 : 8,196kWh
연간 에너지 총비용 : 1,085,000원

용도별 요금 추이

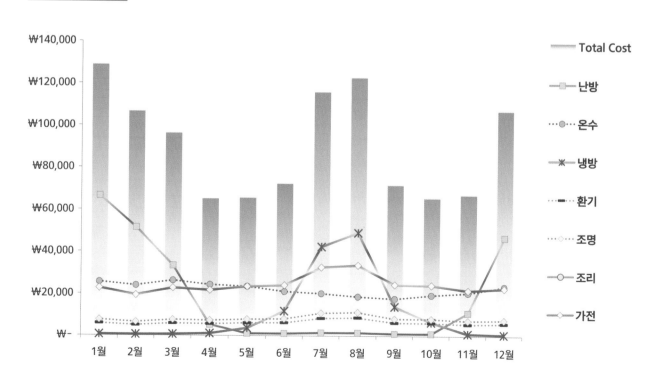

PART3
패시브하우스 설계와 과정

DESIGN AND PROCESS OF PASSIVE HOUSE

• 패시브 단독주택 + 사무소 설계 및 감리
PROJECT① 철근콘크리트 구조의 패시브 공법 적용
글&자료 : 스타일랩종합건축사무소 안응준 건축사

• 스틸하우스로 실현하는 제로에너지주택 설계
PROJECT② 영종도 [하자없고 건강한] 단독주택 계획
글&자료 : 정온건축사사무소 오대석 건축사

• 패시브로 풀어보는 목조주택 설계&시공 디테일
PROJECT③ 목조주택의 패시브 적용과 향후 과제
글&자료 : 디엔에이건축사사무소 신범석 건축사

패시브 단독주택 + 사무소
[아산 유니버설부띠끄] 설계 및 감리
* PROJECT① 철근콘크리트 구조의 패시브 공법 적용

글&자료 제공 : 스타일랩 종합건축사사무소 안응준 건축사

1. 건축주와의 상담

건축주는 오래전에 가족을 위해 동탄에 집을 지은 적이 있었다. 그때의 경험을 기준으로 건강에 좋은 집을 짓기 위해 회사와 가까운 위치의 땅을 구입하였다. 항시 꿈꿔왔던 풍경이 있는 언덕 위의 하얀집을 실현하기 위해서였다.

현장에서 본 부지 주변 전망

| **대상 주택의 주요 현황** | **건물의 용도** : 단독주택 + 사무소(2종근린생활시설) | **대지면적** : 995m² | **건축면적** : 198m² | **연면적** : 445m² | **규모** : 지상 3층 | **주차대수** : 4대 | **구조** : 철근콘크리트 + 스틸하우스(경량철골조) | **외장재** : 가평석 + 티푸스코리아 | **창호** : 유로 레하우 86mm 게네오, 3중 반강화, 2면 로이유리 47mm | **단열재** : EPS 2종1호 가등급 | **외벽** : 준불연 EPS보드 220mm + 실내 50mm | **지붕** : 준불연 EPS보드 230mm | **기초** : 압출법 보온판 300mm | **층간단열** : 하부층 50mm(2종1호) 가등급, 상부층 2종1호 100mm(2종1호) 가등급 | **설계** : 스타일랩 종합건축사사무소 안응준 건축사 | **시공** : (주)그린홈예진 |

2. 쾌적함에 대한 요구

건축주는 사업장 부근 아파트로 이사해 살다가 다시 단독주택으로 옮기고자 하는데, 그 목적과 바람이 분명했다. 내용을 들어보니 쾌적함에 대한 요구사항이 많았다. 한 마디로 '패시브하우스'가 답이었다는 게 정확한 정리일 듯하다. 다만 과거의 단독주택과 달리 좀 더 넓기를 원했고, 복합 용도로 설계되기를 희망했다. 가변성을 갖는 건축을 요구하였기에 목구조가 아닌 철근콘크리트로 방향을 결정하였다.

부지 조성

3. 건물 자리 잡기 모형

부지는 낮은 언덕 위에 자리했는데 남향으로 저수지를 조망할 수 있다. 여러 형태의 몇 개 필지가 있는 가운데 건축주는 건축물과 연결되는 다양한 동선을 원했다.

건물 배치를 구상하고 땅에 건물을 앉히면서 좋은 점을 찾는 시뮬레이션 과정을 거쳐 총 10개의 배치모형 중 선별된 6개 모형을 만들었다. 건축주에게 각 건물 배치에 따른 장단점을 비교 설명하면서 깊은 대화가 이어졌고, 그중 가장 마음에 드는 배치를 선택하게 하였다.

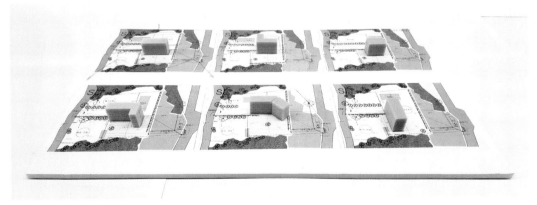

사전 검토된 6개의 배치 모형

지혜를 모아야 했다. 우선 건물 배치를 2가지 안으로 압축했지만, 현장 지형의 땅의 고저차가 존재하여 레벨기와 광파기를 이용해 지형을 면밀하게 확인해야 했고, 그 결과를 설계 내용에 풀어냈다.

건축사의 현장조사

등고선 모형

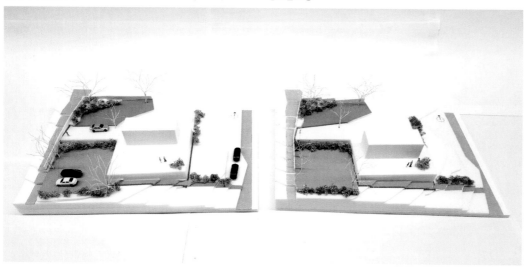
확대모형 제작

드론과 레벨기 등으로 수집된 데이터를 이용하여 지형의 높낮이를 잘 확인할 수 있는 등고선 모형을 만들었다. 등고선 모형은 건축주가 땅을 이해하는 가장 쉬운 방법의 하나기에 시간이 걸리더라도 지형 분석을 위해 거쳐야 할 중요 과정이다.

등고선 모형, 일명 콘타모형을 근거로 배치모형을 반영해 배치도면을 작성하였다. 그 결과 도면보다 모형 이해가 훨씬 효과적이라 확대모형을 만들어서 회의를 진행하였다.

등고선이 반영되어 지형모형에다 배치모형을 앉혀진 것을 보며 건물과 주변의 관계와 분위기를 훨씬 구체적으로 설명할 수 있었다. 더욱 정밀한 배치계획의 주안점은 향, 소, 뷰, 동 4가지에 두었다. 방위(향), 소음(소), 전망(뷰), 동선(동)과 자연환경을 함께 조사하여 내용을 분석하였다. 건축주가 요청했던 사항이 적용되었는지 확인하면서 풍수지리적 요소를 도입하고자 하였다. 그 이유는 바람이 많은 지리적 위치 때문이었다.

건축사인 필자는 풍수지리에 대한 조예가 있어 우려하는 내용을 공감할 수 있었다. 그래서 건축주에게 위해를 줄 수 있는 거친 바람길을 순화시켜서 부드럽게 바람을 조정하고, 물의 흐름도 온화하게 하여 우수철에 피해를 줄이는 접근 방식으로 설계하였다. 즉, 비보(裨補 ; 풍수적 결함이 있는 경우 인위적으로 보완하는 것)설계를 이 주택에 일부 반영한 것이다.

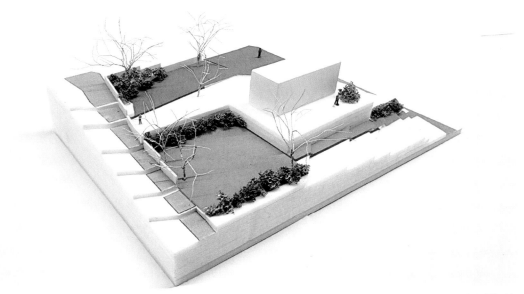

큰 방향이 결정된 배치모형

4. 건축설계

건물의 위치가 결정됨에 따라 평면설계를 진행하였다. 건축주는 따뜻한 집, 쾌적한 집, 시간에 따라 쉽게 바꿀 수 있는 가변성이 좋은 집, 유지관리가 편한 집을 원했다. 우선 가장 큰 접근으로 철근콘크리트 구조의 기둥식 구조를 선택하여 넓은 스페이스를 확보하였다. 건축물 외곽부의 1차 단열은 2겹에 걸친 두꺼운 두께의 단열로 계획하였다. 또한 기밀과 고성능 창호와 관련해서는 건축주가 사전에 요청한 유로레하우의 게네오 창호를 적용하기로 하였다.

각층의 평면구성에서 주거 부분은 남측의 저수지 풍경을 실내에서 조망할 수 있는 창호계획을, 그 외 방향으로는 작은 창호를 배치해 건축주가 원했던 바를 충족시켰다. 1층 사무실 공간은 개방적인 시선 환경을 조성하고, 간결하며 부드러운 원형 창호로 외부에서 보기에도 부드러운 느낌이 들도록 계획하였다.

외장은 유지관리를 고려하여 석재로 결정하였다. 석재 시공 시 세트앙카에 의한 열교가 우려되는 부분은 티푸스코리아의 내진철물 열교방지 시스템을 적용하였다. 실내 환기는 맞바람이 가능하도록 기본 구조를 설정하고, 열회수환기장치를 공학적으로 활용하는 안으로 기본 환기 개념을 세웠다.

5. 개인별 요구사항 반영

평면 각 부분의 구성은 건축주 가족의 요구사항을 최대한 반영하였다. 1층은 사무실로, 2층과 3층은 주택으로 분리하였다. 개인사업을 하는 건축주는 집과 사무공간이 연계되면서도 기능적으로는 각각 독립된 공간이기를 바랐다. 최근 늘어나는 주거+사업(작품활동) 환경의 트렌드가 본설계에서 반영된 셈이다. 별도의 사무공간, 작업공간을 외부에 따로 두는 게 아니라 기능적으로 정확히 분리된 환경을 꾀해 주거+사업이 조화되는 공간을 조성하고자 노력하였다.

패시브 건축요소 외에 같은 가족끼리도 생활패턴이나 취향 차이가 존재하기 때문에 보다 세심한 설계가 요구된다. 단적인 예로 스위치나 콘센트 위치를 들 수 있다. 가족 구성원별로 이용상 선호가 다를 수 있어 위치 선정이나 높이 등에 면밀하게 신경을 써야 한다.

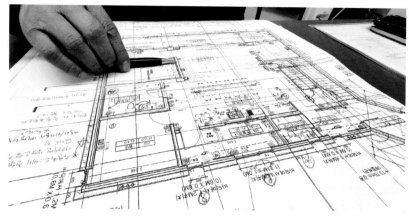

스위치 및 콘센트 위치 잡기

6. 계획안의 결정과 내용

건물의 배치, 땅의 높이, 전망의 방향, 호불호 내용을 정리하는 과정을 거쳐 건축주의 요구조건을 대부분 설계에 담았다. 이와 더불어 설계 과정에서 정한 중요한 6가지(고단열, 고기밀, 고성능창호, 열회수환기장치, 차양) 원칙에 부합하도록 노력하면서, 차이가 나는 부분은 우선순위를 정리해 나가는 방식으로 조정하였다. 그 결과 기능적이고 사용 목적에 맞는 건축물을 설계할 수 있었다.

• 배치설계와 입면도 및 평면도

프라이버시와 유지관리 측면에 무게를 두고 건물 배치가 이뤄졌다. 지형의 환경, 좋지 않은 요소로부터의 이격 그리고 가림, 제어 등의 여러 환경을 감안하였다. 건축물의 배치는 땅의 상황과 주변 공사를 고려해 대지를 높였고, 기존에 관계된 땅 또한 조정할 수 있게 되어 결국 넓은 대지를 활용할 수 있었다.

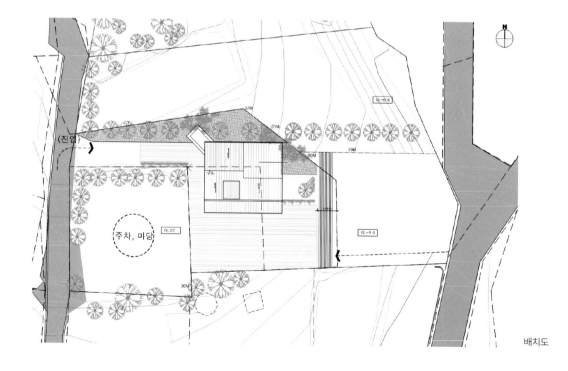

배치도

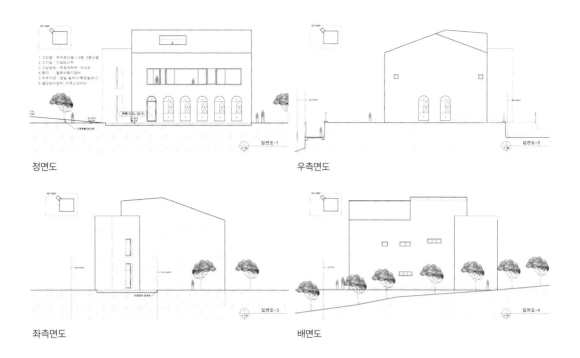

정면도

우측면도

좌측면도

배면도

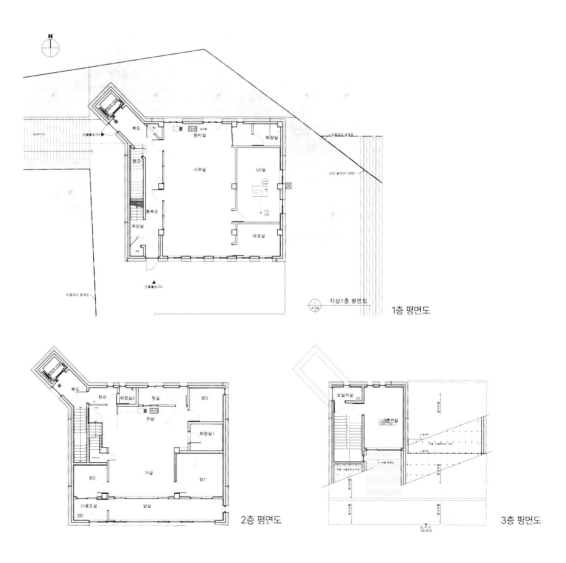

1층 평면도

2층 평면도

3층 평면도

• 구조계획

집을 한 번 짓고 나서 혹 사용자가 바뀌더라도 마음껏 평면 조정이 가능한 구조가 기둥식 구조이다. 미래에 실 구획을 바꿀 수 있다는 장점으로 요즘 핫이슈로 떠오르고 있는 구조라 할 수 있다.

기본 구조를 내진설계를 적용한 기둥식 구조로 선정하였다. 다양한 공간 활용을 희망했던 건축주의 요청을 실현하기 위해서는 목구조로는 한계가 따랐다. 철근콘크리트 기둥식 구조를 통해 다목적의 구조 특성을 실현할 수 있었다. 가변형 벽체인 드라이월을 활용하여 시간이 지나서 사용 목적이 달라져도 평면을 자유롭게 변경할 수 있도록 계획하였다. 특히 가변형 벽체는 내화 1.5시간을 확보할 수 있도록 설계하여 화재안전성도 대비하였다.

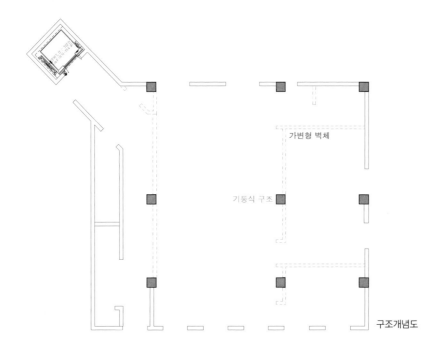

구조개념도

• 무장애공간계획

장애인용 엘리베이터를 반영하였다. 건물이 육체적 안정과 도움을 주는 환경을 만드는 것은 매우 중요하다. 이번 아산 유니버셜 부띠끄 건물은 실내에서 혹여 휠체어를 사용해도 불편함이 없도록 공간의 이동성을 고려하였다. 또한 이동의 편리함을 위해 엘리베이터를 설치하였고, 실내 문 크기도 휠체어를 타고 이동이 가능한 수치를 적용하였다.

• 단열계획

두꺼운 단열, 2차 단열, 3차 단열로 계획하였다.

- **두꺼운 단열** : 기본적으로 외단열 + 가등급 + 20cm 이상의 단열계획을 세웠다. 이 정도 조합과 사이즈는 충분한 단열환경을 갖춘 것이다.
- **2차 단열** : 외단열 외에 방, 화장실 등은 실내 측에 2차 단열을 적용하였다.
- **3차 단열(층간, 실간 단열)** : 아파트의 경우처럼 가운데 위치한 집이 외곽 쪽 집보다 더 따뜻하듯이 실과 실의 경계, 층과 층마다 단열재를 설치하였다.

- 3차 단열(지붕) : 건물은 지상 3층으로 구성하였고, 지붕의 경우 역전지붕이 적용되면서 지붕 트러스 단열과 평지붕의 단열 등이 시공되어 천공복사열로부터 나타나는 손실 문제를 해결하였다.

구분	두께	내용	부위
지붕 단열(1차)	225mm	가등급 비드법 준불연 단열재(150+75 단열재)	경사지붕
지붕 단열(2차)	220mm	T110 가등급 비드법 (준불연)단열재+T110 가등급 비드법 (준불연)단열재	평지붕
지붕 단열(3차)	50mm	T50 가등급 비드법 (준불연)단열재	3층바닥
외벽-1	225mm	T150 가등급 비드법 (준불연)단열재+T75 가등급 비드법 (준불연)단열재	
외벽-2	275mm	T150 가등급 비드법 (준불연)단열재+T75 가등급 비드법 (준불연)단열재+T50 실내 가등급 비드법 (준불연)단열재	실내단열포함
내벽 칸막이	50mm	GLASS WOOL 24K, 50T이상	실:실
층간 바닥	100mm	가등급 비드법 단열재 (층간단열)	2층 바닥
	50mm	가등급 비드법 단열재 (층간단열)	1층 바닥
최하층 바닥	220mm	가등급 비드법 단열재	

표 단열재는 중부2지역 단열 규정 이상 적용할 것

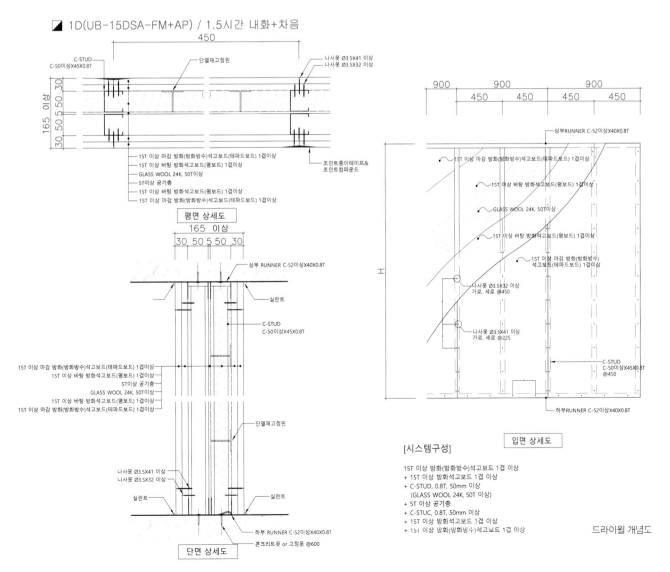

◣ 1D(UB-15DSA-FM+AP) / 1.5시간 내화+차음

191

• 기밀계획

방위별 창호 사이즈를 반영하였다. 동, 서, 북쪽의 창을 작게 하였고, 남측창을 크게 하였다. 남쪽엔 발코니를 두었고, 기밀창을 추가로 설치하였다. 이로써 발코니 기능을 유지하여 차양이 없어도 여름철 일사로부터 실내 측에 온도가 상승하는 영향을 적게 하였다.

창호는 패시브 정회원사인 유로레하우를 건축주가 지정하였고, 여기에 단열성능이 우수한 게네오(GENEO)를 적용하였다. 창호공사에 있어서 기밀의 특성을 잘 반영하여 시공함으로써 기밀테스트에서 좋은 결과를 얻을 수 있었다.

• 열교방지계획

석재마감의 경우 점열교가 생각보다 상당하기 때문에 티푸스코리아의 석재마감 시스템 상세를 적용하였다. 티푸스코리아 석재마감 기준은 패시브 인증이 가능한 시스템으로 점열교에 대응할 수 있게 개발된 제품이다. 실내의 경우 층과 층 사이에 철물천장틀구조가 아닌 목재를 사용한 천장틀구조로 설계하였고, 층과 층에서 발생할 수 있는 작은 열교까지 예방하였다.

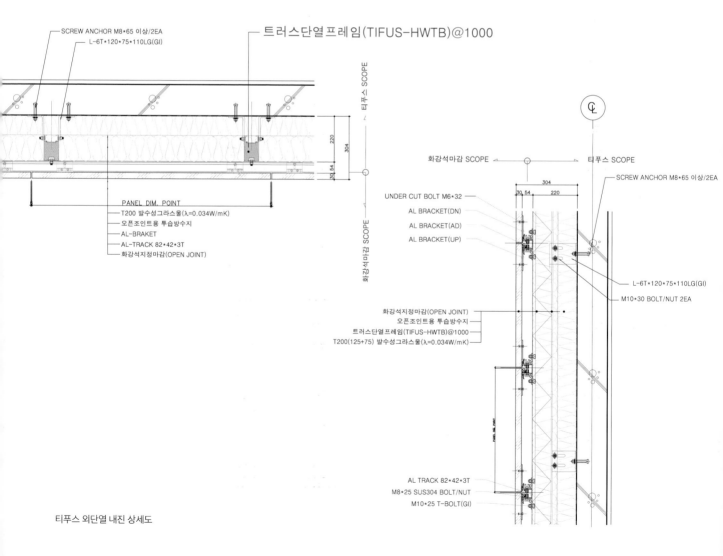

티푸스 외단열 내진 상세도

7. 패시브하우스 핵심 요소

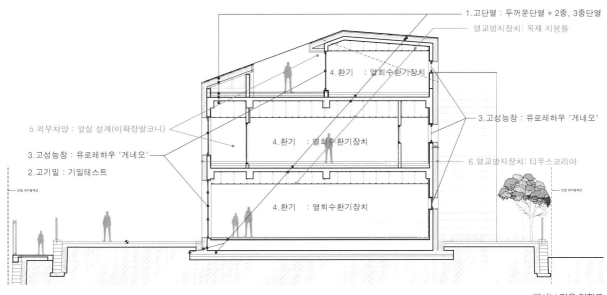

1. 고단열 : 두꺼운단열 + 2중, 3중단열
열교방지장치 : 목재 지붕틀

4. 환기 　 : 열회수환가장치

3. 고성능창 : 유로레하우 "게네오"

6. 열교방지장치 : 티푸스코리아

5. 외부차양 : 앞실 설계(비확장발코니)

3. 고성능창 : 유로레하우 "게네오"

2. 고기밀 : 기밀테스트

4. 환기 　 : 열회수환기장치

4. 환기 　 : 열회수환기장치

패시브 적용 현황도

이 주택에 도입한 패시브하우스의 핵심 요소 6가지를 정리하면 아래와 같다.

첫째, 고단열(1차, 2차, 3차 단열계획)

둘째, 고기밀(유로레하우의 고기밀 창호 적용)

셋째, 고성능창(유리 성능, 창호의 성능이 확인된 유로레하우 제품 사용)

넷째, 환기(열회수환기장치를 모든 층에 계획)

다섯째, 외부 차양(2층에 외부 차양 목적의 앞 발코니를 두어 여름철 고온에 대한 방어 기능으로 계획)

여섯째, 열교 방지 장치(층간 열교 방지는 목재천장틀, 외장 석재의 경우 티푸스코리아 내진철물구조 적용)

단열재표시 :
열교방지장치 : 목재

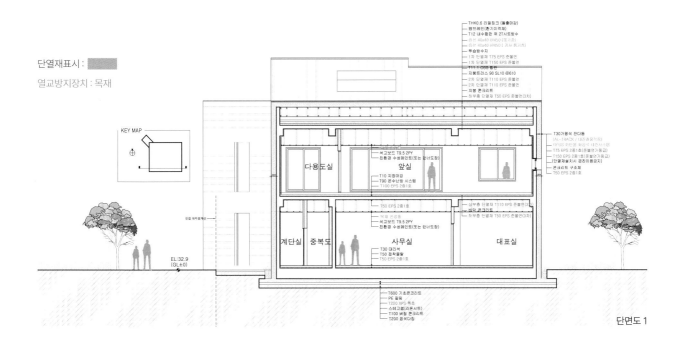

단면도 1

촘촘한 단열계획을 가장 기본으로 적용하였다. 두꺼운 단열을 우선으로 2차 단열, 3차 단열이 추가되었다. 단면도의 주황색 부분이 단열재이며, 두꺼운 단열재를 한 번에 사용하지 않고 두 번에 걸쳐 겹쳐 시공함으로써 단열재 이음 부분에서 나타날 수 있는 통로를 최소화하였다.

단열재표시 :

열교방지장치 : 목재

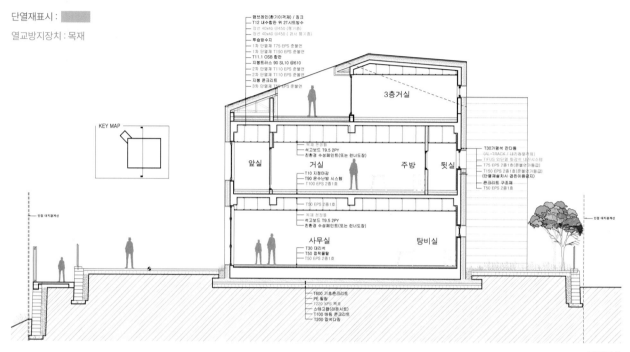

단면도 2

지붕의 경우에는 1차 단열 아래 2차 단열을 적용하였고, 층간에는 3차 단열까지 하였다. 금속천장재를 사용하면 층간의 열교가 생길 수 있음을 대비하여 목재를 이용한 천장틀로 제작해 아주 작은 층간의 열교까지 감안한 단열계획을 구현하였다. 실과 실 사이 칸막이는 일반적인 칸막이 계획이 아닌 고성능의 데이터가 확보된 건식칸막이 스펙을 사용하였다. 이를 통해 방화성능, 차음성능, 단열성능까지 확보할 수 있었다.

8. 투시도

외부 ① | 여러 필지를 갖는 단지형 배치계획을 하면서 오른쪽과 왼쪽에 각각의 출입구를 계획하였다. 경사지 특성을 이용하여, 원활한 흐름이 되도록 동선계획을 짰다.

외부 ② | 외벽은 석재로 마감하였다. 티푸스코리아 제품을 사용했는데, (사)한국패시브건축협회의 컨설팅을 반영한 것이다. 정남향으로 자리를 잡아서 일조권을 확보하였고, 좌우 측면의 바람길에 대비하고 프라이버시를 고려해 창호 크기를 조절하였다.

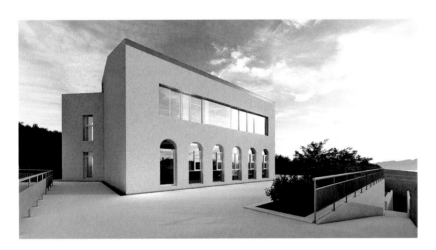

외부 ③ | 남향으로 열린 창호는 고기능성 제품을 사용하였다. 창의 크기와 디자인은 실의 목적에 맞도록 구별하였다. 전면 마당의 바닥은 유지관리가 쉽도록 콘크리트 폴리싱으로 마감하였고, 우기철에 대비해 배수계획을 세웠다. 건물 주변으로는 자연석 깔기를 하여 건물이 오염되지 않도록 조치하였다.

공용부 | 1층 공용부는 기능적 동선계획과 시선계획을 함께 고려하였다. 1층 출입구에서 1층 사무실과 2층의 주택으로 구분되는데 답답함이 없도록 투명유리로 실 구획을 하여 공간이 넓게 보이도록 했다. 한편, 본건물의 중요 환기시스템은 1층 공용부에서 편리하게 점검할 수 있도록 시스템을 구성하였다.

1층 거실 | 1층 사무실은 요즘 트렌드에 맞게 사업 관련 시설로 그 기능을 부여했다. 주거와 사무실 간의 이동시간을 최소화한 하기 위한 통합 콘셉트의 건축물인 만큼 외부인의 잦은 방문에도 주거공간의 프라이버시가 보호되는 것을 전제로 했다.

주방 | 건축주가 사무공간은 미술관과 같은 단정한 디자인을 원했다. 비싼 자재를 활용한 인테리어 보다는 설계 초기부터 가구와 오브제를 활용할 수 있는 인테리어가 가능하도록 가구 치수까지 세세하게 설계에 반영하였다.

UV실 | 특별한 여가 활동에 드는 시간 소요가 적지 않다. 이를 감안해 주택에서 대신할 만한 재미 요소를 추가하였다. 많은 이들이 골프를 즐기면서도 정작 자신의 집에 쉽게 마련하지 못하는 것이 스크린골프실이다. 건축주뿐만 아니라 가족이나 손님들과 함께 즐기기에 부족함이 없는 규모로 계획하였다.

2층 거실 ① | 실과 실 사이의 칸막이는 건식벽체로 구분되도록 하였다. 벽체에는 단열은 물론 차음도 효과적으로 될 수 있는 자재를 선별하여 사용하였다.

2층 거실 ② | 거실 선면의 남향인 12m에 이르는 큰 창에는 멀리 저수지 풍경이 펼쳐진다. 마치 수묵담채화가 대형 화폭에 담긴 듯한 느낌을 가질 수 있도록 제작하였다. 12m 긴 창문에는 고성능, 고기밀 창호인 유로레하우의 게네오 제품을 적용하였다.

2층 주방 ① | 전면에 발코니를 두어 차양의 기능을 담았다. 그로 인해 실 내부의 급격한 온도 변화와 열 손실을 줄일 수 있다.

2층 주방 ❷ | 주방과 거실 사이에 긴 테이블을 놓았다. 과거에는 가족 간의 식사를 위한 장소였다면 지금은 대화 및 친목 등 다목적 용도로 활용하도록 5m에 이르는 긴 테이블을 배치한 것이다. 아울러 환기 계획은 2가지 관점에서 진행되었다. 맞바람 통풍이 가능한 창 배치와 더불어 열회수환기 장치로 균질하고 쾌적한 실내가 되도록 조성하였다.

3층 방 | 가장 사용도가 낮은 실이 손님방이다. 패시브건축 관점에서 이 주택에서 가장 중요한 위치에 있는 맨 꼭대기 지붕에 위치한다. 지붕으로부터 소실되는 천공복사열의 열 손실을 방지하기 위해 단열을 두껍게 하고도 2차 단열까지 적용하였다.

9. 패시브 감리

패시브 건축은 (사)한국패시브건축협회의 인증절차를 통하여 지어진다. 패시브 건축의 핵심은 데이터를 적용한 건축물의 건축에 있다. 패시브 건축에서 적용되는 데이터는 건물을 짓는 지역적, 기후적 특성에 대응해 단열, 기밀, 열, 결로, 환기 등의 다양한 데이터로 짓는 건축을 말한다. 때문에 기본적으로 (사)한국패시브건축협회의 정규교육 과정을 통해 그 데이터를 이해하고 파악할 수 있어야 한다. 협회와 주고받는 데이터와 보완의 과정을 거치면서 데이터를 건축물에 올바로 적용하는 것이 기본 원칙이다.

고단열, 고성능창, 기밀, 환기, 차양, 열교방지 데이터와 자료들을 근거로 한 평면도, 단면도, 입면도, 각 부위 상세도 등이 건축설계에 반영되고 한국패시브건축협회의 패시브 설계인증과정을 통해 공사용도서가 작성된다. 공사가 착공되면 설계도면대로 올바르게 공사가 진행되는지 확인하는 사람을 '공사감리자'라고 한다. 법에서 정한 일반 공사 감리업무처럼 공사 중 3~5회 현장을 확인하는 절차만으로는 패시브 건축을 검증하기에 부족하다. 패시브 건축은 공사 후 검사가 아닌 공사 전 단계부터 중요 전제 조건이 체크되어야 하기 때문이다. 패시브의 주요 핵심 내용을 파악하고 첫 출발점부터 데이터와 성능 확보를 위한 시공이 되어야 한다. 그래서 패시브 건축물은 일반공사감리자가 아닌 한국패시브건축협회 정규교육을 이수한 자가 감리업무를 맡아야 한다. 패시브 건축물의 감리업무를 수행하기 위한 기본조건은 다음과 같다.

9-1 공사감리 전문교육 이수

일반적인 공사감리는 건축법 제25조의 공사감리 수행목적에 따라 공사감리세부기준에 의해 감리업무를 수행하게 된다. 자격 요건은 건축사 취득과 자격 등록된 자만이 할 수 있다. 국토교통부에서 지자체에 안내하여 2024년 4월 1일부터는 건축사보 배치현황 제출 시 건축사 및 건축사보의 해당 교육 이수증을 확인해야만 한다. 따라서 앞으로는 '공사감리 전문교육'을 이수한 자만이 감리업무를 할 수 있다.

건축사 등록증 / 공사감리 전문교육 이수증

9-2 패시브 교육

패시브 건축은 가장 기본이 되는 패시브 건축요소 이해, 데이터의 정확한 내용과 기준, 인증절차, 공사의 세부적인 공정이 숙지 되어야 그 업무 수행이 가능하다. 즉 건축설계, 공사감리 경력 자격을 포함하여 한국패시브건축협회의 56시간 정규교육 과정을 받아야 한다.

회사 대표나 일부 직원만 이수할 경우에는 그 외 실무자들이 패시브가 아닌 종전의 일반적인 공법을 임의로 적용하는 문제가 생길 수 있다. 그렇다면 데이터를 기반으로 한 패시브 건축의 공사용도서를 오역하는 과오나 누락이 발생할 수 있다.

(사)한국패시브건축협회 정규교육 수료증

(사)한국패시브건축협회 정회원증
[건축설계 및 감리부문]

* 한국패시브건축협회의 표준주택 시공 시 패시브하우스 정규교육 이수 및 수료증이 있는 자만이 패시브하우스 시공이 가능하다.

그래서 필자가 운영하는 스타일랩종합건축사사무소의 경우에는 전 직원이 한국패시브건축협회의 정규교육을 이수하였다. 이로써 실무 참여자 모두가 전문성이 깊어지고, 현장에서 구현하는 패시브 건축의 상향 평준화가 이루어질 수 있다.

9-3 패시브 정회원사

(사)한국패시브건축협회 정규교육 56시간의 교육과정은 원리와 원칙에 관한 교육이다. 패시브 기법은 한국패시브건축협회의 많은 연구원들의 노고로 매년 업그레이드 되고 있다. 국토교통부와 데이터의 기준, 적용 범위와 그 활용에 관해 매년 다양한 연구를 실시하고 있는 상황이다. 한국패시브건축협회의 연구자료는 다양한 전문 세미나를 통해 전파되고 있으며, 지속적으로 패시브 건축 실무자들이 성장하는 자양분이 되고 있어 갈수록 정회원사가 늘고 있는 추세이다.

10. 패시브 공사감리업무

건축법상 정해진 공사감리자로서 공사감리업무와 건축주가 별도로 의뢰한 패시브감리업무로 나뉜다. 주요 업무는 (사)한국패시브건축협회에서 검토된 성능을 만족한 설계도면을 기준으로 중요항목을 체크하고 검사하는 일이다.

10-1 일반 공사감리업무에서 갖추어야 할 요소

일반 공사감리업무에 있어서는 구조적인 안전성과 패시브 건축의 중요한 바탕이 되는 평활도 확보가 제일 중요한데, 몇 가지 선행 조건이 있다.

• 지내력시험

건물을 앉히는 자리의 안전성 확보가 기본이다. 건물의 내진성능을 위해 지질조사가 선행된다. 지내력시험을 통해 건축물의 내진설계를 건축구조기술사가 담당하는데, 해당 규모에 맞는 땅의 지내력을 확보하는 활동은 건물 바닥 안정에 중요한 데이터로 축적된다.

지내력 시험보고서와 조사

• 철근 검측

철근검사를 통해 철근의 성능을 확인하고 승인한 후 반입한다. 현장에 철근이 반입되어 가공되면 철근 가공 상태 역시 확인해야 한다. 이는 철근 가공 밴딩 시 철근의 크랙, 터짐 등이 있는지를 체크하기 위함이다.

철근 반입 확인

가공된 철근

현장에 반입된 철근은 사이즈별로 가공하여 기초, 벽체, 기둥, 보, 바닥, 보강근으로 사용된다. 철근의 시공검사는 철근의 크기, 위치, 개수, 보강근의 시공 여부 등을 주로 검토하며, 철근의 결속상태까지 확인해야 한다.

기초 철근검사 및 1층 벽체 철근검사

2층 바닥 전체 전경과 2층 벽체 철근 검사

3층 바닥 전체 전경과 3층 벽체 철근 검사

사람에 비유하자면 인대와 같은 역할을 하는 건물의 철근 시공은 누락 없이 정착길이와 이음길이 등을 확보하여 정확하게 시공되어야 한다.

• 콘크리트 검측

콘크리트는 철근 검측 이후 구조기술사에 의한 구조설계 결과를 확인하여 강도, 슬럼프, 골재 크기 등에 맞게 시공되어야 한다. 콘크리트 강도는 탄산화 관련 콘크리트 기준에 따르며, 구조기술사에 의해 구조에 적용될 콘크리트 강도가 구조설계에 반영된 기준에 따라 시공되어야 한다.

콘크리트 내구성
설계기준 개정안내서

현장에 반입된 콘크리트 시공을 하는 과정에서 시험체를 제작하여 압축강도를 관리해야 한다. 현장에 반입된 콘크리트 시공 중 상태를 확인할 수 있게 현장시험(슬럼프, 공기량, 염화물량, 온도)을 실시하며, 이때 압축강도 시험용 몰드를 제작해야 하다.

콘크리트 현장시험 및 콘크리트
공시체 제작

콘크리트 공시체 압축강도시험

※ 콘크리트 시공 과정

① 골조 기초 타설

② 골조 2층 타설

③ 골조 3층 타설

④ 골조 지붕 타설

• 창호 시공 검측(고단열+고기밀)

현장에 적용한 유로레하우 게네오 창호는 유리는 47mm 3중 로이유리를 사용하였고 열관류율은 0.74w(m²·k)로, 고단열 성능과 매우 우수한 기밀 성능을 가진 제품이다.

게네오 열관류율 성적서 및 창호 기밀
시험성적서

우수한 성적의 창호라 할지라도 시공순서가 틀리고 시공자의 기술력이 떨어진다면 올바른 성능을 발휘할 수 없을 것이다. 창호 시공은 우선 바탕면을 갈아내서 평활하게 만들고, 오염물질을 전부 제거하여 청결을 확보한 뒤 프라이머를 칠해 접착성능이 확보되어야 한다. 또 창호의 수평과 수직을 잘 맞춰서 기울어짐에 의한 처짐이 없어야 한다. 이때 창호업체의 전문시방서에 의해 고임목을 제대로 시공하고, 고임목과 고임목 사이의 단열재 충진은 저팽창폼을 사용해야 문제가 없다.

이 모든 시공 과정은 뜨내기 작업자가 할 수 있는 일이 아니다. 창호업체의 정식 기술자가 시공하는 게 가장 좋기 때문에 공기 일정을 잘 조절하여 맡기는 것이 좋다.

※ 창호 시공 과정

① 창호 설치를 위한 콘크리트 면갈이 및 프라이머 작업

② 창호 설치 및 저팽창폼 시공

③ 창호 설치 및 시공 완료 후 처리

• 기밀테스트

기밀테스트는 2회에 걸쳐 실시한다. 한번은 중간에 골조공사+창호공사 완료 후, 그리고 최종 마감 완료 후에 기밀테스트를 실시한다. 기밀테스트는 전문가에 의해 진행하며, 임의 업체가 아닌 한국패시브건축협회 정회원사 중 실력 있는 전문가가 실시한다. 그만큼 아주 중요한 과정이다.

기밀테스트 결과보고서

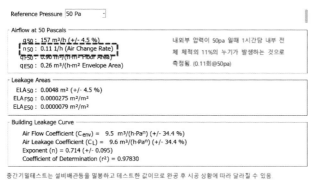

Reference Pressure 50 Pa

Airflow at 50 Pascals
q50 : 157 m³/h (+/- 4.5 %)
n50 : 0.11 /h (Air Change Rate)
qF50 : 0.90 m³/(h·m² Floor Area)
qE50 : 0.26 m³/(h·m² Envelope Area)

내외부 압력이 50pa 일때 1시간당 내부 전
체 체적의 11%의 누기가 발생하는 것으로
측정됨. (0.11회@50pa)

Leakage Areas
ELA50 : 0.0048 m² (+/- 4.5 %)
ELAF50 : 0.0000275 m²/m²
ELAE50 : 0.0000079 m²/m²

Building Leakage Curve
Air Flow Coefficient (C_{env}) =   9.5 m³/(h·Paⁿ) (+/- 34.4 %)
Air Leakage Coefficient (C_L) =   9.6 m³/(h·Paⁿ) (+/- 34.4 %)
Exponent (n) = 0.714 (+/- 0.095)
Coefficient of Determination (r²) = 0.97830

중간기밀테스트는 설비배관등을 밀봉하고 테스트한 값이므로 완공 후 시공 상황에 따라 달라질 수 있음

기밀테스트 결과보고서

골조공사에서는 평활도가, 창호에서는 고기능창호와 기밀성능이 중요한데, 1차 기밀테스를 통해 기밀성능을 확인하고 부족한 부분은 보완해 일정한 기밀성을 확보해야 한다.

1차 기밀테스트 완료 후 적정한 단열재 시공과 확실한 환기를 위한 열회수환기장치를 시공한다. 인테리어 마감공사와 외장공사를 마치고 다시 2차 기밀테스트를 실시한다. 기타 부대공사만 마치면 건축물은 완성되는데, 이 중에서 정말 중요한 단계는 1차 기밀테스트이다.

• 단열재 설치

[별표1] 지역별 건축물 부위의 열관류율표

(단위 : W/㎡·K)

건축물의 부위		지역	중부1지역[1]	중부2지역[2]	남부지역[3]	제 주 도
거실의 외벽	외기에 직접 면하는 경우	공동주택	0.150 이하	0.170 이하	0.220 이하	0.290 이하
		공동주택 외	0.170 이하	0.240 이하	0.320 이하	0.410 이하
	외기에 간접 면하는 경우	공동주택	0.210 이하	0.240 이하	0.310 이하	0.410 이하
		공동주택 외	0.240 이하	0.340 이하	0.450 이하	0.560 이하
최상층에 있는 거실의 반자 또는 지붕	외기에 직접 면하는 경우		0.150 이하		0.180 이하	0.250 이하
	외기에 간접 면하는 경우		0.210 이하		0.260 이하	0.350 이하
최하층에 있는 거실의 바닥	외기에 직접 면하는 경우	바닥난방인 경우	0.150 이하	0.170 이하	0.220 이하	0.290 이하
		바닥난방이 아닌 경우	0.170 이하	0.200 이하	0.250 이하	0.330 이하
	외기에 간접 면하는 경우	바닥난방인 경우	0.210 이하	0.240 이하	0.310 이하	0.410 이하
		바닥난방이 아닌 경우	0.240 이하	0.290 이하	0.350 이하	0.470 이하
바닥난방인 층간바닥			0.810 이하			
창 및 문	외기에 직접 면하는 경우	공동주택	0.900 이하	1.000 이하	1.200 이하	1.600 이하
		공동주택 외 창	1.300 이하	1.500 이하	1.800 이하	2.200 이하
		공동주택 외 문	1.500 이하			
	외기에 간접 면하는 경우	공동주택	1.300 이하	1.500 이하	1.700 이하	2.000 이하
		공동주택 외 창	1.600 이하	1.900 이하	2.200 이하	2.800 이하
		공동주택 외 문	1.900 이하			
공동주택 세대현관문 및 방화문	외기에 직접 면하는 경우 방화문		1.400 이하			
	외기에 간접 면하는 경우		1.800 이하			

비 고

1) 중부1지역 : 강원도(고성, 속초, 양양, 강릉, 동해, 삼척 제외), 경기도(연천, 포천, 가평, 남양주, 의정부, 양주, 동두천, 파주), 충청북도(제천), 경상북도(봉화, 청송)

2) 중부2지역 : 서울특별시, 대전광역시, 세종특별자치시, 인천광역시, 강원도(고성, 속초, 양양, 강릉, 동해, 삼척), 경기도(연천, 포천, 가평, 남양주, 의정부, 양주, 동두천, 파주 제외), 충청북도(제천 제외), 충청남도, 경상북도(봉화, 청송, 울진, 영덕, 포항, 경주, 청도, 경산 제외), 전라북도, 경상남도(거창, 함양)

3) 남부지역 : 부산광역시, 대구광역시, 울산광역시, 광주광역시, 전라남도, 경상북도(울진, 영덕, 포항, 경주, 청도, 경산), 경상남도(거창, 함양 제외)

건축물 부위별 열관류율

[별표3] 단열재의 두께

[중부1지역]

(단위: mm)

건축물의 부위		단열재의 등급	단열재 등급별 허용 두께			
			가	나	다	라
거실의 외벽	외기에 직접 면하는 경우	공동주택	220	255	295	325
		공동주택 외	190	225	260	285
	외기에 간접 면하는 경우	공동주택	150	180	205	225
		공동주택 외	130	155	175	195
최상층에 있는 거실의 반자 또는 지붕	외기에 직접 면하는 경우		220	260	295	330
	외기에 간접 면하는 경우		155	180	205	230
최하층에 있는 거실의 바닥	외기에 직접 면하는 경우	바닥난방인 경우	215	250	290	320
		바닥난방이 아닌 경우	195	230	265	290
	외기에 간접 면하는 경우	바닥난방인 경우	145	170	195	220
		바닥난방이 아닌 경우	135	155	180	200
바닥난방인 층간바닥			30	35	45	50

[중부2지역]

(단위: mm)

건축물의 부위		단열재의 등급	단열재 등급별 허용 두께			
			가	나	다	라
거실의 외벽	외기에 직접 면하는 경우	공동주택	190	225	260	285
		공동주택 외	135	155	180	200
	외기에 간접 면하는 경우	공동주택	130	155	175	195
		공동주택 외	90	105	120	135
최상층에 있는 거실의 반자 또는 지붕	외기에 직접 면하는 경우		220	260	295	330
	외기에 간접 면하는 경우		155	180	205	230
최하층에 있는 거실의 바닥	외기에 직접 면하는 경우	바닥난방인 경우	190	220	255	280
		바닥난방이 아닌 경우	165	195	220	245
	외기에 간접 면하는 경우	바닥난방인 경우	125	150	170	185
		바닥난방이 아닌 경우	110	125	145	160
바닥난방인 층간바닥			30	35	45	50

지역별 단열재 두께

단열재 시공은 중부1지역, 중부2지역, 남부지역, 제주도 등 지역에 맞게 적정한 단열재를 시공하여야 한다. 단열재 설치 부위는 바닥, 벽, 지붕인데 필요에 따라서 각 부분에 추가적으로 설치하면 된다.

 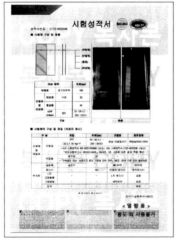

준불연 실물모형시험

건물이 9m를 넘으면 건축물의 외벽 단열재에 의한 화재 안전 성능을 확보하기 위한 법령이 개정되어 실물모형시험(실대형시험) 성적이 있는 제품을 사용해야 한다.

단열재와 마감재의 구분에 따라 실물모형시험 대상 여부는 달라진다.

준불연과 불연이 접목되면 실물모형시험 대상이고 불연+불연의 조합은 실물모형시험 제외대상이다. 즉 단열재나 마감재 어느 것 하나가 준불연이면 실물모형시험 대상이 되는 것이다.

외부 마감시스템 – 건식공법의 난연시험 및 실물모형시험 대상

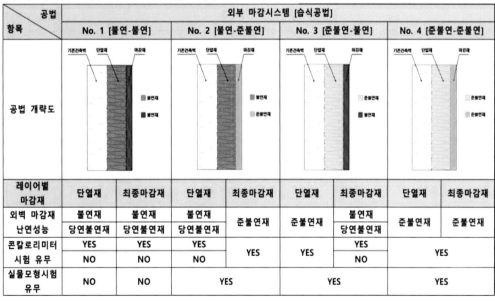

실물모형시험 대상

이렇듯 재료의 성능이 합법적 조건에 충족한 단열재를 사용하고, 설치방법은 (사)한국패시브건축협회에서 명시한 기준을 따른다. 협회의 제공된 자료를 보면 단열재의 겹침 기준, 시공방법, 접착제 바름 방법 등이 자세히 소개되어 있다.

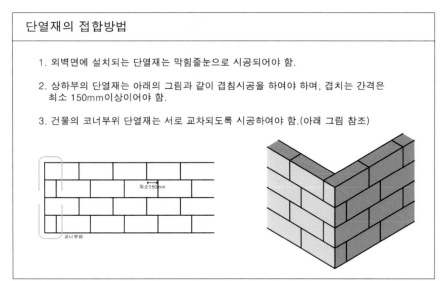

단열재의 접합방법

1. 외벽면에 설치되는 단열재는 막힘줄눈으로 시공되어야 함.

2. 상하부의 단열재는 아래의 그림과 같이 겹침시공을 하여야 하며, 겹치는 간격은 최소 150mm이상이어야 함.

3. 건물의 코너부위 단열재는 서로 교차되도록 시공하여야 함.(아래 그림 참조)

최소150mm

코너부위

단열재의 설치 방법

아산 주택의 경우 단열재 설치는 콘크리트 골조공사의 철물을 전부 제거하여 열교 가능성을 차단하였다. 단열재는 1차 설치로 법적인 단열규정에 적법하게 하였고, 추가하여 2차로 설치하여 두꺼운 단열층을 확보하도록 설계하였다. 시공 또한 겹침시공 방지를 하여 이음 부위에서 나타날 수 있는 단열의 취약점을 해소하였다.

※ 단열재 시공 과정

① 단열재 현장 반입

② 단열재 접착

③ 단열 화스너 시공

11. 맺음말

패시브 건축은 앞서 강조한 바와 같이 데이터에 의해 설계되고 시공한다. 현재 전 세계 기후환경이 급격히 바뀌고 있는 가운데 우리나라 역시 여름철은 매우 덥고, 겨울철은 매우 추워서 온도 편차가 40℃ 이상 나는 상황에 놓여 있다. 이런 조건 속에서 쾌적한 건물을 짓기 위해서는 데이터에 의한 건축설계와 그 기준에 따른 시공에 달려 있다. 패시브 건축요소의 이해, 데이터의 정확한 내용과 기준, 인증절차, 공사의 세부적인 공정이 숙지되어야 그 업무수행이 가능해진다. 건축사, 시공자, 건축주가 한국패시브건축협회의 정규교육 과정을 이수하면 많은 지혜와 경험을 습득해 쾌적하고 건강한 건축을 실현하게 될 것이다.

스틸하우스로 실현하는
제로에너지주택 설계

* PROJECT② 영종도 [하자없고 건강한] 단독주택 계획

글&자료 제공 : 정온건축사사무소 오대석 건축사

소규모 건설시장에서 '알아서 잘~', '개떡같이 말해도 찰떡같이'라는 말만큼 위험한 것은 없다. 조금은 번거롭고 까다로워 보여도 과정 및 완공 후에도 서로 만족할 수 있는 집짓기가 될 수 있는 방법을 고민하고 있으며, 그 첫 단추가 제대로 된 설계라고 생각한다. 그 사례로 현재 그린홈예진과 함께 진행하고 있는 인천 영종도 주택을 통해 스틸하우스로 실현하는 제로에너지주택의 설계 프로세스를 소개해 보고자 한다.

제로에너지주택이라는 제목을 내세웠지만, 사실 필자가 더 강조하고자 하는 바는 '하자 없고 거주자가 건강하고 쾌적하게 살 수 있는 집'을 짓는 것이다. 결로나 곰팡이가 없고 덥거나 춥지 않으면서 항상 쾌적한 실내 공기질이 유지되는 주택을 만들면 자연스럽게 패시브하우스가 구현된다. 여기에 적정용량의 태양광발전 패널을 설치하면 충분히 제로에너지주택 구현이 가능하다.

1. 전문 설계사 선택

건축설계와 같은 디자인 영역에는 흔히 말하는 정답이 없다. 건축주마다 원하는 내용이 다르고 중요하게 생각하는 초점이 다르기 때문에 되도록 비슷한 가치를 지향하는 건축사를 선택하는 것이 중요하다. 만약 하자 없고 건강한 집을 짓고자 한다면 (사)한국패시브건축협회 실무자교육 이수 여부를 확인해 보기를 추천한다.

고단열, 고기밀, 고성능 창호, 열교환환기장치, 열교 없는 디테일, 외부차양 등의 기술요소로 패시브하우스를 설계하고 구현하기 위해서는 지금까지 학교에서 배우지 못했던 부분을 추가적으로 학습하는 과정이 필요하다. (사)한국패시브건축협회에서는 '패시브하우스 실무자교육'이라는 이름으로 하루 8시간 7일의 커리

큘럼으로 교육을 진행하고 있다. 물론 다른 경로로 더 양질의 지식과 정보를 습득할 수도 있겠지만, 최소한 협회의 실무자교육을 이수한다면 보장할 수 있는 바가 적잖다. 지금까지 발생했던 하자 중 만약 단열이나 기밀 등 설계가 부족해서 생길 수 있었던 부분을 개선할 지식을 습득할 수 있다는 점이다.

2. 현황 분석 및 설계 대안 검토

이번 영종도 제로에너지주택 프로젝트의 건축주는 상담 이전부터 직접 본인 주택의 도면을 캐드파일로 그려서 제시할 정도로 적극적이었다. 그래서 기본적으로 대지의 용적률, 건폐율 등 법적 기준을 분석하고, 설계안을 작성할 때는 건축주가 그려준 도면을 기본으로 계획안을 만들었다. 그다음 추가적으로 설계자인 필자가 땅의 형태나 내부 프로그램을 분석하고 검토하여 새로운 대안을 제시하는 방식으로 설계를 진행해 나갔다.

현장 위치 및 사진

① 대지 동쪽으로 도로 건너편으로 낮은 산이 위치
② 북측은 집입도로 및 건너편 주택
③ 남측은 이미 주택이 있으며 동측대지도 향후 주택이 지어진다는 가정으로 접근

주변 지번 현황

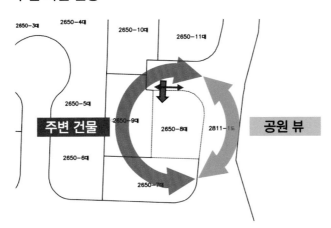

· 지구단위계획상 북측 도로에서 주차 진입
· 허가청에 확인 결과 수평 주차는 가능

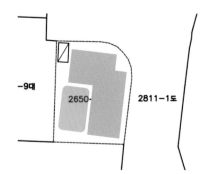

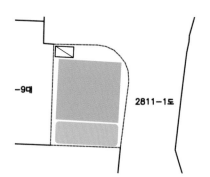

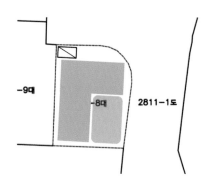

① 마당을 도로변에서 차단하여 프라이버시 확보는 용이하지만 마당을 바라보는 주향인 서향으로 인한 눈부심, 여름철 늦은 오후까지 들이는 일사로 쾌적하지 못한 환경 조성이 우려

② 전체 대지를 적극적으로 활용하고 공간에 집중하여 효율적인 동선 계획에 유리하고 바닥 면적 대비 외피 면적이 적은 에너지 효율적인 계획 가능 / 남측 마당이 상대적으로 폭이 좁음

③ 공원쪽으로 마당을 두어 가장 큰 개방감 및 공원뷰 확보가 가능하지만, 도로변에서 1층 및 마당이 노출되어 프라이버시 확보에 상대적으로 불리한 부분이 있음

법적 건폐율 50% 검토

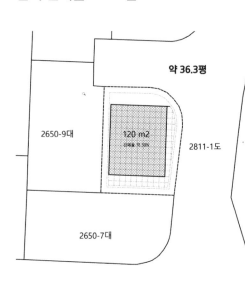

법적 용적률 80% 검토

2-1 3차원 설계 프로그램 Revit 활용

평면적인 공간에서 선으로 설계하는 프로그램이 아닌 3차원 전문 프로그램을 사용하여 도면에 익숙하지 않은 건축주가 쉽게 건물의 형태와 공간을 이해할 수 있도록 하였다. 처음부터 3D 작업을 하면 다소 업무량이 늘어나지만, 건축주와의 원활한 소통과 도면의 오류와 시행착오를 줄이기 위해 적용하였다.

Revit이라는 프로그램은 Autodesk사에서 개발한 건축 및 건설 분야에서 널리 사용되는 3D 설계 및 건축정보모델링(BIM) 소프트웨어 중 하나이다. BIM은 'Building Information Modeling'의 약자로 디지털 방식으로 건물의 하나 또는 그 이상의 정확한 가상 모델을 생성하는 기술이다. 이 가상모델에는 단순히 3D 형상을 보여주는 것뿐만 아니라 건설에 필요한 다양한 정보들을 함께 포함시켜 설계뿐만 아니라 시공, 운용 및 유지 관리 단계까지 다양하게 활용할 수 있다.

계획 | 리얼리티 캡처와 실제 데이터를 결합하여 기존의 인공 및 자연환경의 컨텍스트 모델을 생성함으로써 프로젝트 계획에 정보를 제공한다.

설계 | 이 단계에서는 개념 설계, 해석, 상세 설계 및 문서화 작업을 수행한다. 시공 전 프로세스는 BIM 데이터를 사용하여 시작되어 일정 및 물류 작업에 정보를 제공한다.

건축 | 이 단계에서는 BIM 사양을 사용하여 제작을 시작한다. 최적의 타이밍과 효율성을 보장하기 위해 프로젝트 시공 물류 정보를 공정업체 및 계약 업체와 공유한다.

운영 | BIM 데이터는 완성된 자산의 운영 및 유지 관리로 이전된다. BIM 데이터는 향후 효과적인 리노베이션이나 효율적인 해체에도 사용할 수 있다.

출처 : autodesk.co.kr

• 실시간 협업 및 통합
Revit은 다수의 사용자가 동시에 작업하고 프로젝트 정보를 실시간으로 공유할 수 있다. 그래서 여러 설계자가 작업할 시 한 사람이 수정한 내용이 다른 사람이 작업하는 부분에서 누락되는 것을 방지할 수 있다. 이러한 방식은 프로젝트에 참여하는 설계팀의 협업을 강화하고 효율적인 의사소통을 가능케 해주어 도면의 오류를 줄일 수 있다.

• 자동화된 가시화
Revit은 모델링 단계에서 자동으로 2D 및 3D 형상을 만든다. 이로써 설계자가 실시간으로 설계 변화에 대해 시각적인 확인이 가능하다. 또한 종이에 출력된 도면으로 건물의 형태나 공간을 파악하기 힘들어하는 건축주에게는 설계 의도 및 아이디어를 더 명확하게 전달할 수 있다.

• 효율적인 변경 관리
Revit은 디자인 변경사항을 효율적으로 관리하고 추적할 수 있다. 설계를 하다 보면 평면도에서 수정했지만 입면도나 단면도에서는 반영이 되지 않는 경우가 발생할 수 있다. 하지만 BIM 프로그램을 이용한 설계에서는 평면도에서 벽의 위치를 변경하면 입면도나 단면도에서도 같이 변경되기 때문에 변경사항을 신속하게 다각도로 확인하고 적용할 수 있어 현장에서의 오류를 예방할 수 있다.

이처럼 Revit 프로그램을 이용한 3D 설계는 건축 및 건설 프로젝트에서 통합적이고 효율적인 작업을 가능케 하여, 디자인의 품질과 프로젝트의 성능을 향상시킨다. 무엇보다 도면의 오류를 줄일 수 있는 것이 가장 큰 장점이다.

계획안1 | 건축주 계획안을 바탕으로 작성

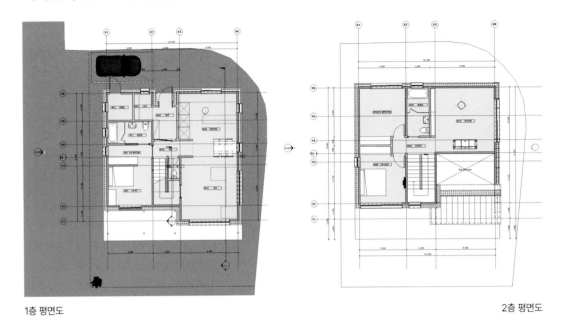

1층 평면도

2층 평면도

계획안1 | 건축주 계획안을 바탕으로 작성

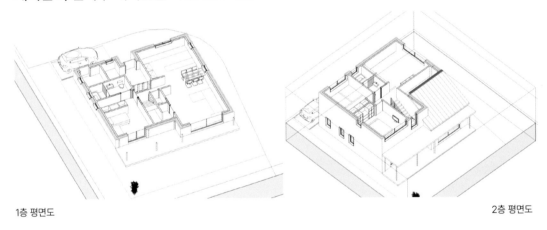

1층 평면도

2층 평면도

계획안1 | 2층 평면도(오디오룸 채광 계획)

북측에 있는 영화감상실에도 고측창을 통해 일사가 유입되어 밝은 공간이 만들어 질 수 있도록 단면 계획

계획안1 | 단면구성 개념

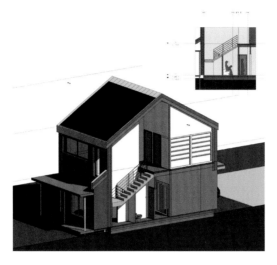

계획안2 | 동쪽 마당 형성 대안

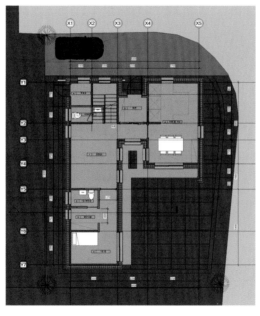

1층 평면도

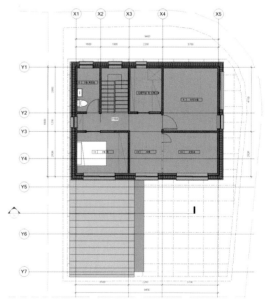

2층 평면도

계획안2 | 동쪽 마당 형성 대안

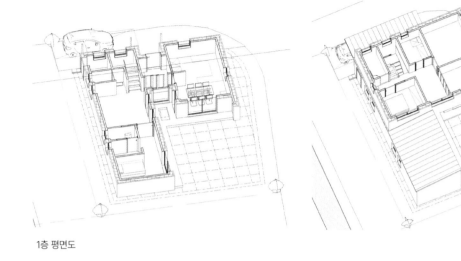

1층 평면도   2층 평면도

계획안2 | 개략 단면 형상

계획안2 | 남동측 투시도

① 50kWp 18장 9kWp 태양광 설치 면적 확보

② 운동실 및 서재를 남측에 배치하여 채광 확보

③ 1층 방을 별동처럼 구성 소음요소 분리

④ 남동측에 마당 형성

⑤ 안쪽 모서리 깊은 부분에 작은 외부 마루 형성

⑥ 1층 남측면이 1미터 정도 들어가도록 하여
자연스러운 그늘 공간 확보

⑦ 마당을 바라보는 툇마루 설치

2-2 스틸하우스에 적합한 단열 시스템 검토

이번 프로젝트에는 이지블럭이라는 조금은 특수한 단열재를 적용하였다. 이지블럭은 초기에 철근콘크리트 건물에서 고강도 플라스틱을 이용하여 외부 열교 없이 외장재를 고정할 수 있도록 개발된 단열재이다. 사방에 요철이 이중으로 있어 레고블럭처럼 끼워 넣으면서 시공하는 단열재로 특히나 스틸하우스와 궁합이 잘 맞는 자재라고 생각한다. 왜냐하면 스틸하우스에서 가장 취약하다고 볼 수 있는 스터드 부분의 열교를 해결해 줄 수 있기 때문이다. 아직까지는 보편적으로 많이 사용되고 있지는 않지만, 철 스터드 외부 합판면 조인트 부분에 기밀테이프를 시공하여 방습 및 기밀층을 형성하고 외부에서 피스로 단열재를 고정하면 철 스터드로 인한 열교 손실을 거의 '0'으로 만들 수 있다. 또한 내부의 기밀 방습층을 형성하기 위해 비교적 많은 인건비와 자재를 사용해야 하는 부분도 합리적으로 줄일 수 있어 효과적이다.

건식 외단열 마감

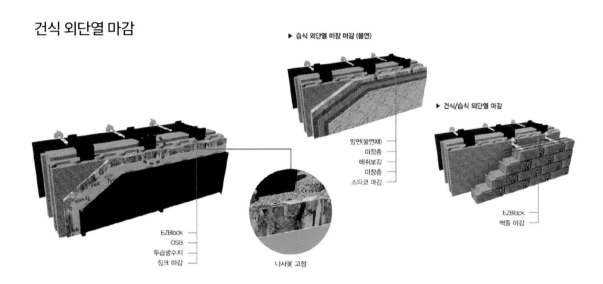

습식 외단열 미장 마감

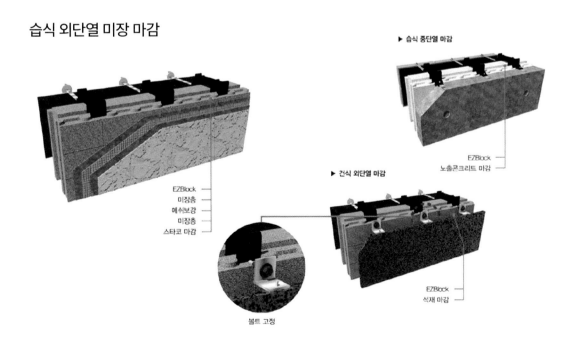

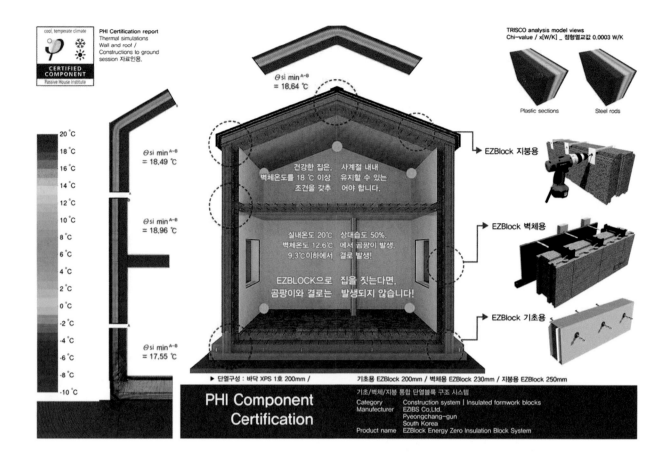

PHI Component
Certification

▶ 단열구성 : 바닥 XPS 1호 200mm / 기초용 EZBlock 200mm / 벽체용 EZBlock 230mm / 지붕용 EZBlock 250mm

기초/벽체/지붕 통합 단열블록 구조 시스템

Category	Construction system | Insulated formwork blocks
Manufacturer	EZIBS Co,Ltd. Pyeongchang-gun South Korea
Product name	EZBlock Energy Zero Insulation Block System

2-3 현장 가공을 최소화할 수 있는 규격화된 모듈계획

이지블럭은 코너형 모듈, 900mm, 600mm, 300mm, 200mm, 100mm 단위의 모듈로 구성되어 있다. 각각 골조에 고정하고 외장재를 받치는 고강도 플라스틱으로 만들어진 커넥터를 결합할 수 있어, 현장에서 레고블럭 조립하듯이 시공이 가능하다. 이처럼 건축시공에서 모듈을 이용한 규격화된 설계는 품질 향상과 효율성을 도모할 수 있는 중요한 전략으로 볼 수 있다.

일관된 품질 보장 | 모듈화된 설계는 특정 부품이나 요소를 표준화된 모듈로 개발하고 사용함으로써 시공 품질을 높일 수 있다. 일관된 표준에 따라 제작되는 모듈이 동일하게 시공되면 단열성능 및 외장재 고정을 위한 안전성 등의 품질 수준을 보장할 수 있기 때문이다.

시공 속도 향상 | 규격화된 모듈을 사용하면 시공 속도가 빨라진다. 현장에서의 조립이 간단하고 신속하게 이루어질 수 있기 때문에 프로젝트 완료 시간이 단축되고 현장에서 자재를 절단하거나 붙이기 위한 불필요한 공기 연장을 최소화할 수 있다.

비용 절감 | 모듈화는 생산성을 높이고 시공 기간을 줄이는 데 도움이 된다. 전반적으로 비용을 절감할 수 있고, 물량을 정확하게 파악하여 소량의 여유분만 추가하여 주문이 가능하다. 이로써 초기 자재비의 증가 요소를 줄여주며, 시공에 필요한 노동력과 시간을 최소화한다.

프로젝트 관리 용이성 | 이지블럭 표준 모듈을 사용하면 프로젝트 관리가 효율적이다. 3D 이미지에 색으로 분류되어 파악되는 모듈을 현장에서 직관적으로 확인하고 오류를 검토하거나 수정이 편리하도록 가이드해 줄 수 있다.

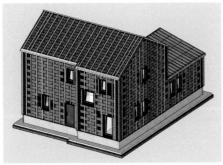 

2-4 스틸하우스 샵 드로잉 작업

스틸하우스를 설계할 때 사전에 골조를 3D 프로그램을 이용하여 모델링하고 시공 과정에서의 문제들을 사전에 시뮬레이션할 수 있는 만큼 여러 가지 장점을 가지고 있다.

시각적인 검토 및 디자인 향상 | 3D 모델링을 통해 구조와 디자인을 시각적으로 검토하고, 설계 과정에서 검토하지 못했던 잠재적인 문제나 개선할 부분을 더 빠르게 파악하고 수정할 수 있다.

구조 안정성 및 시공성 사전 평가 | 스틸하우스 샵 전문가가 직접 3D 시뮬레이션을 통해 건물의 안정성 및 시공과정을 고려한 구조를 검토한다. 이는 구조계산으로 도출된 내용을 현장에서 적용함에 있어 시공 부분까지 고려한 구조적인 문제를 미리 발견하고 수정함으로써 안전성 및 시공성을 확보할 수 있다.

비용 절감과 생산성 향상 | 샵드로잉의 검토를 통해 설계와 구조 분석을 더 효율적으로 수행할 수 있다. 사전에 발견된 문제를 수정함으로써 현장에서의 수정 및 재작업 비용을 줄이고 전반적인 생산성을 향상시킬 수 있다.

협업 및 의사소통 강화 | 3D 모델로 입체적인 형상을 이용하면 설계자, 건축가, 구조 엔지니어, 시공사 등 각 전문가 간의 의사소통이 강화된다. 각 단계에서의 요구사항이 명확하게 각자에게 전달되어 협업이 원활하게 진행된다.

마감을 고려한 분석과 최적화 | 3D 샵드로잉을 이용한 시뮬레이션은 골조뿐만 아니라 마감재의 고정 및 설

치, 냉난방 및 환기장치 덕트와의 간섭 등 자세한 분석을 할 수 있다. 잠재적인 문제를 사전에 예측하여 현장에서 임의로 시공되는 부분을 막고 수정으로 인한 비용 증가를 예방할 수 있다.

건축주에 대한 시각적 설명 | 건축주에게 프로젝트를 설명할 때 샵드로잉을 작업한 3D 모델은 구조의 형상을 이해하기 쉽게 하여 건축주와 원활한 의사소통을 가능하게 해준다.

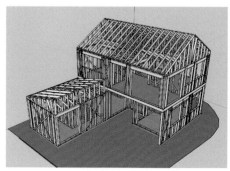 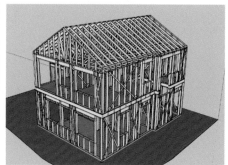

2-5 열교 시뮬레이션

열교(Heat Bridge)란 건축물의 특정 부위 단열이 취약하거나 끊김으로 인해 내부의 열에너지가 상대적으로 빠르게 이동하는 부분을 말한다. 대표적인 열교 부위는 단열재가 골조 내부에 있는 내단열 건물의 바닥 슬래브나 내벽이 외벽과 만나는 부분에서 단열재가 끊기게 되면서 열이 빠져나가는 통로가 된다. 이러한 부분은 열에너지 손실뿐만 아니라 표면 온도 저하로 인해 결로나 곰팡이와 같은 하자가 발생할 수 있다. 이 부분이 주거시설에서 중요한 검토 대상으로 주택설계 시 열교를 저감할 수 있는 설계안이 반영되어야 한다.

에너지효율 향상 | 관련 연구 논문에 따르면 1970년대 주택에서 열교가 차지하는 비중이 7~17%인데 비해 전체적인 단열기준이 강화된 현재 주택에서 열교가 차지하는 비중은 18~28%에 이르는 것으로 분석된다. 저에너지 건축물 나아가 제로에너지 건축물을 구현하기 위해서는 열교를 통한 에너지 손실을 반드시 해결해야 한다.

내부 결로 및 곰팡이 발생 예방 | 집의 전반적인 단열 수준이 낮은 예전에는 열에너지가 벽체, 지붕, 창 등 거의 모든 요소로 열에너지가 빠져나가기 때문에 오히려 열교가 발생하는 부분이 있어도 특별히 하자가 생기지 않았다. 하지만 건축 단열기준이 강화되면서 열교 부위에서만 열 손실이 집중되면서 해당 표면의 온도가 내려가고, 집안의 습기가 열교 부위로만 몰려 결로나 곰팡이 발생 정도가 더욱 심해진 것이다. 이는 건축물 마감재 손상의 원인이 되는 하자이기도 하지만 거주자의 건강에도 좋지 못하므로 현시점에서 건축물을 설계할 때 꼭 검토해야 할 대상이다. 이러한 열교를 줄이기 위해서는 건축자재의 열적 성능 및 실제 시공 시 적용되는 자재나 결합 방법 등을 고려해야 한다. 부득이한 경우 전문 시뮬레이션 프로그램을 이용해 열교가 발생하더라도 내부에서 결로나 곰팡이까지 발생할 정도인지, 하자 발생이 예상된다면 어떻게 보완하여 열교를 예방할 수 있을지를 열교 방지 특수 건축자재 및 디테일을 적용하여 설계해야 한다. 다음은 열교 시뮬레이션을 통해 에너지 손실량 및 결로와 곰팡이 발생 가능성을 검토한 사례이다.

1 기초

열교분석

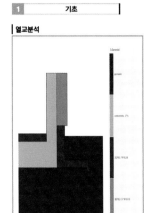

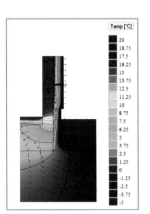

구성 #1 (땅을 포함한 바닥)

구성	열전도율	두께	열저항
-	[W/(mK)]	[m]	[㎡K/W]
外 외부표면전달			0.043
1 복합열전달체	0.097	0.65	6.701
2			0.000
3			0.000
内 내부표면전달			0.086
R-Value [㎡K/W]			6.830
U-Value [W/(㎡K)]			0.146
Length [m]			1.900

구성 #2

구성	열전도율	두께	열저항
-	[W/(mK)]	[m]	[㎡K/W]
外 외부표면전달			0.043
1 철근콘크리트	2.300	0.2	0.087
2 EPS 2-3	0.033	0.2	6.061
3			0.000
内 내부표면전달			0.110
R-Value [㎡K/W]			6.301
U-Value [W/(㎡K)]			0.159
Length [m]			1.800

열교값 (W/mK)

Total Flows	외부온도	내부온도	L₂D
[W/m]	[℃]	[℃]	[W/(mK)]
20.06	-5	20	0.802

$$L_{2D} - U_1L_1 - U_2L_2 = Psi$$

| 0.802 | 0.278 | 0.286 | 0.238 |

---

2 파라펫

열교분석

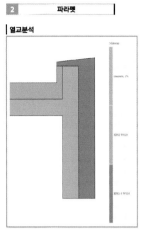

구성 #1

구성	열전도율	두께	열저항
-	[W/(mK)]	[m]	[㎡K/W]
外 외부표면전달			0.043
1 철근콘크리트	2.300	0.2	0.087
2 XPS 2	0.029	0.2	6.897
3			0.000
内 내부표면전달			0.110
R-Value [㎡K/W]			7.137
U-Value [W/(㎡K)]			0.140
Length [m]			1.470

구성 #2

구성	열전도율	두께	열저항
-	[W/(mK)]	[m]	[㎡K/W]
外 외부표면전달			0.043
1 철근콘크리트	2.300	0.2	0.087
2 EPS 2-3	0.033	0.2	6.061
3			0.000
内 내부표면전달			0.110
R-Value [㎡K/W]			6.301
U-Value [W/(㎡K)]			0.159
Length [m]			1.400

열교값 (W/mK)

Total Flows	외부온도	내부온도	L₂D
[W/m]	[℃]	[℃]	[W/(mK)]
13.654	-5	20	0.546

$$L_{2D} - U_1L_1 - U_2L_2 = Psi$$

| 0.546 | 0.206 | 0.223 | 0.118 |

---

3 1층 도어 및 창호 SILL

열교분석

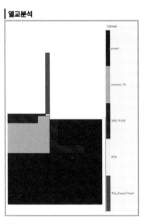

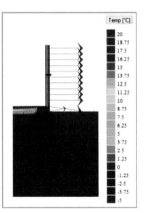

구성 #1 (땅을 포함한 바닥)

구성	열전도율	두께	열저항
-	[W/(mK)]	[m]	[㎡K/W]
外 외부표면전달			0.043
1 복합열전달체	0.100	0.65	6.512
2			0.000
3			0.000
内 내부표면전달			0.086
R-Value [㎡K/W]			6.641
U-Value [W/(㎡K)]			0.151
Length [m]			1.850

구성 #2

구성	열전도율	두께	열저항
-	[W/(mK)]	[m]	[㎡K/W]
外 외부표면전달			0.043
1 인슐레이션 프레임	0.130	0.07	0.538
2			0.000
3			0.000
内 내부표면전달			0.110
R-Value [㎡K/W]			0.691
U-Value [W/(㎡K)]			1.446
Length [m]			1.000

열교값 (W/mK)

Total Flows	외부온도	내부온도	L₂D
[W/m]	[℃]	[℃]	[W/(mK)]
45.06	-5	20	1.802

$$L_{2D} - U_1L_1 - U_2L_2 = Psi$$

| 1.802 | 0.279 | 1.446 | 0.078 |

---

6 기둥 및 벽체 열교 (C1_내측)

열교분석

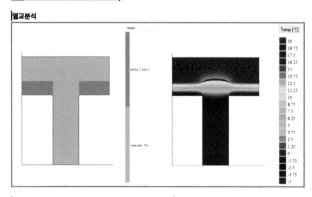

열관류율 #1

구성	열전도율	두께	열저항
-	[W/(mK)]	[m]	[㎡K/W]
外 외부표면전달			0.043
1 철근콘크리트	2.3	0.35	0.152
2 EPS 2-3	0.033	0.2	6.061
3			0.000
内 내부표면전달			0.086
R-Value [㎡K/W]			6.342
U-Value [W/(㎡K)]			0.158
Area [㎡]			1.000

열관류율 #2

구성	열전도율	두께	열저항
-	[W/(mK)]	[m]	[㎡K/W]
外 외부표면전달			0.043
1			0.000
2			0.000
3			0.000
内 내부표면전달			0.110
R-Value [㎡K/W]			0.153
U-Value [W/(㎡K)]			6.536

열관류율 #3

구성	열전도율	두께	열저항
-	[W/mK]	[m]	[㎡K/W]
外 외부표면전달			0.043
1			0.000
2			0.000
3			0.000
内 내부표면전달		0.110 Area (㎡)	0.000

열교값 (W/K)

Σ pos. flows	외부온도	내부온도	L₃D
[W]	[℃]	[℃]	[W/K]
15.01	-5	20	0.600

$$L_{3D} - U_1A_1 - U_2A_2 - U_3A_3 = Chi$$

| 0.600 - 0.157 - 0 - 0 = 0.44271 |

2-5 태양광 발전 패널을 통한 전력 생산량 검토

계획안 중 경사지붕 최고 높이를 9M 이하로 만들기 위해 태양광 발전 최적 각도인 30도보다 낮은 25도 정도로 계획해야 하는 경우가 있었다. Energy#이라는 프로그램을 이용하여 해당 지역의 기후 테이터를 기반으로 발전량을 검토해서 0.75% 정도의 손실만 발생한다는 결과를 확인하여 제시하였다. 막연하게 '큰 문제는 없을 겁니다'라는 대답이 아닌 구체적인 숫자로 설명하여 건축주의 걱정을 덜 수 있었다.

계획안1 | 태양광 설치각도 30도 검토

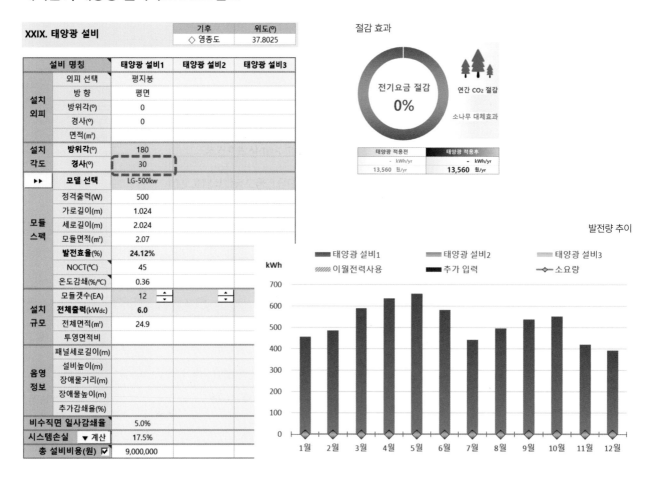

XXIX. 태양광 설비

기후	위도(°)
◇ 영종도	37.8025

설비 명칭		태양광 설비1	태양광 설비2	태양광 설비3
설치 외피	외피 선택	평지붕		
	방향	평면		
	방위각(°)	0		
	경사(°)	0		
	면적(m²)			
설치 각도	방위각(°)	180		
	경사(°)	30		
▶▶	모델 선택	LG-500kw		
모듈 스펙	정격출력(W)	500		
	가로길이(m)	1.024		
	세로길이(m)	2.024		
	모듈면적(m²)	2.07		
	발전효율(%)	24.12%		
	NOCT(°C)	45		
	온도감쇄(%/°C)	0.36		
설치 규모	모듈갯수(EA)	12		
	전체출력(kWdc)	6.0		
	전체면적(m²)	24.9		
	투영면적비			
음영 정보	패널세로길이(m)			
	설비높이(m)			
	장애물거리(m)			
	장애물높이(m)			
	추가감쇄율(%)			
비수직면 일사감쇄율		5.0%		
시스템손실 ▼ 계산		17.5%		
총 설비비용(원) ☑		9,000,000		

절감 효과

전기요금 절감
0%

연간 CO₂ 절감
소나무 대체효과

태양광 적용전	태양광 적용후
- kWh/yr	- kWh/yr
13,560 원/yr	13,560 원/yr

발전량 추이

태양광 설비1   태양광 설비2   태양광 설비3
이월전력사용   추가 입력   소요량

XXX. 태양광 발전   시스템출력 : 6 kW, 생산량 : 6,254 kWh/yr, 의존률 : 0%

전년도 이월(kWh)	4,084	1월	2월	3월	4월	5월	6월	7월	8월	9월	10월	11월	12월	합계
태양광 설비1	일사량(kWh)	2,312	2,497	3,090	3,428	3,601	3,215	2,428	2,747	2,969	2,990	2,192	1,996	33,466
	발전량(kWh)	457	486	590	637	659	583	442	496	538	553	420	393	6,254
태양광 설비2	일사량(kWh)													0
	발전량(kWh)													0
태양광 설비3	일사량(kWh)													0
	발전량(kWh)													0
추가 입력	발전량(kWh)													
태양광 발전량 합계(kWh)		457	486	590	637	659	583	442	496	538	553	420	393	6,254
태양광 의존률	소요량(kWh)	0	0	0	0	0	0	0	0	0	0	0	0	0
	공급량(kWh)	4,540	5,026	5,617	6,254	6,913	7,496	7,938	8,434	8,972	9,524	9,944	10,338	
	이월전력사용													0
	의존률(%)	100%	100%	100%	100%	100%	100%	100%	100%	100%	100%	100%	100%	0%

전년도 잉여 전력이 있는 경우 2년차 시뮬레이션 가능 (발전조건 변경시 다시 클릭!) → **2년차 계산**

계획안1 | 태양광 설치각도 25도 검토

XXIX. 태양광 설비

기후	위도(°)
◇ 영중도	37.8025

설비 명칭		태양광 설비1	태양광 설비2	태양광 설비3
설치 외피	외피 선택	평지붕		
	방향	평면		
	방위각(°)	0		
	경사(°)	0		
	면적(m²)			
설치 각도	방위각(°)	180		
	경사(°)	25		
▶▶	모델 선택	LG-500kw		
모듈 스펙	정격출력(W)	500		
	가로길이(m)	1.024		
	세로길이(m)	2.024		
	모듈면적(m²)	2.07		
	발전효율(%)	24.12%		
	NOCT(℃)	45		
	온도감쇄(%/℃)	0.36		
설치 규모	모듈갯수(EA)	12		
	전체출력(kWdc)	6.0		
	전체면적(m²)	24.9		
	투영면적비			
음영 정보	패널세로길이(m)			
	설비높이(m)			
	장애물거리(m)			
	장애물높이(m)			
	추가감쇄율(%)			
비수직면 일사감쇄율		5.0%		
시스템손실 ▼ 계산		17.5%		
총 설비비용(원) ☑		9,000,000		

절감 효과

전기요금 절감
0%

연간 CO₂ 절감

소나무 대체효과

태양광 적용전	태양광 적용후
- kWh/yr	- kWh/yr
13,560 원/yr	13,560 원/yr

발전량 추이

XXX. 태양광 발전

시스템출력 : 6 kW, 생산량 : 6,207 kWh/yr, 의존률 : 0%

전년도 이월(kWh)	4,084		1월	2월	3월	4월	5월	6월	7월	8월	9월	10월	11월	12월	합 계
태양광 설비1	일사량(kWh)		2,216	2,425	3,052	3,439	3,653	3,281	2,479	2,781	2,950	2,923	2,111	1,910	33,219
	발전량(kWh)		439	472	584	639	668	594	451	502	535	541	405	377	**6,207**
태양광 설비2	일사량(kWh)														
	발전량(kWh)														
태양광 설비3	일사량(kWh)														
	발전량(kWh)														
추가 입력	발전량(kWh)														
태양광 발전량 합계(kWh)			439	472	584	639	668	594	451	502	535	541	405	377	6,207
태양광 의존률	소요량(kWh)														
	공급량(kWh)		4,522	4,995	5,578	6,218	6,885	7,480	7,931	8,433	8,968	9,508	9,913	10,290	
	이월전력사용														
	의존률(%)		100%	100%	100%	100%	100%	100%	100%	100%	100%	100%	100%	100%	

전년도 잉여 전력이 있는 경우 2년차 시뮬레이션 가능 (발전조건 변경시 다시 클릭)

6,254kWh에서 0.75% 낮은 발전률로 검토 / 디자인 변경시 지붕 각도를 조정하여도 문제 없을 것으로 판단

3. 패시브하우스 인증

(사)한국패시브건축협회에서 정한 기준을 바탕으로 패시브하우스 인증을 진행하고 있다. 설계자 또는 시공자가 아닌 제3자를 통해 검증을 받음으로써 조금 더 객관적인 평가가 가능하다. 특히 문서나 도면만으로 판단하는 것이 아니라 시공 중간에 중간기밀테스트, 준공단계에서 최종 기밀테스트로 직접 틈새 바람이 얼마나 들어오는지 장비를 가지고 확인하는 작업이 진행된다. 서류만으로 주택의 성능을 검증하는 다른 인증과 차별화되는 특성이라고 생각한다.

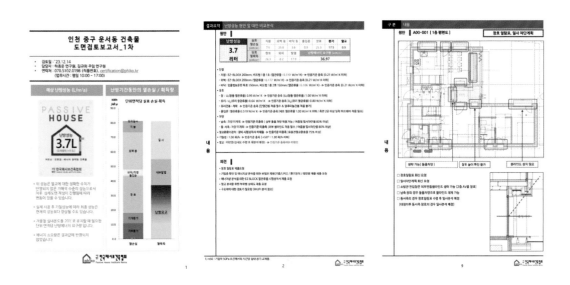

그리고 한국패시브건축협회 인증에서는 국내에서 거의 유일하게 WUPI라는 프로그램을 이용하여 벽체 내부에서 이동하는 습기와 온도 조건을 시뮬레이션하여 내부에서 곰팡이가 발생할 가능성이 있는지를 해당 지역의 기후데이터를 기반으로 확인할 수 있다.

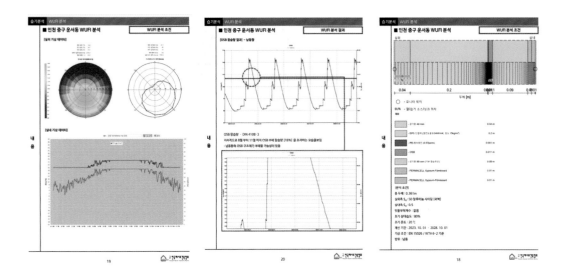

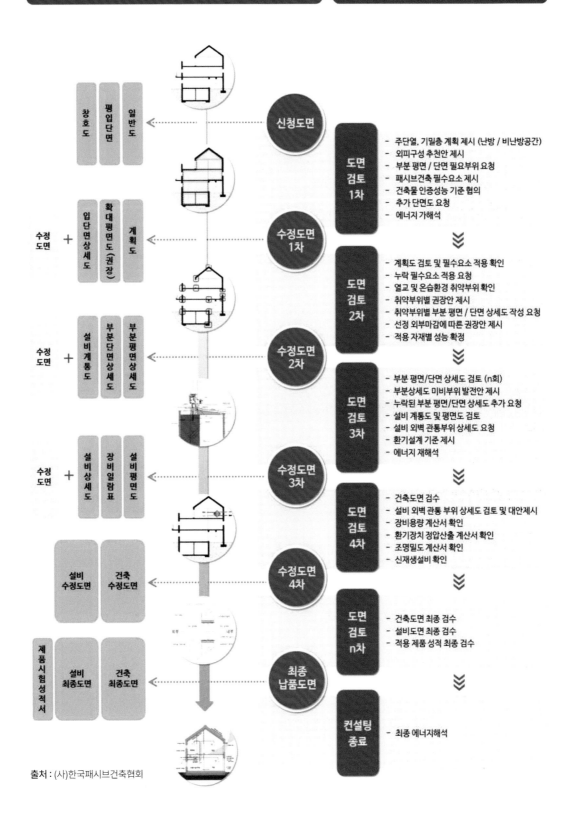

제출도서 목록(신청기관)

도면 검토 보고서(PHIKO)

신청도면
- 창호도
- 평입단면
- 일반도

도면 검토 1차
- 주단열, 기밀층 계획 제시 (난방 / 비난방공간)
- 외피구성 추천안 제시
- 부분 평면 / 단면 필요부위 요청
- 패시브건축 필수요소 제시
- 건축물 인증성능 기준 협의
- 추가 단면도 요청
- 에너지 가해석

수정도면 1차
- 임단면상세도
- 확대평면도(권장)
- 계획도

수정도면 +

도면 검토 2차
- 계획도 검토 및 필수요소 적용 확인
- 누락 필수요소 적용 요청
- 열교 및 온습환경 취약부위 확인
- 취약부위별 권장안 제시
- 취약부위별 부분 평면 / 단면 상세도 작성 요청
- 선정 외부마감에 따른 권장안 제시
- 적용 자재별 성능 확정

수정도면 2차
- 설비계통도
- 부분단면상세도
- 부분평면상세도

수정도면 +

도면 검토 3차
- 부분 평면/단면 상세도 검토 (n회)
- 부분상세도 미비부위 발전안 제시
- 누락된 부분 평면/단면 상세도 추가 요청
- 설비 계통도 및 평면도 검토
- 설비 외벽 관통부위 상세도 요청
- 환기설계 기준 제시
- 에너지 재해석

수정도면 3차
- 설비상세도
- 장비일람표
- 설비평면도

수정도면 +

도면 검토 4차
- 건축도면 검수
- 설비 외벽 관통 부위 상세도 검토 및 대안제시
- 장비용량 계산서 확인
- 환기장치 정압산출 계산서 확인
- 조명밀도 계산서 확인
- 신재생설비 확인

수정도면 4차
- 설비 수정도면
- 건축 수정도면

도면 검토 n차
- 건축도면 최종 검수
- 설비도면 최종 검수
- 적용 제품 성적 최종 검수

최종 납품도면
- 제품시험성적서
- 설비 최종도면
- 건축 최종도면

컨설팅 종료
- 최종 에너지해석

출처 : (사)한국패시브건축협회

225

4. 복사냉난방 적용

본 건물은 태양광발전을 통해 생산한 전기로 열교환환기장치+복사냉난방, 제습을 구현하는 설비 시스템을 계획하였다. 패시브하우스 자재를 공급하는 ㈜잡자재에서 공급하는 시스템으로 유럽산 환기장치인 컴포벤트에 별도의 히트펌프와 물탱크, 제어장치로 일반적인 시스템에어컨 없이 건물 내부를 항상 일정한 온도와 습도로 유지해 건강하고 쾌적한 실내환경을 만들어 줄 수 있는 시스템이다. 에어컨 바람을 싫어하는 분들에게 추천할 만하다. 본 건물은 전기차 충전까지 고려하여 9kwp의 태양광패널을 설치하여 탄소제로 건축물을 목표로 하고 있다.

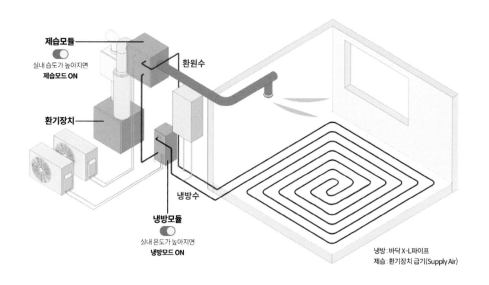

냉방 : 바닥 X-L파이프
제습 : 환기장치 급기(Supply Air)

	에어컨 - 대류냉방	COOLFORT - 복사냉방
방식	대류	복사
쾌적도	국소적 과냉각	균일하고 쾌적한 체감온도
오염도	부유물, 레지오넬라균, 필터오염 등	필터링된 공기를 이용
소음	실내기 소음 발생	무소음
열 이동매체	공기 (낮은 비열)	물 (높은 비열)
소비전력량	상대적 높음	상대적 낮음

여름철에는 고온 다습하고 겨울철에는 한랭 건조한 기후를 보이는 우리나라는 환기, 냉방, 그리고 제습이 모두 필요한 기후적 특성을 가지고 있다. 즉, 온도뿐만 아니라 습도 관리가 매우 중요한 것이다. ㈜잡자재의 복사냉방 시스템 COOLFORT는 냉방 열 교환 효율이 높은 컴포벤트사 환기장치와 고효율 히트펌프를 연계하여 최소한의 소비전력으로 24시간 쾌적한 온습도를 유지할 수 있다.

EXPECTATION
환기설계안 1층

환기장치 설치 위치

komfovent

급기 디퓨저
천정형   벽부형

회기 디퓨저
천정형   벽부형

Supply Zone
급기 필요 구역

Extract Zone
배기 필요 구역

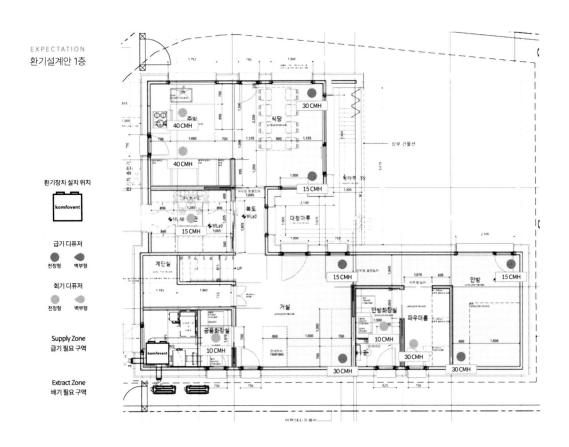

EXPECTATION
환기설계안 2층

환기장치 설치 위치

komfovent

급기 디퓨저
천정형   벽부형

회기 디퓨저
천정형   벽부형

Supply Zone
급기 필요 구역

Extract Zone
배기 필요 구역

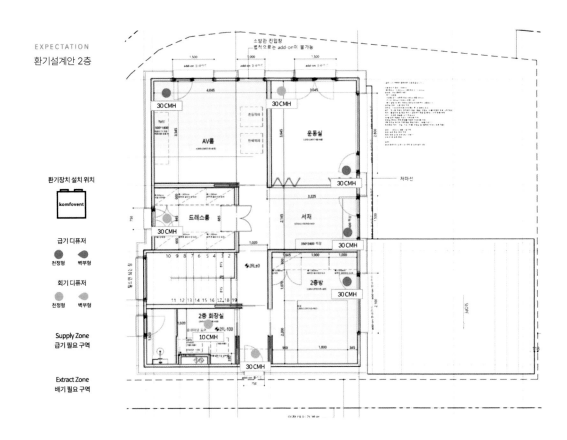

5. 상세도가 포함된 실시설계도서를 통한 시공 금액 협의

대부분 건축주들이 '집을 지으면서 10년은 늙는다'고 할 정도로 스트레스 받는 요인 중 하나가 예상치 못한 공사비의 증가 때문이다. 대부분 평면도, 단면도, 입면도 등 몇 장으로만 구성된 도면으로 공사를 진행하다 보니 건축재료나 마감 방식 등이 명확하게 정해지지 않는 경우가 적지 않았다. 그로 인해 시공사는 종전 방식을 고집하고, 건축주는 나름 상상했던 바가 현장에서 구현되지 않으면서 수정이 발생하고 공사비가 증가되면서 비용정산 문제로 서로 다투는 경우가 종종 발생한다. 이러한 분쟁을 방지하기 위해서는 처음부터 시공사와 건축주 사이에서 명확한 약속을 하는 것이 중요하다. 그 약속의 근거는 상세도가 포함된 도면이다. 도면이 명확하면 변경이 발생하더라도 어떤 자재가 얼마만큼의 수량이 증가하거나 감소하는지 가늠할 수 있는 기준이 되기 때문이다.

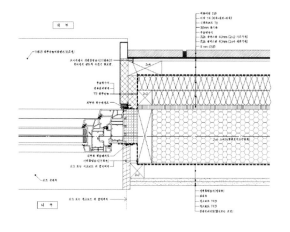

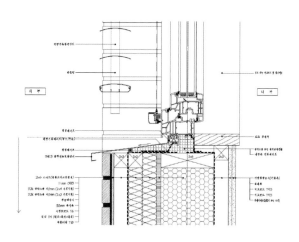

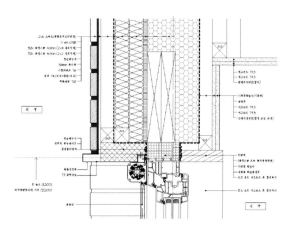

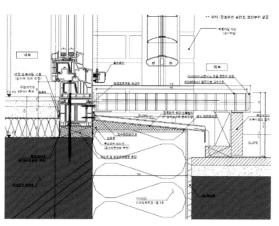

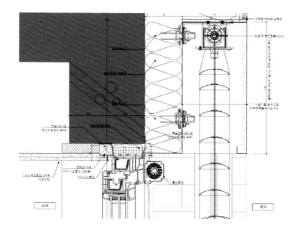

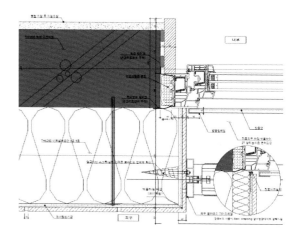

패시브건축으로 풀어보는
목조주택 설계&시공 디테일

* PROJECT③ 목조주택의 패시브 적용과 향후 과제

글&자료 제공 : 디엔에이건축사사무소 신범석 건축사

경제 성장과 더불어 전 세계 에너지사용량은 지속적으로 증가하고 있다. 2040년 1차 에너지 수요가 2017년보다 약 27% 증가할 것으로 전망될 정도이다. 특히 석유, 석탄, 천연가스 등이 머지 않은 미래에 고갈된다는 우려와 함께 화석연료 사용 증가로 인한 폭설, 한파 등의 이상기후 현상, 북극 빙하의 해동에 의한 해수면 상승, 미세먼지 증가 등 여러 문제에 직면해 있다. 그 해결책 중 하나로 건축물에서 소비되는 에너지에 대한 인식이 개선되면서 패시브+제로에너지에 대한 관심이 늘고 있다.

1. 제로에너지건축물

제로에너지건축물이란 에너지를 애초에 사용하지 않던가 아니면 사용한 만큼 신재생에너지를 통해 에너지를 생산하여 결국 에너지 제로를 이루는 건축물을 말한다. 많은 에너지원을 수입에 의존하는 우리나라로서는 많은 관심과 노력이 필요한 분야이다.

우리는 난방, 냉방, 급탕, 조명, 환기 등의 목적으로 컴퓨터, 냉장고, 세탁기 등 수없이 많은 종류의 에너지 소비기기를 사용하고 있다. 또한, 여기에 공급되는 여러 복잡한 형태의 에너지원(전기, 가스, 석유 등)은 일원화되는 것이 바람직하나, 자세히 들여다보면 각각의 에너지의 생산 및 운반, 저장 등 에너지요구량과 소요량을 파악하여 0으로 만든다는 것은 결코 쉬운 일이 아니다. 근본적으로 에너지를 사용하지 않는다면 자연스럽게 제로에너지가 될 일이지만, 에너지를 위해 우리의 삶을 포기할 수는 없지 않은가?

2. 패시브하우스의 진정한 의미와 조건

제로에너지건축물의 시작인 패시브하우스는 단순히 에너지를 적게 쓰는 개념에서 출발한 것이 아니다. 건축물의 하자(곰팡이와 결로 등)에 대한 생성원인 및 해결방안을 연구하면서 근본적으로 '하자가 발생하지 않는 공간 = 쾌적한 공간'이라는 결론에 도달하게 되었는데, 그 공간을 구성하면 자연스럽게 에너지를 적게 사용하게 된다는 추가적인 성과물에서 비롯된 것이다. 다시 말해서 일정 수준의 냉난방에너지 사용량에 중점을 둔 것이 아니라, 쾌적성을 유지하는 데 무게를 둔 접근이다. 그렇다면 '쾌적한 공간은 어떻게 만들 수 있을까?', 그 기본적인 사항과 조건에 대한 이해가 필요하다.

• 고단열(효과적인 단열계획)

단열계획은 건물에서 외부로 손실되는 에너지를 줄이는 방법으로 각 사용단열재의 장단점을 검토하여 적재적소에 적용해야 한다. 또한, 단열성능이 좋은 건축물은 외기의 온도 변화에 영향이 적다.

• 고기밀(틈새바람의 최소화)

공기가 통하는 곳은 소리나 습이 진달된다는 것이기에, 기밀하지 못한 공간은 건축물의 부하증가 및 하자의 원인이 된다.

• 열교의 최소화(높은 표면온도)

연속적이며 기밀한 단열이 되지 않은 열교 부위는 냉난방에너지 증가는 물론 결로현상과 곰팡이로 인해 공기질 및 구조적, 시각적, 그리고 쾌적성이 하락한다.

• 패시브 에너지의 적극적 사용(일사, 내부발열, 차양)

고단열 및 고기밀 그리고 열교가 최소화되면 창문으로 들어오는 일사에너지나 인체발열, 내부 기기로만 에너지 보충이 가능하다(여름은 차양으로 차단). 열교와 기밀성이 확보되지 못한 건물에서는 폐열회수장치가 성능을 제대로 발휘하지 못하기 때문에 창문 등을 통한 '패시브 난방' 즉, 쾌적한 공간을 구성할 수 없다.

• 좋은 실내 공기질의 확보(폐열회수성능의 공기조화기)

신선한 공기를 실내로 공급하고 실내의 오염된 공기를 배출하여, 내부공간의 쾌적성과 거주자의 건강을 위한 시스템으로 외부의 공기온도를 내부의 공기온도로 변환시켜 부하를 감소시키는 폐열회수성능이 필수요건이다.

• 신재생에너지(태양광 설비등)

과하게 설치할 이유가 없으며, 필요한 만큼만 효율이 좋은 것으로 설치 적용해야 한다.

건물의 위치, 방향, 그림자
검토 [동지 기준 태양경로 및 고도]

쾌적한 공간을 구성하기 위해서는 앞서 언급된 요소 하나하나가 모자라지도 과하지도 않게 조율되고 균형되어야 한다. 즉, 고단열, 고기밀 등은 쾌적성을 유지하기 위해서 요구되는 다양한 구성요소 중 하나이며, 단순히 그 요소만을 가지고 있는 공간이 제로에너지(패시브)건축물이라고 정의할 수 없다는 말이다.

지속적으로 유입되는 신선한 공기도 좋지만 제어되지 않는 공기는 하자를 발생하는 원인이 된다. 또한 여름과 겨울의 경우, 외기 온도와 실내 온도와의 차이로 인해 환기만 된다면 실내 온도 변화폭이 커질 수밖에 없다. 그만큼 실내의 쾌적성을 유지하기 위해서는 상대습도 변화폭도 커져야 한다. 따라서 쾌적성을 위해서는 실내 온도 변화폭을 최소화해야 된다는 결론이 나온다. 그래서 강제적으로 제어하고 환기시키는 장치가 필요하게 되고, 실내 온도 변화폭을 최소화하기 위한 폐열회수 기능이 탑재된 현재의 폐열회수환기장치가 등장하게 된 것이다. 이를 위해서는 필히 건축물의 고단열과 고기밀이 전제되어야 한다. 이러한 부분이 자연스럽게 패시브+제로에너지 공간의 형태로 발전하면서, 심지어 여름철 불필요한 일사에 대한 외부차양의 필요까지 이르게 되었다.

일반 주택업체 중 고단열 등의 공간을 구성하였으니 곧 제로에너지(패시브) 공간이라고 홍보를 한다면 이는 모순이다. 거주자의 쾌적을 구체적으로 논하지 않고서는 허구일 확률이 높다.

3. 목구조로 실현하는 패시브하우스의 과제

경량목구조를 2009년에 평택 미군기지 근처의 주택현장에서 처음 접했다. 콘크리트로 대표되는 중량형 건축물만 봐왔던 필자에게 북미식 주택단지 현장의 리듬감 있는 스터드 배치와 조이스트가 결구된 구조체는 건축적 충격이었다.

목재는 주위에서 가장 흔하게 사용되던 대표적인 친환경 건축자재이다. 단위 중량당 인장강도 및 압축강도가 철이나 콘크리트보다 높다. 또한 가벼운 목재의 특성으로 구조적인 단순함에 일체화된 구조를 이루면서 건물 자체가 유연성이 높다. 그만큼 외부의 진동으로부터 충격을 흡수하는 능력이 우수하다. 특히 구조체인 스터드 사이에 단열이 가능하여 중량형 건물에 비해 벽체두께가 얇아져 상대적으로 내부공간의 활용도가 높아지는 이점도 있다. 반면, 단점으로는 나무라는 재료 자체가 시공 후 건조를 통한 볼륨의 뒤틀림이 발생하는 경우가 많아 시공 시 무엇보다도 함수량 체크에 신중해야 한다.

목조주택에 사용되는 목재 중 골조부재로는 규격 구조재 또는 공학목재가, 덮개로는 OSB 또는 구조용 합판 등의 목질 판재가 사용된다. 이들 목재제품은 공히 구조용으로 인증된 것을 사용해야 한다. 그런데, 최근 일부 현장에서 인증되지 않는 자재 사용이 간혹 눈에 띈다. 건축주 입장에서도 신경써서 확인해야 할 부분이다.

관련 구조기준으로는 KDS 41 33 00(건축구조기준 - 목구조)에 따라 구조계산을 거쳐 설계하는 방법과 2018년에 제정된 KDS 41 90 33(소규모건축구조기준 - 목구조)에 따라서 정해진 규정을 준수하여 구조설계를 하는 방법이 있다.

목조주택은 다른 구조보다 열, 공기, 습의 흐름을 계획단계부터 검토해야 한다. 중단열 또는 외단열, 중+외단열 복합방식 적용에 따른 벽체 레이어 검토, 단열재 종류(글라스울, 셀룰로이드 등)에 따른 모세관현상의

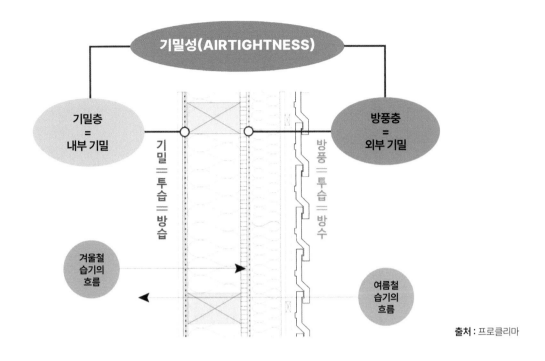

출처 : 프로클리마

습기로 인한 피해 검토 등이 이에 속한다. 추가적으로 최근에는 목구조재에 대한 열교 문제로 인해 적극적인 외단열로 구성되는 시스템이 제안되고 있다.

우리나라는 외국과 달리 여름에는 고온다습하고, 겨울에는 저온저습한 극한의 환경이라 적합한 벽체를 구성해야 한다. 즉, 외국의 방식을 여과 없이 적용하면 안 된다. 그런데도 아직도 그대로 무문별하게 사용하고 있는 국내 목조주택 시장이 안타까울 따름이다. 올바르게 적용하기 위해서는 무엇보다도 단열층과 구조층, 방습층과 기밀층, 방풍층과 투습층에 대한 이해가 우선이다. 어디에 배치할 것인지를 명확하게 설계하기 위해 올바른 습 이동에 대한 에너지 관련 시뮬레이션(WUFI)으로 검증(역결로 등)을 거쳐야 한다.

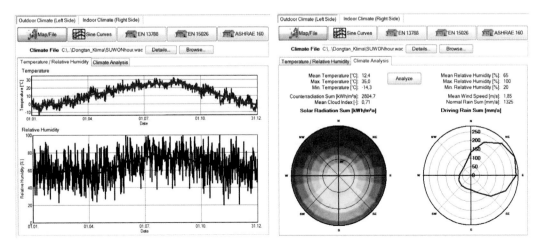

실외 온도와 상대습도의 변화　　　　　　　　　　　　　　　　방향별 실외 들이치는 빗물(Driving rain)

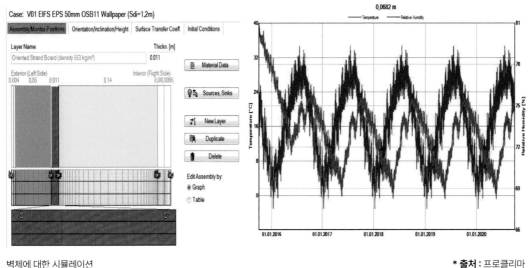

Case: V01 EIFS EPS 50mm OSB11 Wallpaper (Sdi=1,2m)

벽체에 대한 시뮬레이션

예전 건축은 자연에 순응하는 건축이었다. 현대의 건축은 기술 발전을 이루면서 정확히 시공된다면 사전에 하자에 대한 시뮬레이션 검토와 공사 중에 정량적인 검토가 가능하다.

· 건축물 에너지 분석(Energy#)
· 부위별 열교 해석(HEAT)
· 벽체온습도 안정성 검토(WUFI)
· 기밀테스트
· 환기장치 풍량 설정(TAB)

그러나, 국내 목조주택 시장은 외장재료만 바뀌었을 뿐, 국내에 목구조가 도입된 시기의 기술에서 크게 벗어나지 못하고 있다. 전체 건축시장에서 목구조가 차지하는 영역이 작다 보니 건축사조차 관심이 적다. 더욱이 이른바 '평당 공사비'로 계약해 설계와 시공까지 일체의 공급이 주를 이루는 목조주택 시장에서 하자보수 기간만 넘기면 되다는 안일함이 팽배한 게 현실이다. 이로 인한 건축주의 피해를 예방하기 위해서는 방수, 습

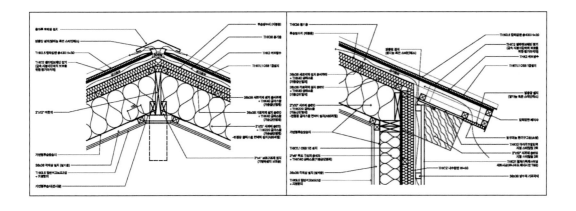

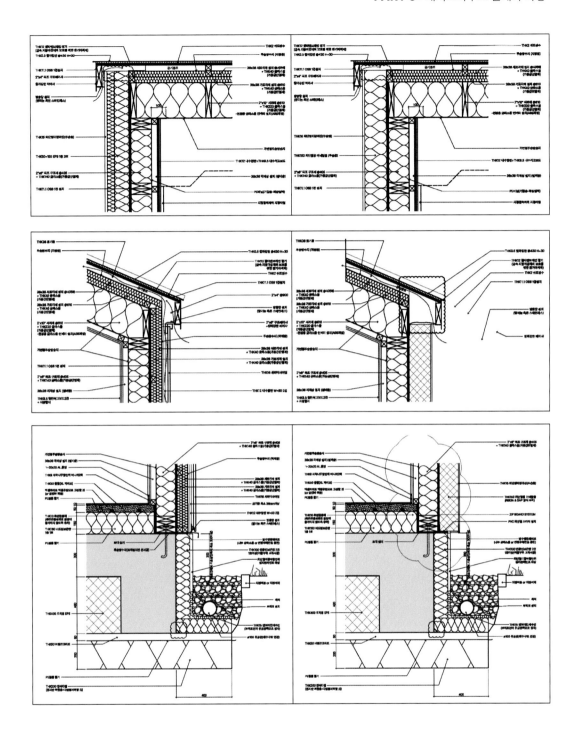

이동, 기밀, 에너지 등을 사전에 고민하는 건축사의 책임 있는 검토와 설계 디테일에 대한 해결 노력이 선행되어야 할 것이다.

'어떠한 구조가 패시브주택에 더 적합한가'를 찾기보다는 건축사가 구조별 장단점을 올바르게 이해한다면, 다양한 구조의 패시브주택 및 제로에너지주택의 발전이 이루어질 것이라 확신한다. 더구나 최근에 패시브하우스를 상담하는 건축주를 보면 처음부터 패시브하우스에 관심을 가진 게 아니다. 하자 없는 집을 짓기 위해 공부를 하면서 자연스럽게 패시브하우스라는 결론에 다다르게 된 것이다. '하자 없는 공간이 패시브하우스'라는 인식의 확장이 반갑게 느껴진다.

PART4
패시브하우스
자재 소개

INTRODUCING PASSIVEHOUSE MATERIALS

❖ 하자 방지 솔루션

역전지붕

페데스탈_쇄석 상부 석재 지지대
▶ 역전지붕의 원활한 배수와 통풍을 통한 지붕외피 안정성 확보. 원통형 페데스탈 사용 시 발생하는 단열재 눌림 현상과 타일 탈락 방지.

SIGA Majcoat 150
▶ 역전지붕 구성에서 단열재 상부에 위치하여 비와 바람의 유입을 방지하는 동시에 구조체 내부 습기를 방출. -지붕용 투습/방수/방풍지

빅풋_평지붕 외단열 기기 지지대
▶ 평지붕에 대형 기기류 설치를 위한 지지대로 기기 하중을 넓은 면적으로 분포시켜 지붕의 단열재 및 방수층 훼손 방지.

배수판
▶ 전체 면적의 최소 1/3 이상 타공, 30mm의 높이 확보로 원활한 배수가 가능하며, 투습방수지 및 단열재 손상을 방지.

화장실

이중배수구 (수직 편심형)
▶ 화장실 사모래층에 유입된 수분을 배출하여 화장실 문 앞 마루 변색 및 썩는 현상 방지.

수용성 멀티 프라이머 ARDEX E660
▶ 고농축 아크릴 수용성 만능 프라이머로 건조 시간이 짧고 무독성으로 다공성 표면이나 흡수가 많은 바탕면에 도포하여 방수제, 타일 접착제 등의 접착력 향상.

방수테이프 ARDEX SK90
▶ 도막 방수 시공 전 누수 하자에 취약한 부위인 코너 및 조인트, 드레인 주변, 수전 주변 등에 적용하는 보강 방수 테이프.

일액형 탄성 도막 방수제 WPM 003
▶ 우수한 탄성으로 건물의 유동성에 의한 균열 누수 하자를 방지. 별도의 혼합과정 필요없으며 짧은 양생시간, 강한 타일 접착력, 적은 냄새로 시공성과 시공자의 건강까지 고려.

외벽 관통부

기밀이_패드형 S(관통부 배관 기밀자재)
▶ 뛰어난 온도저항과 우수한 신장률, 찢김강도 등으로 배관과 전기 인입선의 관통 부위 기밀 작업에 적합.관통 부위 누기 및 침기로 인한 결로, 곰팡이 하자 방지.

MOVA 고밀도 EPS 배관
▶ 관통부 골조면 품질에 관계없이 시공이 간편하며 일반 보온 플렉시블 배관 시공 시 발생하는 찢김, 변형 등 단열 성능 저하에 의한 결로 하자 방지.

SIGA Wigluv 60
▶ 투습/방수/방풍 성능, 반영구적으로 테이프 접착력 유지(비경화) - 외부용 기밀 테이프

OUTSIDE   **INSIDE**

SIGA Rissan 60
▶ 뛰어난 유연성 & 강한 접착력으로 멤브레인, 관통부 기밀 처리. - 내부용 기밀 테이프

수달 에코폼소프트(연질폼)
▶ 수축 팽창에도 파손되지 않는 우수한 탄성 회복력으로 고중량의 시스템 창호에 적합. 관통부 열교 방지.

기밀이_캡형(전기 인입선 기밀자재)
▶ 조명이나 센서의 전기선 인입부가 기밀하지 못하여 발생하는 누수 방지. 기밀한 건축물에서 습한 공기가 CD관 틈새로 유입되어 발생하는 누전 방지.

지하층

교번 제어기
▶ 일정 수위마다 2대의 펌프를 번갈아 작동시켜 펌프 고장 및 침수 발생을 방지하는 컨트롤러. 과전류계전기(EOCR)와 알람기능 옵션으로 과전류, 고수위 등 확인 가능.

전기설비

방수콘센트(IP54)
▶ IP54 등급의 방진·방수 콘센트로 우수의 유입을 완벽하게 차단하여 옥외 노출 콘센트의 누전을 방지.

창호

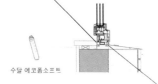

SIGA Fentrim IS 20
▶ 높은 Sd 값의 불투습 성능으로 실내의 습기가 구조체 내부로 유입되는 것을 방지. 반영구적으로 경화되지 않고 유동성 있는 창호 주변 누수 및 결로 방지 - 내부용 창호 기밀 테이프

수달 에코폼소프트

SIGA Fentrim IS 2
▶ 낮은 Sd 값의 원활한 투습 성능으로 구조체 내부의 습기를 외부로 배출. 반영구적으로 경화되지 않고 유동성 있는 창호 주변 누수 및 결로 방지
- 외부용 창호 기밀테이프

SIGA Meltell 비경화성 실란트
▶ 하이브리드 폴리머 실란트로 자외선에 장기간 노출되어도 접착력과 탄력성이 반영구적으로 유지. 실란트 경화 후 탈락에 의한 누수 방지.

환기장치

스멜스탑_역류방지 무동력 댐퍼
▶ 고기밀 건축물 양압으로 인한 결로하자방지. 역으로 들어오는 실외의 각종 악취 및 오염물질 유입 차단.

플렉시블 덕트 고정 새들
▶ 5T의 보양으로 플렉시블 배관 고정 철물에 의한 외피 손상과 겨울철 배관 결로 현상 방지.

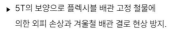

이중외피 보온 플렉시블 배관
▶ 기존 보온 플렉시블보다 단열재 15T 증가와 PE자켓 소재 외피 이중 적용으로 확실한 단열성능과 시공 시 발생하는 내피 손상 방지.

단열 플랜지
▶ 환기 장치와 OA/EA 배관 연결부 전용 플랜지. 단열재 전용 공간 확보를 통한 열교 최소화로 결로 현상 및 환기 장치 수명 저하방지.

보일러

자동 에어벤트
▶ 실시간 자동으로 보일러 배관 내 공기를 누수없이 제거하여 난방수 편심 순환을 방지.
(상향식 보일러에는 필수 설치 권장)

차압조절밸브_개별난방용
▶ 실별 온도 조절 시스템 가동 시 유량이 현저하게 줄어들어 순환펌프가 과열되는 현상과 소음을 방지.

태양광

태양광 브라켓
▶ 지붕 징크에 고정해서 설치할 수 있는 브라겟으로 지붕 및 단열재에 손상 없이 태양광 패널 설치 가능.

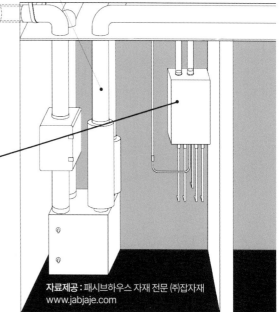

자료제공 : 패시브하우스 자재 전문 (주)잡자재
www.jabjaje.com

1 외피 안정 솔루션

1. 기밀 자재의 개요

열적 외피 구축에서 가장 중요한 부분은 벽체, 지붕, 창호 부위의 기밀이 끊어짐 없이 연속되어야 하고, 배관, 전기 인입선 등의 관통 부위가 기밀해야 한다. 또한, 적용되는 자재는 습도 제어 능력과 함께 비, 눈, 바람, 자외선 등으로부터 보호할 수 있는 내후성을 갖춰야 한다.

건축물 열적 외피 - 3중 레이어

- – – – – – 실외 투습/방수/방풍층
- ▭ 단열층
- ■■■■■■ 실내 방습/기밀층

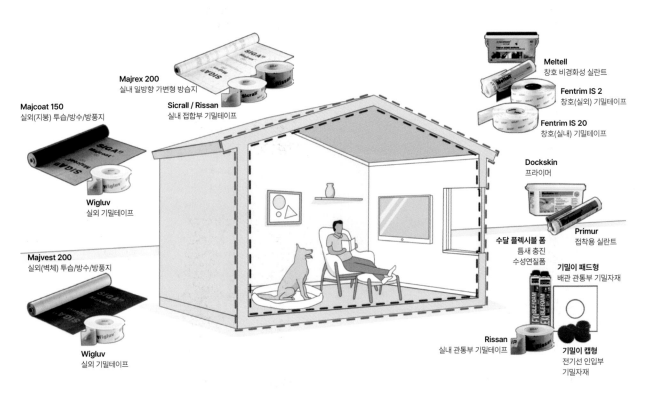

Majrex 200
실내 일방향 가변형 방습지

Majcoat 150
실외(지붕) 투습/방수/방풍지

Sicrall / Rissan
실내 접합부 기밀테이프

Wigluv
실외 기밀테이프

Majvest 200
실외(벽체) 투습/방수/방풍지

Wigluv
실외 기밀테이프

Meltell
창호 비경화성 실란트

Fentrim IS 2
창호(실외) 기밀테이프

Fentrim IS 20
창호(실내) 기밀테이프

Dockskin
프라이머

Primur
접착용 실란트

수달 플렉시블 폼
틈새 충진
수성연질폼

기밀이 패드형
배관 관통부 기밀자재

Rissan
실내 관통부 기밀테이프

기밀이 캡형
전기선 인입부
기밀자재

2. 투습 / 방수 / 방풍층, 방습 / 기밀층

2-1 자재 조건

▪ 투습 / 방수 / 방풍층

단열재는 내부에 공기의 흐름이 없고 건조한 상태일 때 성능이 가장 높다. 외부에 방수·방풍층을 구축하여 비와 눈, 바람의 침투로 인해 단열성능이 저하되는 것을 방지하고 투습성능으로 시공 단계에서 외피 내부로 침투한 습기를 건조시켜야 한다. 지붕은 비와 눈, 햇빛(UV : 자외선) 등 날씨에 직접적으로 노출되며, 시공자가 지붕 위를 밟고 작업하는 과정에서 찢김이나 훼손의 우려가 있다. 따라서 지붕용 투습·방수·방풍지는 벽체용보다 더 높은 물리적 강도를 가져야 한다.

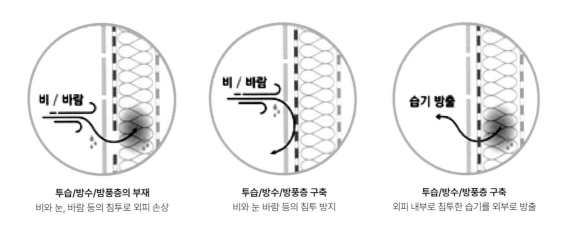

투습/방수/방풍층의 부재
비와 눈, 바람 등의 침투로 외피 손상

투습/방수/방풍층 구축
비와 눈 바람 등의 침투 방지

투습/방수/방풍층 구축
외피 내부로 침투한 습기를 외부로 방출

▪ 방습/기밀층

수증기는 확산 현상으로 수증기 농도가 높은 곳에서 낮은 곳으로 이동하려고 한다. 여름에는 수증기가 외부에서 실내로 이동하고, 반대로 겨울에는 수증기가 실내에서 외부로 이동한다. 이러한 수증기의 이동을 제어해야 외피가 건전하게 보호된다.

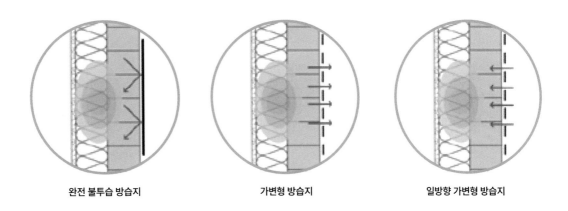

완전 불투습 방습지

가변형 방습지

일방향 가변형 방습지

완전 불투습 방습지 : 실내 방습지로 흔히 사용되는 PE 비닐은 완전 불투습 자재다. 가장 큰 단점은 여름에 외피 내부로 침투한 외부 습기가 실내 쪽으로 건조될 수 없어 역결로가 발생하는 것이다. 따라서 우리나라의 기후에는 적합하지 않다.

가변형 방습지 : 일반적인 가변형 방습지는 주변 상대습도에 따라 투습저항 성능(Sd 값)을 제어한다. 습한 여름에는 Sd 값을 낮춰(투습) 외피 내부로 침투한 외부 습기를 실내 쪽으로 건조시킬 수 있다. 반대로 건조한 겨울에는 Sd 값을 높여(방습) 실내 습기가 외피 내부로 이동하지 못하게 차단한다. 하지만 이때 실내에서 습도가 급격히 올라가면 방습지의 Sd 값이 낮아지고, 외부의 찬 공기와 만나 결로가 발생한다.

일방향 가변형 방습지 : 일방향 가변형 방습지는 우리나라 기후에 가장 적합한 실내 기밀층 솔루션이다. 실내에서 외피 내부 방향의 수증기 이동은 최소화하고, 외피 내부에서 실내 방향의 수증기 이동을 극대화하여 건축물 외피를 영구적으로 건전하게 보호한다.

2-2 자재 종류

▪ 투습/방수/방풍층, 방습/기밀층

일방향 가변형 방습지 Majrex 200

수분을 한 방향으로만 이동시키는 일방향 가변형 방습지

규격(폭×길이)	1.5×50m	-
무게	150g/m²	-
Sd 값(가변범위)	0.8 ~ 35m	EN 12572
Sd 값(방향 ①)*	5m	EN 1931
Sd 값(방향 ②)**	14.7m	EN 1931
두께	0.3mm	-
자외선 안정성	최대 3개월	-
온도저항 성능	-40 ~ +80°C	EN 1928
방수 성능	W1	EN 13501 -1
내화 성능	E	-

*방향 ① : [외피 내부 → 실내] / **방향 ② : [실내 → 외피 내부]

벽체용 투습/방수/방풍지 Majvest 200

외부 벽체에 적용하여 외피 내부의 습기는 투습시키고, 비와 바람의 유입은 방지하여 외피와 내부 단열층을 보호한다.

규격(폭×길이)	1.5×50m	-
두께	0.5mm	-
무게	135g/m²	-
Sd 값	0.05m	ISO 12572
자외선 노출	최대 4주	-
온도저항 성능	-40 ~ +80 °C	-
방수 성능	W1	EN 1928
내화 성능	E	EN 13501 -1

지붕용 투습/방수/방풍지 Majcoat 150

외부 지붕에 적용하는 투습·방수·방풍지로, 시공 중 외부 환경으로부터 보호하기 위해 벽체용보다 더 높은 물리적 강도를 가진다.

규격 (폭*길이)	1.5×50m	-
두께	0.55mm	-
무게	150g/m²	-
Sd 값	0.05m	ISO 12572
자외선 노출	최대 4주(벽체 적용 시 3개월)	-
온도저항 성능	-40 ~ +80°C	-
방수 성능	W1	EN 1928
내화 성능	E	EN 13501 -1

3. 창호 기밀테이프

3-1 자재 조건

대부분 소비자는 단열, 열교, 누기, 소음 등을 고려해 고가의 시스템창호를 선택한다. 하지만 아무리 고성능 창호를 적용해도 벽체와 연결부가 기밀하지 못하면 누기와 침기로 인한 다양한 하자가 발생한다. 벽체와 지붕 등과 마찬가지로 창호 연결부에도 실내에는 방습층이, 외부에는 방수·방풍과 더불어 투습층이 이어질 수 있도록 적합한 기밀테이프를 적용해야 한다.

실내에 방습 성능의 기밀테이프가 적용되지 않으면 겨울철 실내에서 외피 내부로 침투한 습한 공기가 찬 공기와 만나 결로가 발생하고, 외부에 투습 성능의 기밀테이프가 적용되지 않으면 여름철 외부에서 침투한 습한 공기가 방습 성능의 기밀테이프에 막혀 냉방으로 차가워진 실내 공기와 만나 역결로가 발생하게 된다.

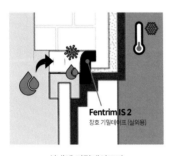

실내에 기밀테이프가
적용되지 않았을 때(겨울)

외부에 기밀테이프가
적용되지 않았을 때(여름)

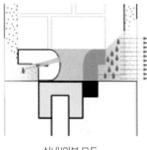

실내/외부 모두
적용하여 수분 제어

※ 창호 기밀 테이프

실내용 창호 기밀테이프 Fentrim IS 20

실내 창호 연결 부위에 적용하여 높은 Sd 값의 방습 성능으로 실내의 습기가 외피 내부로 유입되는 것을 방지한다.

규격(폭×길이)	75/100/150mm×25m	-
Sd 값	20mEN 1931	-
조인트 선형 공기투과량	0.25m³/mh 이하	EN 12114
적용 온도	-10°C 이상	-
온도저항 성능	-40 ~ +80°C	-
내화 성능	E	EN ISO 11925 -2

실외용 창호 기밀테이프 Fentrim IS 2

실외 창호 연결 부위에 적용하여 낮은 Sd 값의 투습 성능으로 외피 내부의 습기를 외부로 배출시킨다.

규격(폭×길이)	75/100/150mm×25m	-
Sd 값	2m	EN 1931
조인트 선형 공기투과량	0.25m³/mh 이하	EN 12114
충격 및 수압(폭우) 저항	최대 600Pa	EN 1027
적용 온도	-10°C 이상	-
온도저항 성능	-40 ~ +80°C	-
내화 성능	E	EN ISO 11925 -2
자외선 노출	최대 3개월	-

실내용 기밀테이프 Sicrall 60

실내 멤브레인 겹침 부위와 합판 접합부 등에 적용된다.

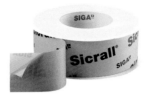

규격(폭×길이)	60mm×40m	-
Sd 값	8m	EN 1931
적용 온도	-10°C 이상	-
온도저항 성능	-40 ~ +100°C	-

실내용 기밀테이프 Rissan 60

실내 멤브레인 겹침 부위와 합판 접합부 등에 적용되며 뛰어난 탄성으로 관통 부위 적용에 특화된 제품

규격(폭×길이)	60mm×25m	-
Sd 값	40m	EN 1931
적용 온도	-10°C 이상	-
온도저항 성능	-40 ~ +100°C	-
신장률	최대 733%	ASTM D3759

실외용 기밀테이프 Wigluv 60

실외 멤브레인 겹침 부위 및 기초 부착 부위, 관통 부위에 적용한다.

규격(폭×길이)	60mm×40m	-
Sd 값	2m 이하	EN 1931
적용 온도	-10°C 이상	-
온도저항 성능	-40 ~ +100°C	-
자외선 노출	최대 12개월	-

수용성 프라이머 Dockskin 100

표면이 고르지 않은 부위에 도포하여 기밀테이프의 안정적인 접착을 도와주는 침투형 수용성 프라이머

규격 (용량)	4kg
색상 변화	초기 흰색, 건조 후 투명
적용 온도	-10°C 이상
온도저항 성능	-40 ~ +100°C
건조 시간	20분 이내

4. 비경화성 실란트

4-1 자재 조건

비경화성 실란트는 창호 주변, 천장 및 옥상 크랙, 외벽 관통부 등에 적용하여 기밀성을 유지하고 누수를 방지한다. 접착용 실란트는 멤브레인을 외피 구조물에 접착하는 용도로 사용된다.

비경화성 실란트 Meltell

자외선에 장기간 노출해도 영구적으로 탄력성이 유지되는 비경화성 실란트로, 창호 주변, 관통 부위 등의 누수를 방지한다.

규격(용량)	310ml	-
Sd 값	8m	ISO 7783
적용 온도	-10 ~ +40°C	-
온도저항 성능	-40 ~ +90°C	-

접착용 실란트 Primur

멤브레인을 구조체에 접착할 때 적용하며, 뛰어난 탄성으로 구조적 움직임을 안정적으로 흡수한다.

규격(용량)	310ml	-
Sd 값	4m	EN 1931
적용 온도	+5°C 이상	-
온도저항 성능	-40 ~ +100°C	-

5. 설비층 관통 부위

5-1 자재 조건

벽체와 지붕, 창호 등 건축물 외피가 끊김 없이 이어지도록 기밀하게 시공하더라도 배관이나 전기 인입선의 관통 부위는 놓치기 쉬운 틈새가 존재할 수 있다. 이러한 작은 틈새로 누기 및 침기가 계속되면 수많은 하자가 발생하게 된다.

수달 플렉시블폼
수성 연질 폴리우레탄폼.
틈새를 충진해 창호
주변을 단열한다.

[자체제작] 기밀이 패드형
관통부 기밀 실리콘 패드.
투명하여 폼 충진 상태를
확인할 수 있다.

[자체제작] 기밀이 캡형
전기선 인입부 기밀캡.
공배관 및 커넥터 국내
규격

기밀이 컴파운드형
비경화성, 자유자재로
변형 가능. 다양한 틈새
부위에 적용할 수 있다.

6. 탄성 도막 가변형 방습제

6-1 자재 조건

도막 방습제는 벽체와 창호, 천장, 바닥의 접합부 또는 관통 부위 등에 적용한다. 주변 상대습도에 따른 가변형 투습저항 성능으로 결로와 곰팡이 발생을 방지하며 건조 후 탄성과 내구성으로 영구적으로 완전한 기밀층을 구축할 수 있다.

HEVADEX 블로어프루프

도포 초기 남색에서 건조 후 검은색으로 변화한다. VOC, TVOC, 발암물질 등 유해물질 무첨가

Sd 값(가변 범위) | 0.8 ~ 21.8m
건조 후 신장률 | 최대 262%

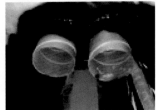

7. 설비 배관 & 난방 및 배수/누수

7-1 자재 조건

외피가 끊김 없이 이어지는 기밀한 건축물은 환기를 위한 열회수환기장치가 필수다. 겨울철 영하의 외부 공기가 유입되는 환기장치의 배관 및 연결부는 단열성능 저하로 인한 결로 발생 위험이 높다. 또한 실내 양압 환경에서 발생할 수 있는 하자에도 대응해야 한다.

[자체제작] 이중외피 배관
총 40T 두께의 단열 내피. 이중 외피로 보온배관 결로를 방지한다.

[자체제작] 단열플랜지
환기장치 토출구에 적용한다. 결로로 인한 기기 오작동을 막는다.

무동력댐퍼 스멜스탑
화장실이나 주방 배기팬에 적용하는 제품. 양압 시 결로로 인한 하자를 예방한다.

옥외 방수콘센트
옥외 노출 콘센트 누전을 방지한다. IP54 방수·방진 등급을 갖췄다.

자동에어벤트
자동으로 배관 내 에어를 제거해 상향식 보일러의 편심 순환을 방지한다.

차압조절밸브
각방온도조절 시 발생하는 순환펌프 과열 및 소음을 방지한다.

이중배수구
타일 하부 습기를 2차 배수한다. 욕실 문 앞 부식과 곰팡이를 방지한다.

펌프 교번제어기
전극봉 센서로 수위를 감지해 2대 펌프의 교번 운전을 제어한다.

2 항온 항습 솔루션

1. 복사냉방의 개요

복사냉방 시스템은 바닥 보일러 배관에 냉각수를 순환, 구조체의 온도를 낮춰 열의 대류가 아닌 복사로 냉방을 하는 방식이다. 에너지 효율, 쾌적성, 유지·관리 등 많은 면에서 가장 진보적이라는 평가를 받는 냉방시스템이다. 무엇보다 소음과 바람이 전혀 없어 상대적 쾌적성이 극대화된다.

1-1 복사냉방 시스템 구조도

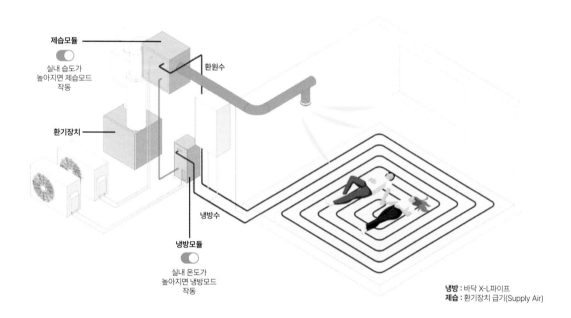

냉방 : 바닥 X-L파이프
제습 : 환기장치 급기(Supply Air)

	에어컨 - 대류냉방	COOLFORT - 복사냉방
방식	대류	복사
쾌적도	국소적 과냉각	균일하고 쾌적한 체감온도
오염도	부유물, 레지오넬라균, 필터오염 등	필터링된 공기를 이용
소음	실내기 소음 발생	무소음
열 이동매체	공기(낮은 비열)	물(높은 비열)
소비전력량	상대적 높음	상대적 낮음

1-2 복사냉방 시스템 COOLFORT

복사냉방 시스템 COOLFORT는 냉방 열 교환 효율이 80%대인 컴포벤트사의 환기장치와 고효율 히트펌프를 연계하여 최소한의 소비전력으로 24시간 쾌적한 온습도를 유지할 수 있다. 하지만, 복사냉방 시스템은 구조체 온도를 낮추는 만큼 표면에 결로가 발생할 수 있다는 문제가 있다. 그래서 COOLFORT는 습도 교환 효율이 90%대에 이르는 컴포벤트사 환기장치와의 연동을 통한 상시 제습으로 결로 문제를 해결하고 통합 컨트롤러로 사용자 조작 없이 24시간 365일 항온항습(냉방, 제습, 환기)을 구현한다.

1-3 복사냉방 시스템 설치 조건

COOLFORT는 단열재로 빈틈없이 감싼 건물 전체를 냉각하는 시스템으로 고단열, 고기밀, 외부 차양, 시스템 창호, 고효율 환기장치가 필수적이다. 따라서 주택의 건축적 성능이 보장된다면 기존 대류냉방(시스템 에어컨 등)과 비슷한 비용 수준으로 적용할 수 있다.

COOLFORT 설치 최소 조건	COOLFORT 설치 권장 조건
고단열(외단열/지역별 단열재 두께 기준 규정 충족)	최소 조건 만족
고기밀(기밀테스트 결과 1회 미만)	태양광 3kw 이상
시스템 창호+외부 차양	실링팬(쾌적성 향상)
환기장치(컴포벤트 Domekt R 450 V)	바닥면적 30평 이상
상향식 보일러 설치(각방 온도 조절기 X)	4개층 이상의 경우 각층 제어 권장
습식 난방(건식 난방 불가)	기계실 공간 확보(1,800mm×1,800mm)

1-4 복사냉방 시스템 설치 필요 공간

COOLFORT 설치 예시 - 평면도(▼), 단면도(▶)

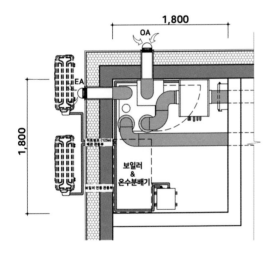
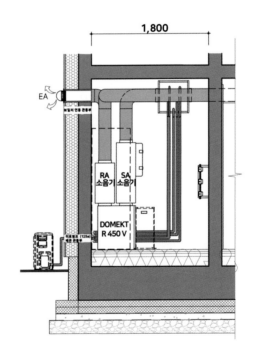

3 환기 솔루션

1. 환기 자재 개요

현대사회를 살아가는 사람들은 하루 24시간 중 대부분을 직장, 가정 등 실내 공간에서 생활하고 있고, 이러한 실내 공간에서 한정된 공기 순환으로 실내공기 내 오염물질 농도는 계속 증가하게 된다. 실내공기 오염은 실외의 대기오염 문제보다 그 원인과 오염 매체가 더 다양하고 복잡할 수 있다. 공동주택에 환기설비 설치 의무화를 확대 적용하는 등 정부 차원에서 환기 관련 법규를 제시하여 환기 및 환기장치의 중요성을 각인시키고 있는 것도 그러한 중요성을 반영한 것이다.

1-1 실내공기 오염물질 발생 원인

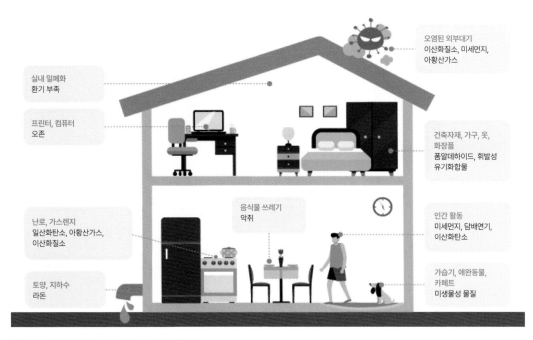

자료 : 시설에서의 실내공기 오염물질 발생원, 환경부

▪ 공동주택 환기 시설 의무 설치 규정 주요 내용

적용 기준	30세대 이상의 신축 또는 리모델링
환기량	시간당 0.5회 이상
필터 성능	입자 포집률 60% 이상
본체 소음	40dB 이하
오염물질 제거	성능이 일정 수준 이상일 것
유지 관리	필터 청소 및 교환이 쉬운 구조일 것

2. 열회수환기장치

2-1 열회수환기장치 컴포벤트 KOMFOVENT

열 교환 효율 80~90%, 습도 교환 효율 최대 91%로 유럽 내 검증을 받은 열회수환기장치. 알루미늄 베이스에 제올라이트 코팅이 된 열 교환 소자로 흡착 제습을 하기 때문에 곰팡이로부터 안전하다. 365일 24시간, 최저 영하 30°C까지 결빙 없이 작동한다. 열 교환 후 공기를 가열함으로 소비전력은 최소화하며 공급되는 기온을 원하는 온도로 맞추는 애프터히터 기능을 갖췄다. 습기와 먼지에 강한 IP54 등급의 팬 모터, 물 세척 가능한 반영구적 열 교환 소자가 아연 도금 강철 케이스로 구성되어 있어 높은 내구성으로 관리가 쉽다. 여기에 더해 미네랄 울로 패딩 처리된 케이스와 공기역학적 설계, 완벽하게 균형 잡힌 팬으로 소음을 최소화했다. 또한, 환형 열회수환기장치의 유일한 단점인 누기율을 2.3%(독일 패시브하우스협회 PHI 인증) 수준으로 보완했다.

	Domekt R 300 V(주거용)	Domekt R 450 V(주거용)	Domekt R 700 V(상업용)
열 교환 소자 유형	흡착식 제습 로터(전열)		
기기 설치 및 덕트 연결 형태	vertical(바닥상치형)		
에너지 등급	A+		
공급 전압, V	1 ~ 230	230	1 ~ 230
열 교환 효율(여름 / 겨울), %	85 / 85	86 / 86	84 / 84
습도 회수 효율 (여름 / 겨울), %	77 / 81	87 / 91	78 / 83
기준 풍량시 전력, W	30	54	73
히터 용량, kW	0.5	1	2
덕트 구경, mm	160(×4), 100(×1)	160(×4), 125(×1)	250(×4), 125(×1)
컨트롤 시스템	C6	C6M	C6
최대 풍량, CMH	320	491	758
기준 풍량, CMH	224	344	531
풍량당 소비전력(SPI), W/(m³/h)	0.277	0.3	0.26
기준 풍량시 기기 소음, dB(A)	40	44	44
기기 규격 (길이x폭x높이), mm	598×502×610	680×585×655	1,070×645×950
기기 중량, kg	28	60	114
필터 규격, mm	290×205×46	517×278×46	540×260×46
기기 설치 공간, mm	800×1,200×2,000	900×1,400×2,000	1,300×1,900×2,400

3. 필터박스

3-1 필터박스 LUFT BOX

뛰어난 단열 성능과 우수한 내구성의 EPP 소재로 고성능 필터를 적용하여 (사)한국패시브건축협회와 협업, 자체 연구 및 제작한 필터박스다. 환기장치의 OA(Outdoor Air, 외기구)에 적용하여 유입되는 외기를 필터링하는 부분으로 3중 필터 시스템으로 입자가 큰 먼지부터 초미세먼지, 유해가스까지 걸러 준다.

- 필터박스 성능 개요

컴팩트한 디자인
일체형의 본체를 사용하여 열교 발생을 최소화

EPP 소재
열전도율이
0.033W/m²K.

기밀자재 적용
필터 장착 부위에
기밀자재를 적용하여
누기율 최소화

- 열회수환기장치에 따른 필터박스 적용

LUFT BOX ver 2
권장 성능 : 기준 풍량 450CMH 이하
(Domekt R 300 V / R 450 V 적용)

필터박스 규격 : 380×490×410mm
적용필터 면적 : 316×325mm

LUFT BOX ver 2+
권장 성능 : 기준 풍량 450CMH
초과(Domekt R 700 V 적용)

필터박스 규격 : 490×380×410mm
적용필터 면적 : 418×325mm

- 필터박스 3중 필터

1차 필터링 - 프리필터
실외 공기와 가장 먼저 접하는 필터로 입자가 큰 먼지, 날벌레, 낙엽 등을 1차로 필터링
한다.

필터 두께 : 10T | **권장 교체 주기 :** 월 1회

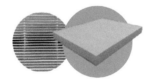

2차 필터링 - 헤파필터
포집 효율 99.992%의 H13 등급 고효율 필터로 0.3μm의 미세입자 및 초미세먼지까지
거른다.

필터 두께 : 40T | **권장 교체 주기 :** 연 3회

3차 필터링 - 카본필터
순환 공기 중의 악취와 휘발성 유기화합물, 포름알데히드와 같은 유해가스를 제거한다.

필터 두께 : 20T | **권장 교체 주기 :** 연 3회

4. 열회수환기장치 배관 자재

4-1 이중외피 보온 플렉시블 배관

국내 유통되는 기존 보온 플렉시블보다 단열재가 약 15T 보강되어 단열성능이
우수하다. 또한 PE소재의 외피와 10T의 폴리솜으로 강한 내구성을 지니고 있
어 덕트 시공 시 발생하는 긁힘, 마찰 등의 하자를 방지, 실내의 습공기가 단열
층으로 쉽게 침기하지 못하게 막아 결로 발생을 방지한다.

4-2 컴포벤트 소음기

열회수환기장치의 토출구에 연결하여 기기 소음을 줄이기 위해 적용하는 제품. 기기가 설치되는 기계실에서는 50dB 이하, 거주공간 내부에서는 40dB 이하의 소음을 유지하여 쾌적한 실내환경 조성이 가능하며, 특히 수면시간에도 조용한 저소음 환기시스템을 보장한다.

4-3 환기 연동 시스템 VEMC

환기 연동 시스템 VEMC는 화장실 배기팬 또는 주방 후드가 작동될 때 늘어나는 배기량만큼 환기장치의 급배기량을 조절하여 실내 공기압 밸런스를 유지시킨다. 화장실이나 주방의 오염된 공기가 원활하게 배출되도록 하며, 동시에 음압으로 인해 미세먼지 및 악취 등이 유입되는 것을 방지한다.

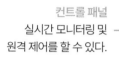
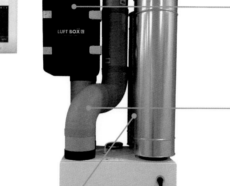

컨트롤 패널
실시간 모니터링 및
원격 제어를 할 수 있다.

LUFT BOX
3중 필터시스템으로 외부 공기를 필터링한다.

EPS 단열 배관
일반적인 플렉시블 배관보다
높은 내구성을 가지며, 수려한 미관으로
인기있는 제품이다.

컴포벤트 소음기
열회수환기장치의 토출구에
연결해 기기 소음을 줄인다.
기계실에서는
40dB 이하의 소음을 유지한다.

컴포벤트 Domekt

5. 덕트 시스템

5-1 라인시리즈 REIN SERIES 제품 구성

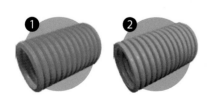

① 항균 항정전기 배관(급기)
② 무균 배관(회기)
라인시리즈 배관은 환경호르몬이 검출되지 않는 무독성 친환경 플라스틱인 고밀도 폴리에틸렌(HDPE) 소재로 만들어져 100% 재활용할 수 있다. 내부 코팅으로 배관 청소도 가능하다.

③ 더블헤드 디퓨저 연결소켓
④ 더블헤드 디퓨저(급기)
⑤ 더블헤드 디퓨저(회기)

토출구에서의 배관 구경 확대로 유속을 저감하여 모든 부위에서 균일한 풍량을 토출한다. 또한, 수평 공기 배출 디자인이 적용되어 소음을 저감시키고 거주자의 쾌적성을 확보한다. 분배기에서 먼 곳은 더블 라인으로 분기하여 의도한 풍량 토출을 보장한다.

⑥ 90도 엘보
⑦ YB 분기관

라인시리즈의 부자재는 곡선형으로 제작되어 공기가 부드럽게 통과함으로써 소음을 저감시키고 압 손실을 최소화한다. 최소 곡률반경을 가진 배관과 곡선형 부자재의 형태에 알맞은 다양한 부자재들을 함께 적용한다.

90도 커브   기본 디퓨저 연결소켓   멀티 클램프   배관 클리프

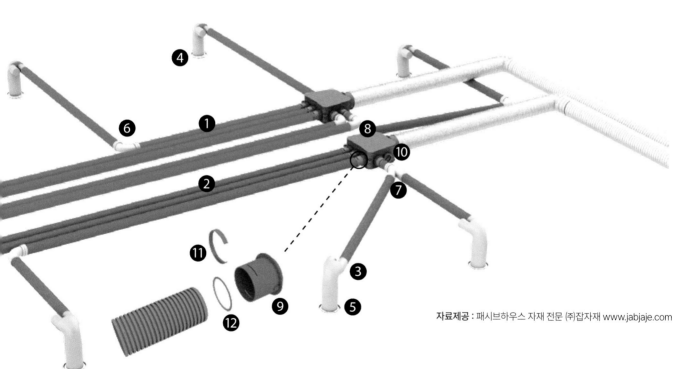

자료제공 : 패시브하우스 자재 전문 ㈜잡자재 www.jabjaje.com

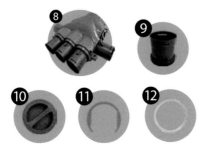

⑧ 흡음 공기분배기   ⑨ 분배기 연결소켓
⑩ 분배기 캡   ⑪ 소켓 고정띠
⑫ 소켓 기밀링

라인시리즈 공기분배기는 흡음재가 내장되어 있어 각 방의 소음이 다른 방에 전달되지 않으며 공기 순환 시스템의 균형을 보장하여 에너지를 절감하는 효과가 있다. 또한, 전용 기밀 부속으로 결속부위 탈락을 방지하고 누기율을 최소화하는 역할을 한다.

APPENDIX

(사)한국패시브건축협회
표준주택 모델
시공사례

한국패시브건축협회에서는 합리성 가격의 저에너지 주택인 '패시브하우스 표준주택'을 꾸준히 업데이트해 내놓고 있다. 협회에 그동안 축적된 여러 데이터를 근거로 표준화한 주택으로 다양한 모델을 선보이고 있다.

PHIKO STANDARD HOUSE

❋ (사)한국패시브건축협회

(사)한국패시브건축협회(PHIKO : Passive House Institute Korea)는 우리나라 패시브 건축의 민간 보급 확산에 앞장서고 있는 대표적인 단체이다. 보다 경제적인 적용이 가능하도록 연구, 교육, 보급, 인증, 홍보 사업과 기업의 자재 국산화를 지원하는 등 활발한 활동을 펼쳐 나가고 있다.

1. 주요 사업 및 활동

기후변화에 따른 문제점과 우려가 지구촌 곳곳에서 터져 나오고 있고 탄소배출권이라는 제4의 시장을 위해 선진국은 여러 해 전부터 발 빠르게 움직이고 있다. 우리나라도 선진국의 정책을 따라잡기 위해 각개각층에서 노력하고 있지만 아직은 과도기에 머물고 있다. 건축물의 에너지 절감은 모두 다 공감하고 있지만, 그 방법에 대해서는 아직 뚜렷한 방향이 결정되어 있지 않은 것이 현실이다.

우리나라 주택의 에너지 사용량 중 난방에너지가 차지하는 비율이 60%를 넘는다. 난방에너지를 거의 사용하지 않는 패시브 건축물은 주택 에너지의 60%를 줄일 수 있다는 말과 동일하다. 건축물 에너지 절감에 대한 패시브 기법의 효용성은 이미 세계적인 추세로 입증되고 있다.

(사)한국패시브건축협회는 패시브 건축물을 배우고, 보급하고자 하는 작은 모임에서 출발되었다. 이 작은 모임이 우리나라의 패시브 건축물 보급에 큰 초석이 되었고, 2009년 3월 창립총회를 시작으로 2014년 1월 국토해양부 사단법인 인가를 받아 현재까지 활발하게 활동하고 있다.

1-1 연구사업

- ⓢ 건축물에너지
- 🏠 리모델링
- 🅓 실내공기질
- ⋯ 기타

1-2 교육사업

협회가 핵심적으로 추진하는 부문이다. 교육은 크게 실무자교육, 에너지평가교육, 전문공정교육으로 구성된다. △ 패시브하우스 실무자교육(2009 ~ 현재) / △ 제로에너지 Skill-Up 교육(2018) / △패시브하우스 세미나(비정기적) / 에너지샵(Energy#) 세미나(비정기적) / 에너지샵(Energy#) 첫걸음 파워유저(비정기적) / 예비건축주 세미나(비정기적) / 표준주택 견학(2015 ~ 현재) 등

1-3 인증사업

에너지분석(Energy Analysis) | 협회 인증을 획득하기 위해서는 건축물 에너지 연간 난방 에너지요구량이 5L이하여야 한다. 연간난방에너지요구량은 쾌적한 실내 온습도 조건을 유지하기 위해 건물이 요구하는 에너지로 건축물의 주요한 성능 요소 중 하나이다. 이를 계산하기 위해 협회는 ISO 13790을 기반으로 구축된 Energy#을 활용하여 인증대상 건축물의 도면정보를 분석한다. 나아가 건축물의 열교, 결로 및 곰팡이 발생 가능성을 분석하기 위해 HETA2, WUFI 등 전문적인 에너지 시뮬레이션 프로그램을 활용하고 있다.

현장평가(Builidng Energy Survey) | 건축물의 기밀성능, 포그머신, TAB, 창호성능, 소음측정, 실내환경분석, 열화상카메라 등 다양한 측정을 수행하고 있다. 신축의 경우 협회인증을 위해서 건축물을 도면으로만 평가하는 것이 아니라 시공 중, 시공 후 시점에 현장검증을 한다. 구축 건축물의 경우 기존 건축물에 대한 평가가 추가된다. 특히 최근에는 리모델링에 대한 관심도가 높아지면서 건축물의 성능을 파악하는 것이 더욱 중요해졌다. 이에 따라 에너지성능 및 건축물 품질 확보를 위한 현장평가는 지속적으로 확장되고 세분화 될 전망이다.

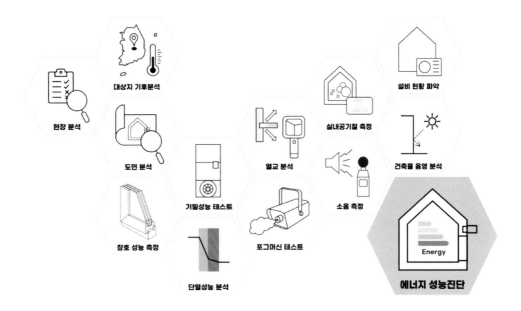

❈ 표준주택 V2 시방서[SPEC]

*2022년 9월 6일 기준

해외 선진국의 경우 비교적 경제적이면서 믿을 수 있는 품질의 주택 모델을 다수 개발하고 이 중에 건축주가 선택하여 제작하는 방식인 이른바 '자판기 주택' 개념의 공급이 앞서 진행되고 있다. (사)한국패시브건축협회는 '건강에 좋고 하자 없는 집'이라는 명확한 목표를 지향하면서 국내에 쾌적한 주거환경을 제공하기 위한 최소한의 성능을 만족하는 주택 모델과 프로그램 개발에 나섰다. 이를 체계화함으로써 투명하고 합리적인 가격과 전국 어느 지역에서나 동일한 품질의 주택을 제공하고 있다.

1. 상담부터 준공까지

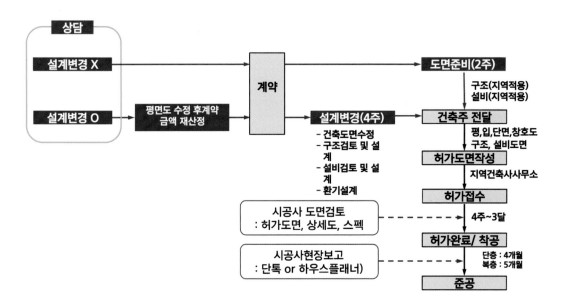

2. 시공사 유의사항

2-1 주요 구조부의 변경

· 시공자가 임의로 변경할 수 없다.
· 변경해야 하는 이유가 있을 경우, 반드시 협회와 논의해야 한다.

2-2 내외부 자재의 변경

· 견적기준 제품을 시공자가 임의로 변경할 수 없다.(변경 시 협의할 의무)
· 건축주가 제품의 변경을 원하는 경우

- 건축물의 성능과 관련되지 않는 경우, 건축주와 협의 후 실비 정산한다.(마루 종류, 타일 종류, 위생도기, 조명 위치, 콘센트 위치, 폭 750창 add-on 추가 등)
- 건축물의 성능과 관련된 경우, 협회에 문의해야 한다.(단열재, 기능성 제품, 환기장치 등을 변경할 경우에는 동급 이상을 설치하는 것이 기준이다.)

2-3 변경 시 주의사항

· 설계도면과 다르게 시공하는 경우, 반드시 건축주와 협의해야 한다.
· 도면상의 문제가 있거나 다른 의견이 있을 경우 협회와 논의해야 한다.

2-4 현장보고 : 단체톡인 경우

· 카카오톡 단체톡을 현장소장이 개설해야 한다.
· 단체톡 참여 대상은 현장소장, 회사대표, 건축주, 한국패시브건축협회, 자림이앤씨
· 공사일정을 공지사항으로 올려야 한다.
· 주 1회 이상 전체 사진 & 상세사진을 업로드해야 한다.
· 이유 없이 2회 이상 사진 업로드가 지체될 경우 보고서를 작성해서 협회에 제출해야 한다.

2-5 현장보고 : 하우스플래너인 경우

· 카카오톡 단체톡을 현장소장이 개설해야 한다.
· 단체톡 참여 대상은 현장소장, 회사대표, 건축주, 한국패시브건축협회, 자림이앤씨
· 카카오톡 단체톡은 현장에 문제가 생겼을 경우를 대비한 용도이다.
· 모든 현장 상황은 하우스플래너에 작성한다.
· 이유 없이 현장보고가 2주 이상 지체될 경우, 보고서를 작성해서 협회에 제출해야 한다.

3. 건축주 유의사항

3-1 허가도면 작성 시

· 계획안의 변경이 있을 경우, 허가도면에 반영되도록 알려야 한다.
· 주방 레이아웃이 바뀔 경우, 건축사사무소(인허가담당)에서 도면(건축, 설비)이 수정되어야 한다.

3-2 착공 후 변경

· 착공 후 계획안의 변경은 시공사와 건축주의 협의 사항이다.(추가비용 발생)
· 꼭 변경해야 할 내용이 있을 경우, 도면을 시공사에 전달해야 한다.
· 단톡에 변경된 도면을 공지해야 한다.
· 변경된 부분에 대해 시공의 오류가 없도록 건축주가 챙겨야 한다.

3-3 현장모니터링

· 현장에 문제가 있다고 판단될 시에는 협회에 문의해야 한다.

• 하우스플래너를 설치할 수 있다. 다만, 선택사항으로 이용료(VAT 별도)는 건축주가 지불해야 한다.

• 시공사가 매주 사진을 업로드한다. 업로드되지 않을 경우, 건축주가 요청해야 한다.

3-4 가구 선택

• SE0 혹은 E0 등급의 가구를 선택해야 한다.(가구는 별도공사분)

4. 주요 공정별 핵심 내용

4-1 기초공사

• 바닥마감재 : 강마루

• 난방배관 : 12A X-L 파이프(T50 몰탈 ☞ 2022 업데이트)

- 난방배관은 기계실을 제외하고 모든 영역에 시공해야 한다. 주방가구 하부 포함

- 방통크랙은 1mm 이상일 경우, V커팅 후 폴리머몰탈로 시공한다.

• 바닥단열재 : T150 비드법 2종2호 단열재

• 기초슬래브 : T300

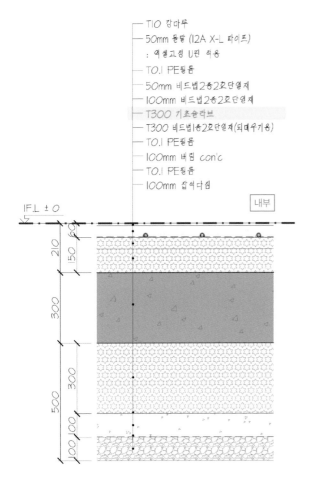

4-2 외벽공사

- 내부 벽마감재 : 합지벽지
- 가변형 방습지 : 기밀층
- 외벽단열재 : 셀룰로우즈 140mm(2×6 스터드) 글라스울 38mm 두 겹
- 투습방수지
- 외부 벽마감재 : T18 벽돌타일

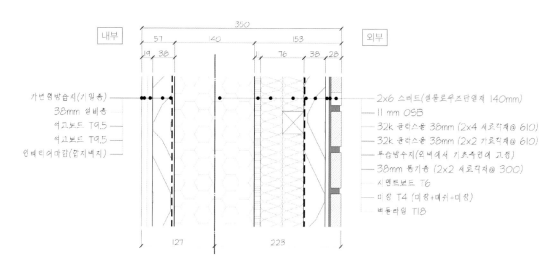

4-3 지붕공사

- 지붕마감재 : T0.5 고내식 고내후성 강판 거멀접기
- 환기이격제 : 델타멤브레인
- 지붕방수 : 2mm 시트방수
- 통기층 : 투습방수지 & OSB 사이
- 지붕 방수 : 투습방수지 지붕용
- 지붕 단열재 : 38mm 글라스울 또는
셀룰로우즈 286mm 셀룰로우즈(2×12 서까래)
- 가변형방습지 : 기밀층
- 내부천장 마감재(다락의 경우) : 합지벽지

4-4 주요 공정

바닥구성	강마루 + 50mm 몰탈 + 0.1T PE필름 + 150T 비드법 2종 1호 + 300mm 매트기초슬라브 + 400T 비드법 1종 2호(되메우기용) + 0.1T PE필름 + 100mm 버림콘크리트 + 0.1T PE필름 + 200m 잡석다짐
외벽구성	6T 벽돌타일 + 4T 미장 + 시멘트보드 6T + 38mm 통기층 + 투습방수지 + 32K 글라스울 38mm + 32K 글라스울 38mm + 11mm OSB + 2×6 스터드(셀룰로오스 단열재 140mm) + 가변형방습지 + 38mm 설비층 + 9.5T 석고보드 2P + 인테리어 마감(합지벽지)
지붕구성	0.5T 고내식 고내후성강판 거멀접기 + 2mm 쉬트방수 + 11mm OSB + 세로각상(2×4) 통기층 + 투습방수지(지붕용) + 2×4 가로각재@660 (32K 글라스울 38mm 또는 셀룰로오스) + 2×12@610(셀룰로오스 286mm) + 가변형방습지 + 38mm설비층 + 9.5T 석고보드 2P + 인테리어 마감(합지벽지)
창호	레하우 유로 / 살라만더 / 엔썸 케멀링 - PCV창, 47mm 3중 로이코팅유리, T&T(거실창 T&S), 창프레임 컬러(외부-다크그레이 / 내부-백색)
도어	현관문 : 패시브 도어 / 다용도실 : PVC 3중 유리 시스템 도어 / 기계실 : 철제 방화 단열 도어
환기장치	전열교환환기장치 Komfovent 300 / 450 평형별 상이 (전력소비량 포함 전열교환 효율 75% 이상, F등급 필터, 소음기 포함. TAB 시험 포함)
차양	고정식 돌출 차양, 외부 전동차양, 창호일체형 블라인드(Add-on 시스템)
내부마감	친환경 수성 페인트
외부마감	벽돌타일, 외단열 미장 마감, 이페목, 롱브릭타일, 세라믹사이딩
모든 부자재	KS 인증 제품
기밀성능	1.0회/h @50Pa 이하

4-5 자재

구분	내용		비고
외장재	* T18 벽돌타일(일반크기) 견적 기준 * 외단열미장마감 * 롱브릭타일 * 세라믹사이딩		견적기준이 아닌 제품선택 시 공사비 변경요인
지붕재	* KS D 3030 인증 * 고내식고내후성강판 사용	동국제강 강판 : 고내식 고내후성 GI-X(견적기준)	고내식고내후성삼원합금계 도금강판
		포스코강판 : 고내식 고내후성 J-MAC 고내식 고내후성 슈퍼 알코스타	
주요 단열재	* 견적 기준 단열재(글라스울 변경 가능 : 실비정산)		
가변형투습방습지	* 시가 Majrex 200 * 인텔로(프로클리마) * 클리마플러스(유로벤트)		세 제품 중 시공사에서 선택 가능
내장재	* 거실, 침실 - 바닥 : 일반 강마루 - 벽, 천장 : 합지벽지 * 다용도실, 기계실 - 바닥 : 자기질타일 300×300 - 벽 : 도기질타일 300×600 - 천장 : 도장 마감 * 현관 - 바닥 : 자기질타일 300×300 - 벽, 천장 : 합지벽지 * 욕실 - 바닥 : 자기질타일 300×300 - 벽 : 도기질타일 300×600 - 천장 : PVC 돔형 천장		

내장재	· 강마루 견적기준 : 구정마루 또는 이건마루(변경 가능) · 벽지 견적기준 : LG하우시스 또는 개나리벽지(변경가능) · 타일 견적기준 : 국산, 수입산 혼용(변경 가능)	
	· 도기질타일 : 굽는 온도가 낮은 편이리 내구성이 싱대적으로 약하나. 내부 벽타일로 사용하는데, 가볍고 색감이 예쁘고 가격도 저렴한 편이다. · 자기질타일 : 굽는 온도가 높아 강도가 강하므로 바닥과 외장용으로 사용된다. 방수가 잘되고 긁힘에도 강한데, 자기질 타일의 표면을 갈아낸 것을 폴리싱이라 한다. 폴리싱타일은 방수와 긁힘에 약하다.	
창	* 레하우 유로 / 살라만더 / 엔썸 케멀링(가나다순 이하 동일) - PVC창(방충망 포함) - 47mm 로이유리(5TePlus1.3 + 16Ar + 5CL + 16Ar + 5TePlus1.3) - Tilt & Turn(거실창만 Tilt & Sliding) - 창 프레임(외부 – 다크그레이 / 내부 – 백색) ☞ 외부를 백색으로 할 경우, 도장비용 환급 - 욕실창 : 불투명 여부(건축주 결정 사항) ☞ 2022 업데이트 - 다락창(바닥레벨에서 500mm 높이) 외부에 안전난간 설치 ☞ 2022 업데이트 * 창 크기 - 욕실창호(750×1,000mm) : 환기량을 고려한 계획이나 건축주와 협의하여 600×1,000으로 줄일 수 있다. ☞ 2022 업데이트 - 다락창호(750×1,000mm) ☞ 2022 업데이트 - 2층 북측 이사용 창호 : 양개여닫이창 1,500×1,500mm ☞ 2022 업데이트 - 소방창 : 고정창(900×1,400mm), 복층유리 : 소방창은 대지와 도로 간의 관계에 따라 위치가 변경될 수 있다. ☞ 2022 업데이트	견적기준 창호 사양(동급성능 기준으로 변경 가능)
문	* 외부문 - 현관문(패시브도어) : 레하우 유로 / 엔썸 케멀링 - 다용도실 (PVC 3중유리 시스템도어) - 기계실(철제 방화단열도어) * 내부문(예림, 영림) - 침실, 욕실, 창고 (여닫이문, ABS도어) - 현관 (3연동문) - 다용도실 (ABS 포켓슬라이딩도어)	견적 기준 창호사양임(동급성능 기준으로 변경 가능)
블라인드, 차양	* EVB(External Venetian Blind : 외부 전동 블라인드) - 남측 창문에 설치 - 블라인드 커버 색상은 창 외부 도장색과 동일(다크 그레이) / EVB를 ADD-ON으로 변경이 가능하지만, 큰 창호의 경우 하자 가능성 - 각 창호마다 개별 ON/OFF 가능 * ADD-ON - 동, 서측 창문 ☞ 2023 업데이트 * 처마(구조체 중심에서 1m 길이) - 남쪽 1층 창호 상부 - 다용도실 상부 - 현관 상부	EVB 견적 기준 : 블라인드팩토리
외부 전동 블라인드	* 건물 외측에 설치하여 여름철 강한 일사를 막아 준다. * 가이드(와이어 또는 바)가 블라인드의 흔들림을 잡아 준다. * 센서(전체 블라인드를 제어하는 시스템)를 설치하여, 바람 강도에 따라, 자동으로 블라인드가 올라가게 할 수 있다.(별도) • 전동장치의 가격이 전체 비용의 대부분을 차지(창 크기가 큰 영향이 없음)	전동장치의 가격이 전체 비용의 대부분을 차지 (창 크기가 큰 영향이 없음)
ADD-ON	* 엔썸에서만 공급된다. * 창에 포함되는 타입 * 3중 유리 + 내장블라인드(ADD-ON) + 커버 유리 * 청소 및 관리 : 커버유리를 열고 관리 가능 * 작은 창에만 적용 : 큰 창의 경우, 여러 기준을 검토해 본 결과 EVB가 더 좋은 안 (건축주가 전동블라인드를 add-on으로 변경을 원할 경우, 큰 창호 적용 시 발생하는 가능성을 설명하고 변경 가능)	

환기장치	* komfovent 300 : 환기 공간이 48평 이하 - 16평, 25평 모든 타입 - 30평, 38평 다락 없는 타입 * komfovent 450 : 환기 공간이 48평 초과 - 2층 36평, 43평, 50평 모든 타입 - 30평, 38평 다락 있는 타입	견적 제외 : 주방 욕실 환기팬과 연동은 견적에 포함되지 않음
욕실 위생도기	* 양변기(견적기준 : 아메리칸 스탠다드 또는 대림) * 일체형세면기 & 수전(견적기준 : 아메리칸 스탠다드 또는 대림) * 슬라이딩 거울장 * 샤워수전 * 청소용건(욕실 당 한 개소) * 젠다이(인조대리석 마감) * 육가 * 욕실 파티션	2022 업데이트
쇄석트렌치 경계석 대체자재	* 드립엣지(한설그린 견적기준) - 건물 주변 쇄석트렌치 경계석을 대신 적용 - 16mm가 외부로 드러나는 것을 원칙으로 건축주가 변경 가능	2022 업데이트
빗물받이 시스템	* 선이인터내셔널 BB거터(견적기준)	
기타 마감	* 계단마감(견적기준 애쉬 / 오크집성목) * 계단난간(평철난간) * 인조대리석 적용 부위(욕실 창대석, 욕실문 하부, 현관중문 하부) * 창대목(견적기준 애쉬 / 오크집성목) * 창하부 빗물받이(T1 금속 빗물받이) * 외부데크(18m²만 견적 포함) * 소핏(처마 하부 : 적삼목 루버) * 천장몰딩[견적기준 마이너스 몰딩(기성제품)] * 기성제품(마루 걸레받이)	일부 2022 업데이트
조명공사, 설비공사	* 순수 조명 구입비(견적기준 200만원 전체 평형 동일) * 비디오폰(견적기준 : 각 층 1개소씩) * 욕실환풍기(전동댐퍼 포함) * 분말소화기(견적기준 3.3kg) * 자동확산소화기(견적기준 3.4kg) * 단독형감지기(각방 설치) * 보일러 * 주택 외부 배관공사(견적기준 미포함 별도공사) * 주택 외부공사(견적 포함 부분 : 기초 주변 쇄석 마감,드립엣지) * 난방배관[12A X-L 파이프(엑셀고정 U핀 적용)] * 다락창(안전난간 필수) * 저밀도 글라스울(흡음용 2층 장선 하부, 다락장선 하부 설치 / 내부 벽체는 방과 공용공간 사이에 설치) * 전기스위치(견적기준 : 허가전기도면, 위치 추가 시 별도 금액 발생) * 콘센트(견적기준 : 허가전기도면, 위치 추가 시 별도 금액 발생) * 도어손잡이/경첩(국산레바타입 / 이지경첩) * 온도조절기(층마다 1개씩 설치, 모든 방에 설치하려면 추가비용 발생)	일부 2022 업데이트

5. 표준주택 V2에 대한 Q&A

Q1. 계약을 하고 싶다. 일정이 어떻게 되나?
설계변경이 없는 경우
① 시공사(또는 공사관리자) 선정 - 한국패시브건축협회(이하 협회)에서 지정
② 시공사(또는 공사관리자), 건축주, 협회 삼자 계약
③ 계약 후 2주 이내 허가도면 건축주 전달
④ 인허가 진행(건축주)
⑤ 착공신고 완료 후 착공

설계변경이 있는 경우
① 시공사(또는 공사관리자) 선정 - 한국패시브건축협회(이하 협회)에서 지정
② 설계변경 논의 후, 건축주에게 설계변경비 제시
③ 설계변경비 입금 후, 설계변경 진행
④ 계약금액 재산정 - 설계변경에 따른 변동금액
⑤ 시공사(또는 공사관리자), 건축주, 협회 삼자 계약
⑥ 계약 후 1달 이내, 허가도면 건축주 전달
⑦ 인허가 진행(건축주)
⑧ 착공신고 완료 후, 착공

Q2. 설계변경 범위는 어떻게 되나?
변경하고 싶은 내용을 정리해서 전달해주면, 검토 후 가능 여부를 검토해 통보한다.

Q3. 설계변경비는 어떻게 정해지나?
변경 내용을 점검하고, 협력사 변경 부분 등 전체적으로 검토 후 금액을 알려준다.

Q4. 인허가 비용은 어느 정도인가?
인허가 비용은 지역마다 많은 차이가 있다. 지금까지 진행해온 표준주택 건축건을 기준으로 보면, 건축인허가+감리비용이 500만원~1,000만원 사이이고 신고건인 경우는 300만원 이상이다.

Q5. 인허가 회사는 시공사나 협회에서 추천해주나?
인허가업무를 수행할 건축사사무소는 건축주가 직접 지역에서 찾아야 한다. 지역 업체를 선정하는 것이 여러모로 유리하다.

Q6. 인허가를 수행할 건축사사무소에서 해야 하는 업무는?
협회에서는 표준주택 건물에 대한 도면(평면도, 입면도, 단면도, 실내재료마감표, 창호도)만 제공하고 있다. 나머지 업무는 해당 건축사사무소에서 진행한다.

Q7. 앞으로 고시된 계약금액이 바뀔 수 있나?

매년 인건비와 자재비가 변경, 고시되기 때문에, 그에 따른 변동은 매년 초 있을 예정이다. 이 외에 자재비가 급변동하는 경우, 계약금액은 변경될 수밖에 없다. 자재값이 안정화되어 견적에 적용된 금액보다 내려갈 경우, 이 역시도 계약금액 변동 요인이 되어 변경 고시될 것이다.

Q8. 착공시점과 계약시점이 차이나는 경우, 계약이 가능한가?

계약시점과 착공시점이 3개월을 초과하거나 해가 바뀔 경우, 계약 당시 계약금액으로는 진행이 불가하다. 이 경우, 주요 공정의 각 시점 단가비교를 통해, 계약금액이 재조정된다.

Q9. 공사 중간에 바꾸고 싶은 부분이 있다면?

공사 시점에 가능한 부분이면, 시공사와 협의 후 변경 가능하다. 변경으로 인해 비용이 변화한다면 그에 따라 실비 정산을 하면 된다. 직영공사로 진행하는 경우, 공사관리자에게 이 부분에 대해서 미리 협의하여 공사 진행에 문제가 없도록 하면 된다.

Q10. 공사 기간은 어느 정도인가?

1층의 경우 착공부터 준공까지 4개월, 2층의 경우 5개월가량 걸린다.

Q11. 계약 때 준비해야 할 사항은?

계약날 계약금액의 10%를 입금해야 한다. 도장 대신 사인으로 가능하므로 별도로 준비할 것은 없다. 시공사(또는 공사관리자)와 첫 만남이니, 주택에 대해서 문의하고 싶은 내용을 정리해서 와도 좋다.

Q12. 계약 전후, 건축주가 해야 할 일은?

인허가를 수행할 건축사사무소를 알아봐야 한다. 땅이 전이나 답 혹은 임야인 경우, 이 부분에 대해서 건축사사무소와 논의해야 한다. 별도공사로 이루어지는 주방과 붙박이 가구와 기전에 대한 생각을 정리하는 것도 좋다. 특히 주방설비와 관련되는 부분은 미리 알려주어야 공사에 반영할 수 있다.

Q13. 협회에서의 역할과 감리 진행 여부는?

협회는 중간기밀테스트와 최종기밀테스트를 수행하여 시공이 제대로 수행되고 있는지 수치적으로 평가한다. 공사기간 동안 단체톡방이나 하우스플래너(건축주 비용부담)라는 프로그램을 통해 시공사(또는 공사관리자)가 주 1회 사진 업로드와 공사일정 공지 등을 하도록 한다. 공사과정에서 문제가 있을 경우 중재 역할도 한다. 다만, 협회에서는 감리업무를 수행하지 않는다. 허가를 받을 경우, 법적 감리를 별도로 계약해야 한다.

Q14. 처마는 얼마나 나오나?

벽체 중심부터 1미터가 면적에 포함되지 않는 법적 기준이여서, 표준주택 처마 깊이도 벽체 중심부터 1미터이다. 벽면에서 돌출되는 깊이는 770mm이다.

Q15. 부가세는 별도인가?

부가세는 별도이다.

자료제공 : (사)한국패시브건축협회

경상북도 상주시
4L 패시브하우스

표준주택 모델 | 25-A

계약금액
243,320,000원
(부가세 포함 / 2023년 기준)

HOUSE PLAN

대지위치 : 경상북도 상주시 사벌국면 | **대지면적 :** 370m²(112평) | **용도 :** 단독주택 | **건축면적 :** 85.03m²(25.72평) | **연면적 :** 85.03m²(25.72평) | **건폐율 :** 22.98% | **용적률 :** 22.98% | **규모 :** 지상 1층 | **구조 :** 경량목구조 | **내장마감 :** 합지벽지 | **외장마감 :** 세라믹사이딩 | **지붕재 :** 고내식합금도금강판 | **창호재 :** 엔썸 47mm 3중유리 시스템창호 | **냉방설비 :** 시스템에어컨 | **사진 :** 포토스토리 | **전기&기계설비 설계 :** 나이스기술단 | **구조 설계 :** 환구조 | **설계 :** (주)자림이앤씨건축사사무소 | **에너지컨설팅&검증기관 :** (사)한국패시브건축협회 | **에너지해석 프로그램 버전 :** 에너지샵(Energy#®) 2021 v2.5 | **시공기간 :** 2023. 8~2023. 12 | **시공 :** (주)그린홈예진

패시브하우스는 일정한 수준의 에너지 효율성을 달성하기 위해 특정 설계 원칙을 적용하여 건축한다. 기존 난방 또는 냉방 시스템의 필요성을 줄이기 위한 열 손실 또는 이득을 최소화하는 기밀 및 단열 구조를 형성해야 하기 때문이다. 이러한 건축을 구축하기 위해서는 당연히 초기 비용이 더 들기 마련이지만, 장기적인 관리 비용 절감과 절약되는 에너지 비용, 쾌적한 주거의 만족도까지 고려하면 오히려 경제성이 높다고 볼 수 있다.

미국 에너지부의 발표에 따르면 패시브하우스가 기존 주택에 비해 난방 및 냉방을 위한 에너지 소비를 최대 90%까지 줄일 수 있다고 평가하고 있다. 이러한 수준의 에너지 효율성은 환경에 미치는 영향까지 최소화할 뿐만 아니라 주택 수명 전반에 걸쳐 상당한 비용 절감을 가져다 준다.

CONSTRUCTION DETAIL

외벽 구성 : T16 세라믹사이딩 + 38mm 통기층 + 투습방수지 + 2×2 가로각재(32K 글라스울 40mm) 1겹 + 2×4 세로각재(32K 글라스울 40mm) 1겹 + T11 OSB + 2×6 스터드(셀룰로오스) + 가변형방습지(기밀층) + 2×2 각재(설비층) + T9.5 석고보드 2겹
외벽 열관류율 : 0.193W/m²·K

지붕 구성 : T0.5 칼라강판 거멀접기 + T2 쉬트방수 + T11 OSB + 38mm 통기층 + 투습방수지(지붕용) + 2×4 가로각재(32K 글라스울 38mm) + 2×12 스터드(셀룰로오스) + 가변형방습지(기밀층)
지붕 열관류율 : 0.140W/m²·K

바닥 구성 : T10 강마루 + T50 몰탈(T12 X-L 파이프) + PE필름 + T150 비드법 2종 2호 단열재 + T300 기초 슬래브 + T300 비드법 1종 2호 단열재(되메우기용) + T100 버림 콘크리트 위 PE필름 위 + T100 잡석 위 PE필름 위
바닥 열관류율 : 0.165W/m²·K

창틀제조사 : Ensum_koemmering88
창틀 열관류율 : 0.950W/m²·K

유리 구성 : 5Low-e+16Ar+5Cl+16Ar+5Low-e
유리 열관류율 : 0.64W/m²·K

창호 전체열관류율(국내기준) : 0.893W/m²·K
현관문 제조사 : 엔썸
현관문 열관류율 : 0.622W/m²·K

기밀성능(n50) : 0.74회/h
환기장치 제조사 : DOMEKT R 300V
환기장치효율(난방효율) : 85%

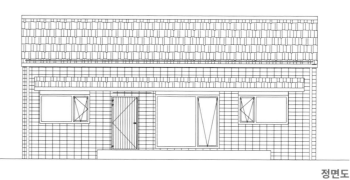

우측면도

정면도

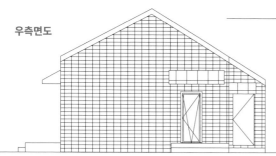

1층 평면도

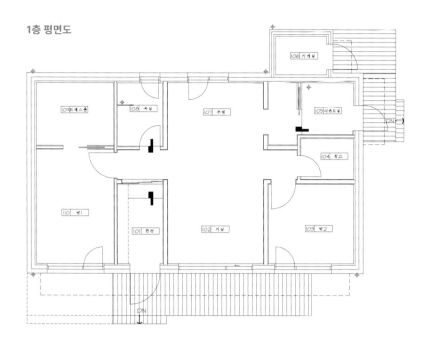

기초부 EPS 단열재 시공 및 측면 부위 아스팔트 프라이머 작업과 XPS 단열재 시공

종단면도

외벽 : 열관류율 0.17 W/m2.K 이하
(실외측 부터)
세라믹사이딩
38mm 통기층
투습방수지
2x2 가로각재(32k 글라스울 40mm) 1겹
2x4 세로각재(32k 글라스울 40mm) 1겹
11mm OSB
2x6 스터드(셀룰로우스)
가변형방습지(기밀층)
2x2 각재(설비층)
9.5mm 석고보드2겹

지붕 : 열관류율 0.15 W/㎡.K 이하
(외부부터)
아스팔트싱글
2mm 쉬트방수
11mm OSB
38mm 통기층
투습방수지 (지붕용)
2x4 가로각재(32k 글라스울 38mm) 1겹
2x12 스터드 (셀룰로우스)
가변형방습지(기밀층)

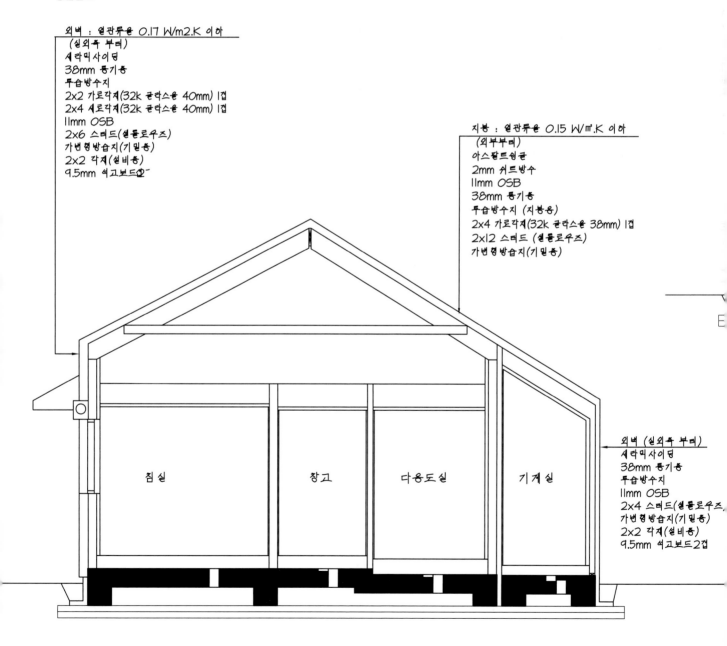

침실

창고

다용도실

기계실

외벽 (실외측 부터)
세라믹사이딩
38mm 통기층
투습방수지
11mm OSB
2x4 스터드(셀룰로우스)
가변형방습지(기밀층)
2x2 각재(설비층)
9.5mm 석고보드2겹

횡단면도

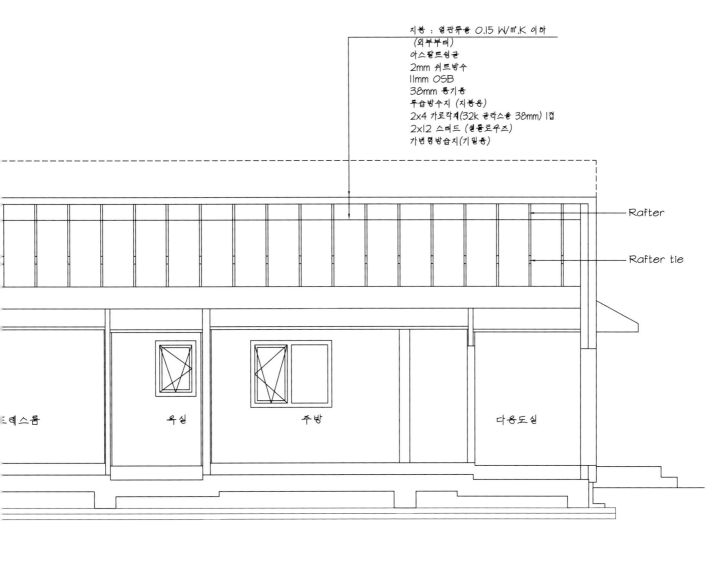

지붕 : 열관류율 0.15 W/㎡.K 이하
(외부부터)
아스팔트싱글
2mm 쉬트방수
11mm OSB
38mm 통기층
투습방수지 (지붕용)
2x4 가로각재(32k 글라스울 38mm) 1겹
2x12 스터드 (셀룰로우즈)
가변형방습지(기밀용)

Rafter

Rafter tie

...렉스룸   욕실   주방   다용도실

열회수환기장치 보일러실 공사 및 외부 전동블라인드 설치 작업

열회수환기장치에 따른 흡배기관 실내 설치 작업

기후 정보	기후 조건	◇ 상주			
	평균기온(℃)	20.0	난방도시(kKh)	77.7	
기본 설정	건물 유형	주거	축열(Wh/㎡K)	80	
	난방온도(℃)	20	냉방온도(℃)	26	
발열 정보	전체 거주자수	2	내부발열 입력유형	표준치 선택	
	내부발열(W/㎡)	4.38		주거시설 표준치	
면적 체적	유효실내면적(㎡)	69.8	환기용체적(㎥)	174.4	
	A/V 비	0.81	(= 362.5 ㎡ / 447.5 ㎥)		

열관 류율 (W/ ㎡K)	지 붕	0.140	외벽 등	0.193
	바닥/지면	0.165	외기간접	0.000
	출 입 문	0.622	창호 전체	0.893
기본 유리	제 품	Ensum_5Low-e+16Ar+5Cl+16Ar+5Low-e		
	열관류율	0.64	일사획득계수	0.45
기본 창틀	제 품	Ensum_koemmering88		
	창틀열관류율	0.950	간봉열관류율	0.03
환기 정보	제 품	DOMEKT R 450V		
	난방효율	85%	냉방효율	80%
	습도회수율	0%	전력(Wh/㎡)	0.408470722
열교	선형전달계수(W/K)	0.16	점형전달계수(W/K)	0.00

재생 에너지	태양열	System 미설치
	지 열	System 미설치
	태양광	System 미설치

	난방성능 (리터/㎡·yr)	**4.0**	검토(레벨1/2/3) ↓ 15/30/50
난방	난방에너지 요구량(kWh/㎡·yr)	39.52	Level 3
	난방 부하(W/㎡)	35.6	
냉방	냉방에너지 요구량(kWh/㎡·yr)	18.26	–
	현열에너지	8.76	↓ 검토제외
	제습에너지	9.50	
	냉방 부하(W/㎡)	33.2	
	현열부하	21.7	
	제습부하	11.5	
총량	총에너지 소요량(kWh/㎡·yr)	115	
	CO2 배출량(kg/㎡·yr)	39.0	↓ 180/180/180
	1차에너지 소요량(kWh/㎡·yr)	203	X
기밀	기밀도 n50 (1/h)	0.74	Level 1
검토 결과	**Passive House**		↑ 1/1/1

● ● ●

연간 난방 비용 : 356,600원
연간 총에너지 비용 : 945,700원

남향일사량(kWh/㎡)	난방기간	581	냉방기간	448

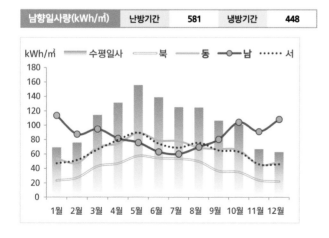

난방도시(kKh)	전체기간	77.7	난방기간	68.9

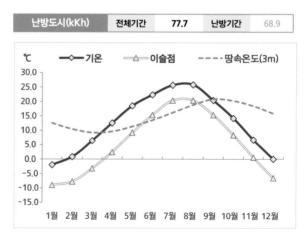

ENERGY#® | 난방에너지 요구량

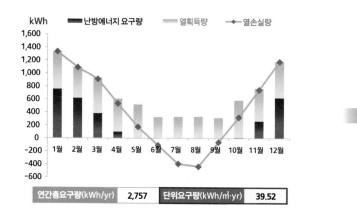

연간총요구량(kWh/yr)	2,757	단위요구량(kWh/㎡·yr)	39.52

ENERGY#® | 냉방에너지 요구량

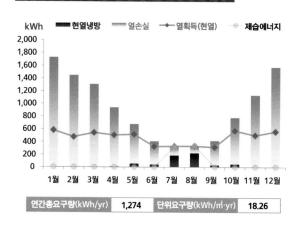

연간총요구량(kWh/yr)	1,274	단위요구량(kWh/㎡·yr)	18.26

ENERGY#® | 에너지사용량(에너지원별)

에너지원 (Energy Source)	에너지 기초 소요량 (kWh/yr)	에너지 소요량 태양광 발전량	(kWh/yr, Net)	에너지 비용 (원/yr)
전기	3,243		3,243	437,920
도시가스				
LPG				
등유	4,772		4,772	507,757
기타연료				
지역난방				
합 계	8,015		8,015	945,677

ENERGY#® | 에너지사용량(용도별)

용 도	에너지 기초 소요량 (kWh/yr)	비중	에너지 비용 (원/yr)	비중
난방	3,338	42%	356,586	38%
온수	1,496	19%	159,347	17%
냉방	354	4%	52,975	6%
환기	404	5%	53,890	6%
조명	1,211	15%	161,440	17%
조리				
가전	1,211	15%	161,440	17%
기타				
합 계	8,015		945,677	

● ● ●

연간 에너지 기초소요량 : 8,015kWh
연간 에너지 총소요량 : 8,015kWh
연간 에너지 총비용 : 945,700원

제주도 제주시
1.3L 패시브하우스

표준주택 모델 | 30-C-2-O

계약금액
317,880,000원
(부가세 별도 / 2021년 기준)

HOUSE PLAN

대지위치 : 제주도 제주시 | **대지면적 :** 510.00m² | **지역지구 :** 계획관리지역 | **용도 :** 단독주택 | **건축면적 :** 103.26m²(31.25평) | **연면적 :** 99.03m²(29.96평) | **건폐율 :** 20.25% | **용적률 :** 19.42% | **규모 :** 지상 1층 | **구조 :** 경량목구조 | **내장마감 :** 합지벽지 | **외장마감 :** 벽돌타일 | **지붕재 :** 고내식합금도금강판(포스맥) | **창호재 :** 엔썸 TS / TT 47mm 3중유리(1등급) 애드온 시스템 | **난방설비 :** 가스보일러 | **냉방설비 :** 에어컨 | **사진 :** 포토스토리 | **설비&전기 :** 나이스기술단 | **설계 :** ㈜자림이앤씨건축사사무소 | **에너지컨설팅&검증기관 :** (사)한국패시브건축협회 | **에너지해석 프로그램 버전 :** 에너지샵(Energy#®) 2021 v2.5 | **설계기간 :** 2021.4~2021.5 | **시공기간 :** 2021.7~2021.12 | **시공 :** ㈜그린홈예진

제주시에 자리한 경량목구조를 구조로 선택한 1.3L 패시브하우스이다. 고내식합금도금 강판으로 마감한 박공지붕에 주택 외부는 청고벽돌로 마감하여 제주의 이미지와도 잘 어울린다. 결로 방지를 위한 고단열재 및 방수투습자재가 적용되었고, 고효율 열회수환기 장치 설치를 통한 실내외 공기질과 온습도 제어 환기솔루션이 설치되었다. 한국패시브건 축협회의 테스트를 통해 공식 패시브하우스 인증을 받았다.

좌측면도

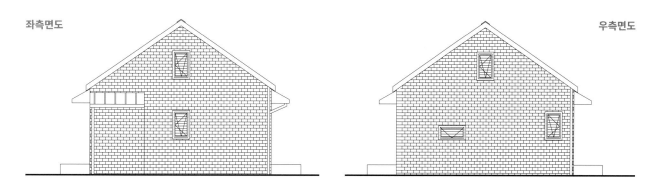

우측면도

CONSTRUCTION DETAIL

외벽 구성 : T21 벽돌타일 + T6 시멘트보드 (+T4 미장) + 38mm 통기층 + 투습방수지 + 2×2 가로각재(32K 글라스울 38mm -나등급) 1겹 + 2×4 세로각재(32K 글라스울 38mm-나등급) 1겹 + T11 OSB + 2×6 스터드(24K 글라스울 40mm/100mm-나등급) + 가변형방습지(기밀층) + 2×2 각재(설비층) + T9.5 석고보드 2겹
외벽 열관류율 : 0.199W/m²·K

———

지붕 구성 : T0.5 칼라강판 거멀접기 + T2 쉬트방수 + T11 OSB + 38mm 통기층 + 투습방수지(지붕용) + 2×4 가로각재(32K 글라스울 38mm-나등급) 1겹 + 2×12 스터드(24K 글라스울 120mm 2겹-나등급) + 가변형방습지(기밀층)+ 38×38 각재(설비층) + T9.5 석고보드 2겹
지붕 열관류율 : 0.150W/m²·K

———

바닥 구성 : T10 강마루 + T35 몰탈(T12 X-L 파이프) + 와이어메쉬(#8-200×200) + 단열재 조인트 부분 우레탄폼 충진 후 테이핑처리 + T100 비드법 1종 2호 + T50 비드법 1종 2호 + 우레탄 도막방수 또는 별도 방습처리(벽체가 서는 부분만) + T300 기초 슬라브 + 단열재 조인트 부분 우레탄폼 충진 후 테이핑처리 + T400 비드법 1종 2호(되메우기용) + T100 버림 콘크리트 + PE필름 +T100 잡석깔기
바닥 열관류율 : 0.184W/m²·K

———

창틀 제조사 : 엔썸
케멀링88(Ensum_koemmering88)
창틀 열관류율 : 0.786W/m²·K

———

유리 제조사 : 삼호글라스
유리 구성 : 5PLA UN+16AR+5CL+16AR+5PAL UN
유리 열관류율 : 0.57W/m²·K

———

창호 전체열관류율(국내기준) : 0.829W/m²·K
현관문 제조사 : 엔썸

———

기밀성능(n50) : 0.52회/h
환기장치 제조사 : 컴포벤트 domekt 350
환기장치효율(난방효율) : 85%

다락 평면도

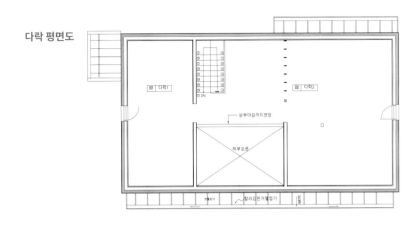

1층 평면도

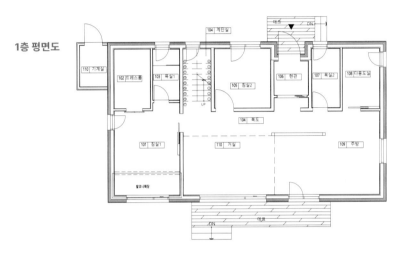

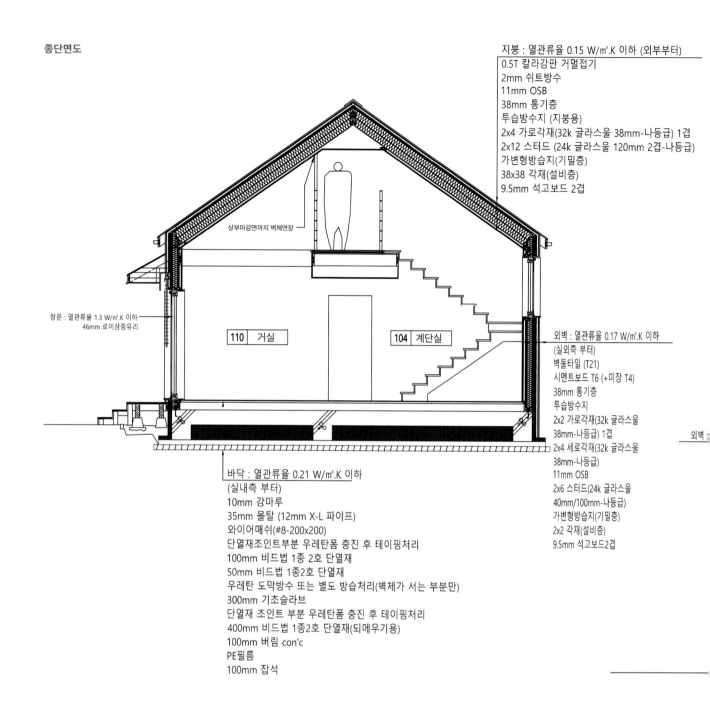

지붕 : 열관류율 0.15 W/㎡.K 이하 (외부부터)

0.5T 칼라강판 거멀접기
2mm 쉬트방수
11mm OSB
38mm 통기층
투습방수지 (지붕용)
2x4 가로각재(32k 글라스울 38mm-나등급) 1겹
2x12 스터드 (24k 글라스울 120mm 2겹-나등급)
가변형방습지(기밀층)
38x38 각재(설비층)
9.5mm 석고보드 2겹

상부마감면까지 벽체연장

창문 : 열관류율 1.3 W/㎡.K 이하
46mm 로이삼중유리

110 거실

104 계단실

외벽 : 열관류율 0.17 W/㎡.K 이하

(실외측 부터)
벽돌타일 (T21)
시멘트보드 T6 (+미장 T4)
38mm 통기층
투습방수지
2x2 가로각재(32k 글라스울
38mm-나등급) 1겹
2x4 세로각재(32k 글라스울
38mm-나등급)
11mm OSB
2x6 스터드(24k 글라스울
40mm/100mm-나등급)
가변형방습지(기밀층)
2x2 각재(설비층)
9.5mm 석고보드2겹

외벽

바닥 : 열관류율 0.21 W/㎡.K 이하

(실내측 부터)
10mm 강마루
35mm 몰탈 (12mm X-L 파이프)
와이어매쉬(#8-200x200)
단열재조인트부분 우레탄폼 충진 후 테이핑처리
100mm 비드법 1종 2호 단열재
50mm 비드법 1종2호 단열재
우레탄 도막방수 또는 별도 방습처리(벽체가 서는 부분만)
300mm 기초슬라브
단열재 조인트 부분 우레탄폼 충진 후 테이핑처리
400mm 비드법 1종2호 단열재(되메우기용)
100mm 버림 con'c
PE필름
100mm 잡석

가변형 방수투습지 인텔로 시공

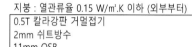

실내에 시공하는 컴포벤트 열회수환기장치

지붕 : 열관류율 0.15 W/m².K 이하 (외부부터)
0.5T 칼라강판 거멀접기
2mm 쉬트방수
11mm OSB
38mm 통기층
투습방수지 (지붕용)
2x4 가로각재(32k 글라스울 38mm-나등급) 1겹
2x12 스터드 (24k 글라스울 120mm 2겹-나등급)
가변형방습지(기밀층)
38x38 각재(설비층)
9.5mm 석고보드 2겹

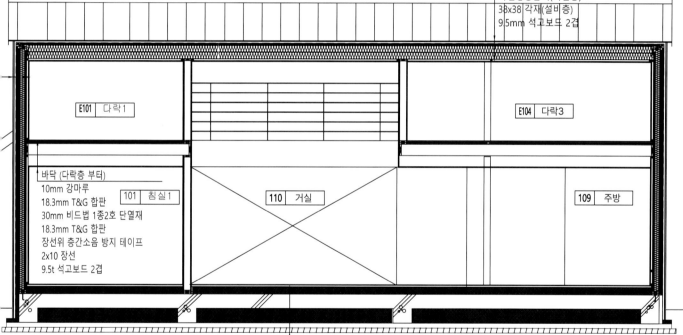

| E101 | 다락1 |

| E104 | 다락3 |

바닥 (다락층 부터)
10mm 강마루
18.3mm T&G 합판
30mm 비드법 1종2호 단열재
18.3mm T&G 합판
장선위 층간소음 방지 테이프
2x10 장선
9.5t 석고보드 2겹

| 101 | 침실1 |

| 110 | 거실 |

| 109 | 주방 |

횡단면도

바닥 : 열관류율 0.21 W/m².K 이하
(실내측 부터)
10mm 강마루
35mm 몰탈 (12mm X-L 파이프)
와이어매쉬(#8-200x200)
단열재조인트부분 우레탄폼 충진 후 테이핑처리
100mm 비드법 1종 2호 단열재
50mm 비드법 1종2호 단열재
우레탄 도막방수 또는 별도 방습처리(벽체가 서는 부**분만**)
300mm 기초슬라브
단열재 조인트 부분 우레탄폼 충진 후 테이핑처리
400mm 비드법 1종2호 단열재(되메우기용)
100mm 버림 con'c
PE필름
100mm 잡석

기후 정보	기후 조건	◇ 제주시		
	평균기온(℃)	20.0	난방도시(kKh)	50.6
기본 설정	건물 유형	주거	축열(Wh/㎡K)	80
	난방온도(℃)	20	냉방온도(℃)	26
발열 정보	전체 거주자수	5.77	내부발열 입력유형	표준치 선택
	내부발열(W/㎡)	4.38		주거시설 표준치
면적 체적	유효실내면적(㎡)	120.8	환기용체적(㎡)	272.4
	A/V 비	0.78	(= 421.6 ㎡ / 539.3 ㎡)	

열관 류율 (W/ ㎡K)	지 붕	0.150	외벽 동	0.199
	바닥/지면	0.184	외기간접	0.000
	출입문	0.605	창호 전체	0.829
기본 유리	제 품	Ensum_T47/5PLA UN+16AR+5CL+16AR+5PAL UN		
	열관류율	0.57	일사획득계수	0.42
기본 창틀	제 품	Ensum_koemmering88_T/T		
	창틀열관류율	0.786	간봉열관류율	0.03
환기 정보	제 품	domeket 350		
	난방효율	85%	냉방효율	70%
	습도회수율	60%	전력(Wh/㎡)	0.28
열교	선형전달계수(W/K)	0.00	점형전달계수(W/K)	0.00

재생 에너지	태양열	System 미설치
	지 열	System 미설치
	태양광	System 미설치

	난방성능 (리터/㎡·yr)		1.3	검토(레벨1/2/3) ↓ 15/30/50
난방	난방에너지 요구량(kWh/㎡·yr)		13.15	Level 1
	난방 부하(W/㎡)		10.8	
냉방	냉방에너지 요구량(kWh/㎡·yr)		23.98	–
		현열에너지	9.27	↓ 검토제외
		제습에너지	14.70	
	냉방 부하(W/㎡)		14.1	
		현열부하	7.0	
		제습부하	7.1	
총량	총에너지 소요량(kWh/㎡·yr)		48	
	CO2 배출량(kg/㎡·yr)		14.0	↓ 120/150/180
	1차에너지 소요량(kWh/㎡·yr)		76	Level 1
기밀	기밀도 n50 (1/h)		0.52	Level 1
검토 결과	(Level 1) Passive House			↓ 0.6/1/1.5

● ● ●

연간 난방 비용 : 230,700원
연간 총에너지 비용 : 735,900원

남향일사량(kWh/㎡)	난방기간	486	냉방기간	480

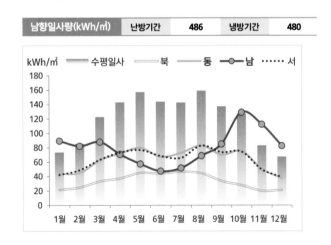

난방도시(kKh)	전체기간	50.6	난방기간	44.1

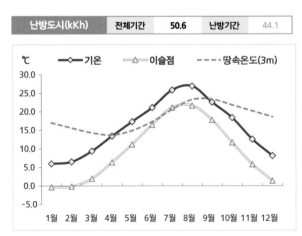

ENERGY#® | 난방에너지 요구량

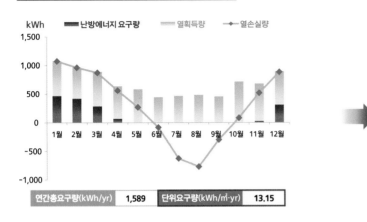

연간총요구량(kWh/yr)	1,589	단위요구량(kWh/㎡·yr)	13.15

ENERGY#® | 냉방에너지 요구량

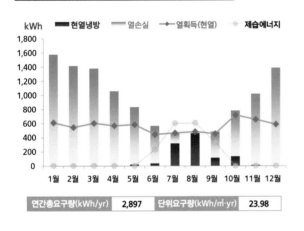

연간총요구량(kWh/yr)	2,897	단위요구량(kWh/㎡·yr)	23.98

ENERGY#® | 에너지사용량(에너지원별)

에너지원 (Energy Source)	에너지 기초 소요량 (kWh/yr)	에너지 소요량		에너지 비용 (원/yr)
		태양광 발전량	(kWh/yr, Net)	
전기	1,669		1,669	162,030
도시가스				
LPG	4,178		4,178	573,872
등유				
기타연료				
지역난방				
합 계	5,847		5,847	735,902

ENERGY#® | 에너지사용량(용도별)

용 도	에너지 기초 소요량 (kWh/yr)	비중	에너지 비용 (원/yr)	비중
난방	1,722	29%	230,710	31%
온수	2,563	44%	351,297	48%
냉방	1,133	19%	120,700	16%
환기	429	7%	33,194	5%
조명				
조리				
가전				
기타				
합 계	5,847		735,902	

● ● ●

연간 에너지 기초소요량 : 5,847kWh
연간 에너지 총소요량 : 5,847kWh
연간 에너지 총비용 : 735,900원

경상남도 창녕군
2.1L 패시브하우스

표준주택 모델 | 30A-2-O-2B

계약금액
291,300,000원
(부가세 별도 / 2022년 기준)

HOUSE PLAN

대지위치 : 경상남도 창녕군 고암면 | 대지면적 : 661.16㎡(200평) | 용도 : 단독주택 | 건축면적 : 101.65㎡(30.75평) | 연면적 : 101.65㎡(30.75평)[1층-101.65㎡(30.75평), 다락-70.85㎡ (21.43평)] | 건폐율 : 15.57% | 용적률 : 15.11% | 규모 : 지상 2층 | 구조 : 경량목구조 | 내장마 감 : 합지벽지 | 외장마감 : 세라믹사이딩 | 지붕재 : 고내식합금도금강판 | 창호재 : 엔썸 47mm 3 중유리 독일식 시스템창호(1등급) | 냉방설비 : 시스템에어컨 | 사진 : 포토스토리 | 전기&기계설비 설계 : 나이스기술단 | 구조 설계 : 환구조 | 설계 : (주)자림이앤씨건축사사무소 | 에너지컨설팅&검 증기관 : (사)한국패시브건축협회 | 에너지해석 프로그램 버전 : 에너지샵(Energy#®) 2016 v1.31 | 시공기간 : 2022. 4~2022. 8 | 시공 : (주)그린홈예진

기존 마을에서 다소 떨어진 숲속에 들어선 넉넉한 다락을 포함한 연면적 101.65m²
(30.75평) 단층주택이다. 비록 규모는 작지만 건축주가 원하는 깔끔한 공간 구성과 주거
기능을 높이기 위해 표준설계를 바탕으로 시공에 만전을 기했다. 표준주택 설계에 반영
된 박공지붕과 심플한 박스 형태에 맞춰 합리적인 자재를 선정하였고, 일정에 맞춰 모두
가 만족할 만한 주택이 완성되었다.

내부 구조는 오픈된 다락 공간으로 인해 층고가 다소 높아지면서 공간감이 더 넓게 느껴
지는 가운데, 전체적인 인테리어 디자인 콘셉트는 화이트 톤으로 실내가 한층 환한 분위
기다. 특히 건축주 부부가 주로 쓰게 될 안방 공간은 넉넉한 드레스룸과 욕실을 배치하여
동선 및 사용성을 높였다.

우측면도

정면도

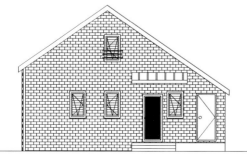

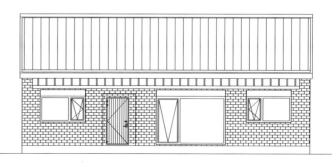

CONSTRUCTION DETAIL

외벽 구성 : T16 세라믹사이딩 + 38mm 통기층 + 투습방수지 + 2×2 가로각재(32K 글라스울 38mm) 1겹 + 2×4 세로각재(32K 글라스울 38mm) 1겹 + T11 OSB + 2×6 스터드(셀룰로오스) + 가변형방습지(기밀층) + 2×2 각재(설비층) + T9.5 석고보드 2겹
외벽 열관류율 : 0.199W/m²·K

———

지붕 구성 : T0.5 칼라강판 거멀접기 + T2 쉬트방수 + T11 OSB + 38mm 통기층 + 투습방수지(지붕용) + 2×4 가로각재(32K 글라스울 38mm) 2겹 + 2×12 스터드(셀룰로오스) + 가변형방습지(기밀층) + 38×38 각재(설비층) + T9.5 석고보드 2겹
지붕 열관류율 : 0.118W/m²·K

———

바닥 구성 : T10 강마루 + T40 몰탈(T12 X-L 파이프) + 와이어메쉬(#8-200×200) + 0.1mm PE필름 + 단열재 조인트 부분 우레탄폼 충진 후 테이핑 처리 + T100 비드법 1종 2호 단열재 + T70 비드법 1종 2호 단열재 + 우레탄 도막방수 또는 별도 방습 처리(벽체가 서는 부분만) + T300 기초 슬라브 + 단열재 조인트 부분 우레탄폼 충진 후 테이핑 처리 + T400 비드법 1종 2호 단열재(되메우기용) + 0.1mm PE필름 + T100 버림 콘크리트 + 0.1mm PE필름 + T100 잡석
바닥 열관류율 : 0.164W/m²·K

———

창틀제조사 : Ensum_koemmering88
창틀 열관류율 : 0.950W/m²·K

———

유리 제조사 : 삼호글라스
유리 구성 : 5PLA UN+16AR+5CL+16AR+5PAL UN
유리 열관류율 : 0.57W/m²·K

———

창호 전체열관류율(국내기준) : 0.938W/m²·K
현관문 제조사 : 엔썸
현관문 열관류율 : 0.605W/m²·K

———

기밀성능(n50) : 0.65회/h
환기장치 제조사 : 컴포벤트 domekt 450
환기장치효율(난방효율) : 86%

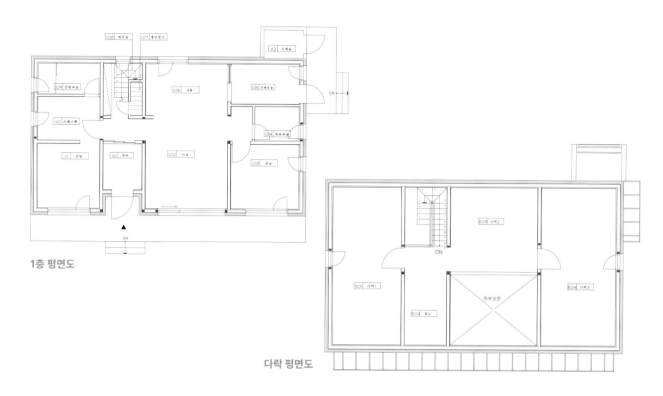

1층 평면도

다락 평면도

설비 일반사항

규격철망을 이용한 엑셀파이프 고정 방식

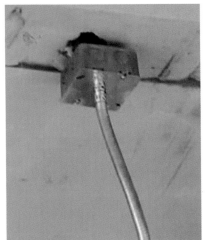

전기박스 시공사례

▢	철근콘크리트
▢	단열재
▉	설비 부착물

열교차단 앵커

분전반 / 계량기함

설비 부작용 개념도

창 : 열관류율 I.3 W/㎡.K 이하
47mm 로이삼중유리

설비부착물 열교차단 제품

열교차단스크류 적용안

열교차단앵커 적용안

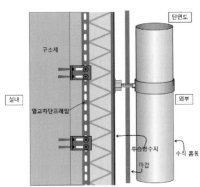

열교차단프레임 적용안

단면도

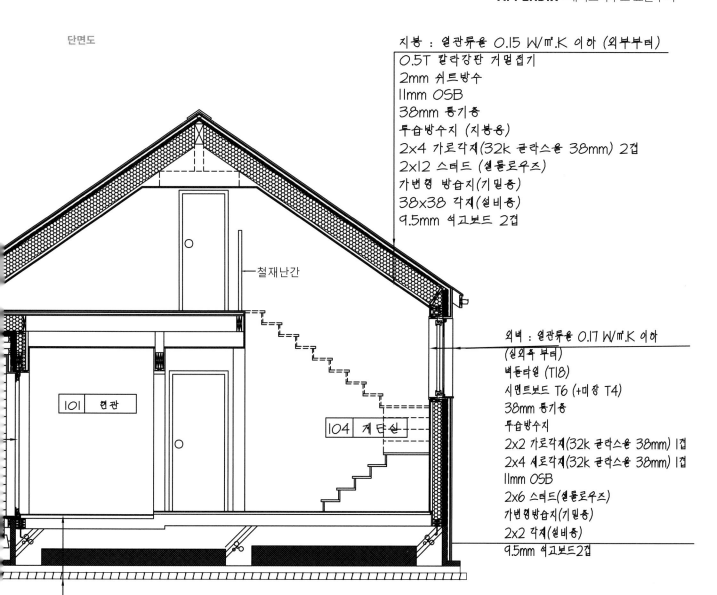

지붕 : 열관류율 0.15 W/㎡.K 이하 (외부부터)

0.5T 칼라강판 거멀접기
2mm 쉬트방수
11mm OSB
38mm 통기층
투습방수지 (지붕용)
2x4 가로각재(32k 글라스울 38mm) 2겹
2x12 스터드 (셀룰로우즈)
가변형 방습지(기밀층)
38x38 각재(설비층)
9.5mm 석고보드 2겹

철재난간

101 현관

104 계단실

외벽 : 열관류율 0.17 W/㎡.K 이하
(실외측 부터)
벽돌타일 (T18)
시멘트보드 T6 (+미장 T4)
38mm 통기층
투습방수지
2x2 가로각재(32k 글라스울 38mm) 1겹
2x4 세로각재(32k 글라스울 38mm) 1겹
11mm OSB
2x6 스터드(셀룰로우즈)
가변형방습지(기밀층)
2x2 각재(설비층)
9.5mm 석고보드2겹

바닥 : 열관류율 0.21 W/㎡.K 이하
(실내측 부터)
10mm 강마루
40mm 몰탈 (12mm X-L 파이프)
와이어메쉬(#8-200x200)
T0.1 PE필름
단열재조인트부분 우레탄폼 충진 후 테이핑처리
100mm 비드법 1종 2호 단열재
70mm 비드법 1종2호 단열재
우레탄 도막방수 또는 별도 방습처리(벽체가 서는 부분만)
300mm 기초슬라브
단열재 조인트 부분 우레탄폼 충진 후 테이핑처리
400mm 비드법 1종2호 단열재(되메우기용)
T0.1 PE필름
100mm 버림 con'c
T0.1 PE필름
100mm 잡석

ENERGY#® | 입력요약

기후 정보	기후 조건	◇ 창녕군			
	평균기온(℃)	20.0	난방도시(kKh)	65.2	
기본 설정	건물 유형	주거	축열(Wh/㎡K)	80	
	난방온도(℃)	20	냉방온도(℃)	26	
발열 정보	전체 거주자수	5.94	내부발열	표준치 선택	
	내부발열(W/㎡)	4.38	입력유형	주거시설 표준치	
면적 체적	유효실내면적(㎡)	124.3	환기용체적(㎡)	301.3	
	A/V 비	0.79	(= 422.2 ㎡ / 532.6 ㎡)		

열관 류율 (W/ ㎡K)	지 붕	0.118	외벽 등	0.199
	바닥/지면	0.164	외기간접	0.000
	출 입 문	0.605	창호 전체	0.938
기본 유리	제 품	Ensum_T47/5PLA UN+16AR+5CL+16AR+5PAL UN		
	열관류율	0.57	일사획득계수	0.45
기본 창틀	제 품	Ensum_koemmering88		
	창틀열관류율	0.950	간봉열관류율	0.03
환기 정보	제 품	domekt450		
	난방효율	86%	냉방효율	86%
	습도회수율	84%	전력(Wh/㎡)	0.3
열교	선형전달계수(W/K)	0.00	점형전달계수(W/K)	0.00

재생 에너지	태양열	System 미설치
	지 열	System 미설치
	태양광	System 미설치

ENERGY#® | 에너지 계산 결과

난방	난방성능 (리터/㎡·yr)		2.1	검토(레벨1/2/3) ↓ 15/30/50
	난방에너지 요구량(kWh/㎡·yr)		21.36	Level 2
	난방 부하(W/㎡)		14.3	
냉방	냉방에너지 요구량(kWh/㎡·yr)		20.11	–
		현열에너지	7.36	↓ 검토제외
		제습에너지	12.75	
	냉방 부하(W/㎡)		12.2	
		현열부하	5.9	
		제습부하	6.3	
총량	총에너지 소요량(kWh/㎡·yr)		55	
	CO2 배출량(kg/㎡·yr)		15.0	↓ 180/180/180
	1차에너지 소요량(kWh/㎡·yr)		78	Level 1
기밀	기밀도 n50 (1/h)		0.65	Level 1
검토 결과	(A2) Passive House			↑ 1/1/1

● ● ●

연간 난방 비용 : 410,000원
연간 총에너지 비용 : 880,100원

ENERGY#® | 기후정보

남향일사량(kWh/㎡)	난방기간	615	냉방기간	474

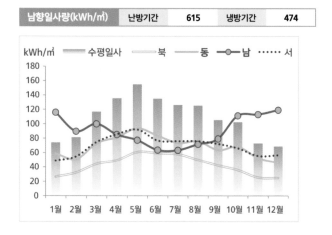

난방도시(kKh)	전체기간	65.2	난방기간	58.6

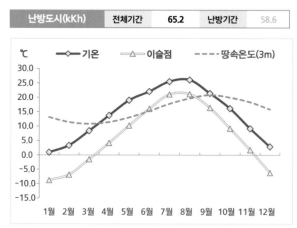

ENERGY#® | 난방에너지 요구량

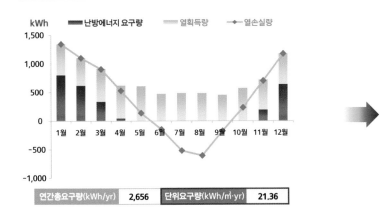

연간총요구량(kWh/yr)	2,656	단위요구량(kWh/㎡·yr)	21.36

ENERGY#® | 냉방에너지 요구량

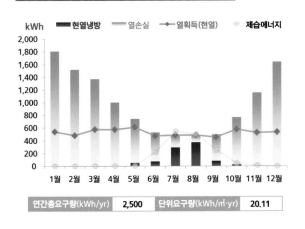

연간총요구량(kWh/yr)	2,500	단위요구량(kWh/㎡·yr)	20.11

ENERGY#® | 에너지사용량(에너지원별)

에너지원 (Energy Source)	에너지 기초 소요량 (kWh/yr)	에너지 소요량 태양광 발전량	에너지 소요량 (kWh/yr, Net)	에너지 비용 (원/yr)
전기	1,356		1,356	129,170
도시가스				
LPG	5,467		5,467	750,943
등유				
기타연료				
지역난방				
합 계	6,823		6,823	880,113

ENERGY#® | 에너지사용량(용도별)

용 도	에너지 기초 소요량 (kWh/yr)	비중	에너지 비용 (원/yr)	비중
난방	3,011	44%	410,036	47%
온수	2,509	37%	343,680	39%
냉방	821	12%	97,450	11%
환기	481	7%	28,948	3%
조명				
조리				
가전				
기타				
합 계	6,823		880,113	

연간 에너지 기초소요량 : 6,823kWh
연간 에너지 총소요량 : 6,823kWh
연간 에너지 총비용 : 880,100원

경상남도 밀양시
1.1L 패시브하우스

표준주택 모델 | 44+7

계약금액
310,000,000원

(부가세 별도 / 2016년 기준)

HOUSE PLAN

대지위치 : 경상남도 밀양시 | **대지면적** : 842m²(254.70평) | **용도** : 단독주택 | **건축면적** : 146.24m²(44.24평) | **연면적** : 146.24m²(44.24평) | **건폐율** : 11.35% | **용적률** : 17.22% | **규모** : 지상 2층 | **구조** : 경량목구조 | **내장마감** : 합지벽지 | **외장마감** : 스타코, 세라믹사이딩 | **지붕재** : 고내식합금도금강판스맥 | **창호재** : 엔썸 TS / TT 47mm 3중유리(1등급) | **난방설비** : 기름보일러 | **냉방설비** : 에어컨 | **사진** : 포토스토리 | **설계** : ㈜자림이앤씨건축사사무소 | **에너지컨설팅&검증기관** : (사)한국패시브건축협회 | **에너지해석 프로그램 버전** : 에너지샵(Energy#®) 2016 v1.31 | **시공기간** : 2016. 1~2016. 4 | **시공** : ㈜그린홈예진

건축주로서 전원주택을 짓기 위한 준비과정은 어떻게?

인터넷에서 많은 정보를 얻었다. 처음에는 여러 건축공법과 집의 형태에 대해 많이 찾아봤다. 어느 정도 윤곽을 그려 나갈 때쯤 패시브하우스를 알게 되었고, 본격적인 공부에 들어갔다. 아울러 패시브하우스에 꼭 필요한 자재에 대한 공부도 틈틈이 병행했다. 시간이 갈수록 에너지 효율이 높은 패시브하우스를 어떻게 잘 지을 수 있을까 고민하게 되었다. 그래서 한국패시브건축협회에서 제공하는 표준주택을 선택하고 모든 과정을 진행했다.

설계와 시공 과정에 에피소드가 있다면?

설계는 한국패시브건축협회에서 제공하는 패시브하우스 표준주택을 선택했다. 설계비용을 낮추는 대신 말 그대로 표준화된 기성복처럼 나온 설계라 수정이 어려웠다. 그러다 보니 우리 부부가 원하는 구성을 충족하는 데 걸림돌이 많았다. 그렇다면 패시브하우스를 포기해야 하나 고민할 무렵, 추가로 2층 구조의 표준 설계가 나와 주었다. 그 덕분에 지금의 집을 지을 수 있었다.

1층 평면도

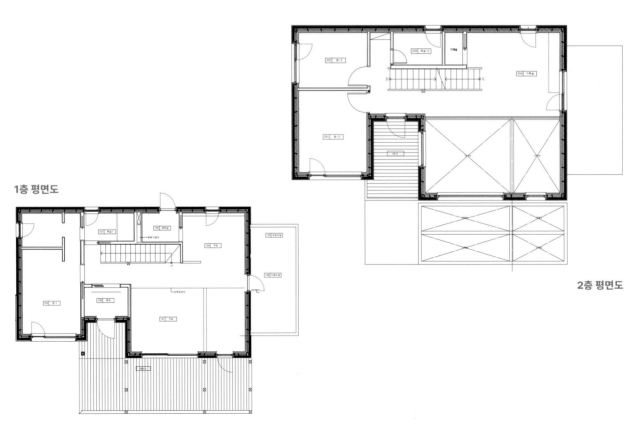

2층 평면도

시공사는 협회 정회원사 중 지역 업체를 먼저 접촉했는데, 일정이 여의치 않았다. 때마침 협회 회장님이 또 다른 정회원사인 (주)그린홈예진을 소개해 주셨다. 거리도 생각보다 멀고 반신반의하는 마음이었는데, 오랜 상담을 통해 신뢰가 갔다. 시공 과정에 지붕과 관련해 해프닝이 있었지만, 전반적인 시공 과정은 순탄했고 꼼꼼하게 시공해 주었다.

패시브하우스에 살아보니

사계절을 지내고 보니, 역시 패시브하우스는 패시브하우스라는 결론을 얻었다. 사람마다 다르겠지만 겨울에도 우리 부부에게는 따로 난방을 안 해도 될 만큼 실내 온기가 오래도록 유지되었다. 겨우내 연로하신 부모님을 모신 상황이라 조금씩 난방을 한 게 전부였다. 한편, 여름에 1층은 대체로 선선했고 2층과 다락은 다소 더운 느낌 정도였다. 그래도 태양광패널 덕분에 전기료 걱정 없이 에어컨을 마음껏 틀며 살 수 있었다. 무더웠던 7, 8월에 전기료가 고작 14,000원 정도 나왔던 기억이 생생하다.

CONSTRUCTION DETAIL

외벽 구성 : T10 스타코 + T6 CRC보드 + 20×20 세로각재(20mm 통기층) + 투습방수지 + 2×2 스터드(T38 글라스울 32K 나등급) + 2×4 스터드(T38 글라스울 32K 나등급 세로) + T11.1 OSB + 2×6 스터드(T140 글라스울 24K 나등급) + 가변형 투습지 + 2×2 세로각재(38mm 설비층) + T9.5 석고보드 + 합지벽지

———

지붕 구성 : T0.5 칼라강판 + T2 쉬트방수 + T11.1 OSB + 2×4 통기층 + 투습방수지(지붕용) + 2×2 가로각재(T38 글라스울 32K 나등급) + 2×10 스터드(T235 글라스울 24K 나등급) + 가변형 투습지 + 2×2 각재(38mm 설비층) + T9.5 석고보드 2겹

———

바닥 구성 : T10 강마루+T35 시멘트 몰탈(12 온수배관) + T0.03 PE필름 1겹 + T50 비드법보온판 1종 2호 + T100 비드법보온판 1종 2호

———

기초 구성 : T200 콘크리트 + T0.03 PE필름 + T200 EPS 1종 4호 + T0.03 PE필름 + T100 무근콘크리트 + T100 쇄석

———

창틀 제조사 : 엔썸

———

유리 구성 : 5소프트로이 + 16Ar + 5CL + 16Ar + 5소프트로이
유리 열관류율 : 0.680W/m²·K

정면도

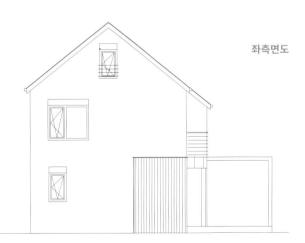

좌측면도

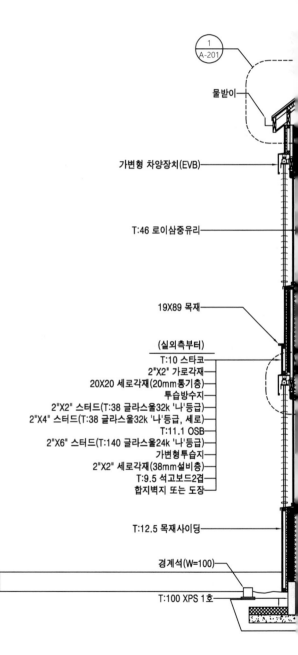

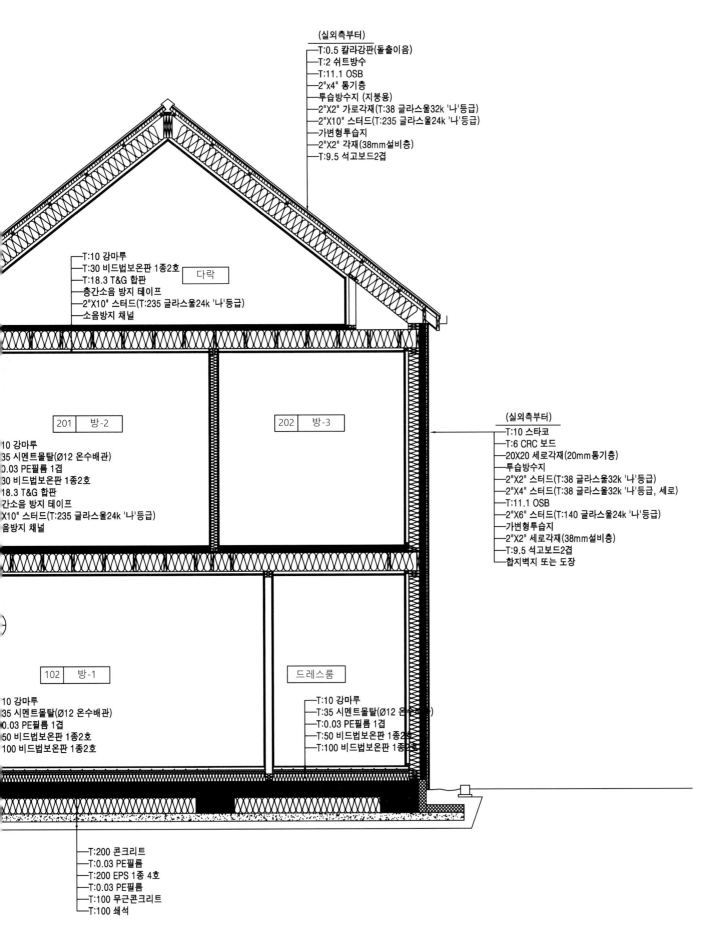

(실외측부터)
- T:0.5 칼라강판(돌출이음)
- T:2 쉬트방수
- T:11.1 OSB
- 2"x4" 통기층
- 투습방수지 (지붕용)
- 2"X2" 가로각재(T:38 글라스울32k '나'등급)
- 2"X10" 스터드(T:235 글라스울24k '나'등급)
- 가변형투습지
- 2"X2" 각재(38mm설비층)
- T:9.5 석고보드2겹

다락
- T:10 강마루
- T:30 비드법보온판 1종2호
- T:18.3 T&G 합판
- 층간소음 방지 테이프
- 2"X10" 스터드(T:235 글라스울24k '나'등급)
- 소음방지 채널

201 방-2

202 방-3

(실외측부터)
- T:10 스타코
- T:6 CRC 보드
- 20X20 세로각재(20mm통기층)
- 투습방수지
- 2"X2" 스터드(T:38 글라스울32k '나'등급)
- 2"X4" 스터드(T:38 글라스울32k '나'등급, 세로)
- T:11.1 OSB
- 2"X6" 스터드(T:140 글라스울24k '나'등급)
- 가변형투습지
- 2"X2" 세로각재(38mm설비층)
- T:9.5 석고보드2겹
- 합지벽지 또는 도장

10 강마루
35 시멘트몰탈(Ø12 온수배관)
0.03 PE필름 1겹
30 비드법보온판 1종2호
18.3 T&G 합판
간소음 방지 테이프
X10" 스터드(T:235 글라스울24k '나'등급)
음방지 채널

102 방-1

드레스룸

10 강마루
35 시멘트몰탈(Ø12 온수배관)
0.03 PE필름 1겹
50 비드법보온판 1종2호
100 비드법보온판 1종2호

- T:10 강마루
- T:35 시멘트몰탈(Ø12 온수배관)
- T:0.03 PE필름 1겹
- T:50 비드법보온판 1종2호
- T:100 비드법보온판 1종2호

- T:200 콘크리트
- T:0.03 PE필름
- T:200 EPS 1종 4호
- T:0.03 PE필름
- T:100 무근콘크리트
- T:100 쇄석

ENERGY#® | 입력요약

기후정보 / 기본설정 / 발열정보

기후정보	기후 조건			
	평균기온(℃)	20.0	난방도시(kKh)	54.2
기본설정	건물 유형	주거	축열(Wh/㎡K)	84
	난방온도(℃)	20	냉방온도(℃)	26
발열정보	전체 거주자수	4	내부발열	표준치 선택
	내부발열(W/㎡)	4.38	입력유형	주거시설 표준치

면적체적	유효실내면적(㎡)	109.688463	환기용체적(㎡)	274.2
	A/V 비	0.79	(= 498.3 ㎡ / 627.1 ㎡)	

열관류율 (W/㎡K)	지 붕	0.154	외벽 동	0.194
	바닥/지면	0.165	외기간접	0.257
	출 입 문	1.180	창호 전체	0.976
기본유리	제 품	5TePlus1.3 + 16Ar + 5CL + 16Ar + 5TePlus1.3		
	열관류율	0.680	일사획득계수	0.47
기본창틀	제 품	Kommering88		
	창틀열관류율	1.000	간봉열관류율	0.03

환기정보	제 품	Aircle_r250 - SHERPA		
	난방효율	70%	냉방효율	55%
	습도회수율	60%	전력(Wh/㎡)	0.428

ENERGY#® | 에너지 계산 결과

				에너지성능검토 (Level 1/2/3)
난방	난방성능 (리터/㎡)		1.1	↓ 15/30/50
	난방에너지 요구량(kWh/㎡)		10.68	Level 1
	난방 부하(W/㎡)		14.9	
냉방	냉방에너지 요구량(kWh/㎡)		32.92	Level 2
		현열에너지	27.05	↓ 19/34/44
		제습에너지	5.87	
	냉방 부하(W/㎡)		14.2	
		현열부하	10.0	
		제습부하	4.2	
총량	총에너지 소요량(kWh/㎡)		59.5	
	CO2 배출량(kg/㎡)		23.7	↓ 120/150/180
	1차에너지 소요량(kWh/㎡)		89	Level 1
기밀	기밀도 n50 (1/h)		0.56	Level 1
검토결과	(Level 2) Low Energy House			↓ 0.6/1/1.5

● ● ●

연간 난방 비용 : 135,800원
연간 총에너지 비용 : 689,300원

ENERGY#® | 기후정보

남향일사량(kWh/㎡)	난방기간	395	냉방기간	674

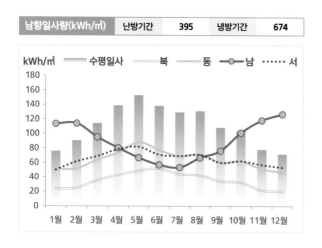

난방도시(kKh)	전체기간	54.2	난방기간	34.3

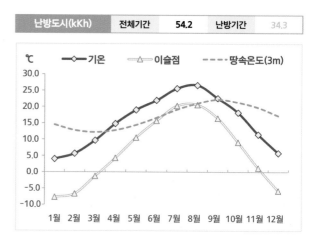

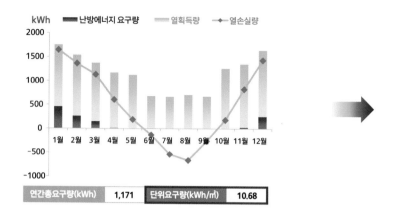

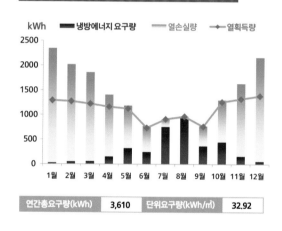

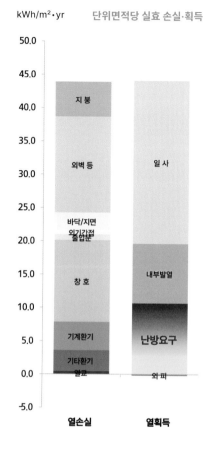

ENERGY#® | 에너지사용량(에너지원별)

에너지원 (Energy Source)	에너지 기초 소요량 (kWh)	에너지 소요량		에너지 비용 (원)
		태양광발전	(kWh, Net)	
전기	1,547		1,547	169,740
도시가스				
LPG				
등유	4,982		4,982	519,586
기타연료				
지역난방				
합 계	6,529		6,529	689,326

ENERGY#® | 에너지사용량(용도별)

용 도	에너지 기초 소요량 (kWh)	비중	에너지 비용 (원)	비중
난방	1,302	20%	135,753	20%
온수	3,680	56%	383,833	56%
냉방	1,022	16%	119,883	17%
환기	525	8%	49,857	7%
조명				
조리				
가전				
합 계	6,529		689,326	

● ● ●

연간 에너지 기초소요량 : 6,529kWh
연간 에너지 총소요량(태양광 발전 적용 후) : 6,529kWh
연간 에너지 총비용 : 689,300원

경기도 화성시
2.4L 패시브하우스

표준주택 모델 | 48A-5D-W

계약금액
354,900,000원
(부가세 별도 / 2022년 기준)

HOUSE PLAN

대지위치 : 경기도 화성시 봉담읍 | **대지면적 :** 660.00m²(199.65평) | **지역지구 :** 생산녹지지역 | **용도 :** 단독주택 | **건축면적 :** 81.17m²(24.55평) | **연면적 :** 158.94m²(48.07평)[1층-81.17m² (24.55평) / 2층-77.77m²(23.52평) / 다락-74.91m²(22.66평)] | **건폐율 :** 12.30% | **용적률 :** 24.08% | **규모 :** 지상 2층 | **구조 :** 경량목구조 | **내장마감 :** 합지벽지 | **외장마감 :** 벽돌타일 | **지붕재 :** 고내식합금도금강판(포스맥) | **창호재 :** 엔썸 TS / TT 47mm 3중유리(1등급) 애드온 시스템 | **난방설비 :** 가스보일러 | **냉방설비 :** 시스템에어컨 | **사진 :** 포토스토리 | **설비&전기 :** 나이스기술단 | **구조 :** 환구조 | **설계 :** ㈜자림이앤씨건축사사무소 | **에너지컨설팅&검증기관 :** (사)한국패시브건축협회 | **에너지해석 프로그램 버전 :** 에너지샵(Energy#®) 2021 v2.5 | **설계기간 :** 2021.3~2021.7 | **시공기간 :** 2021.9~2021.12 | **시공 :** ㈜그린홈예진

한국패시브건축협회의 표준주택 모델 중 하나이다. 높은 단열과 기밀 성능 그리고 생활의 편의를 감안한 공간 구성까지 갖춘 주택이다. 모던하면서도 클래식한 스타일의 주택은 검은색 강판 지붕과 청고벽돌 외부마감이 중후하면서도 단단한 인상을 전한다. 여기에 다양한 크기의 창이 포인트가 되어 멀리서도 주택이 도드라져 보인다. 기능적으로는 2.4L 패시브하우스로 단열, 기밀, 환기 등의 핵심요소가 적용되었다.

좌측면도

우측면도

CONSTRUCTION DETAIL

외벽 구성 : T18 벽돌타일 + T6 시멘트보드(+T4 미장) + 38mm 통기층 + 투습방수지 + 2×2 가로각재(32K 글라스울 40mm-가등급) 1겹 + 2×4 세로각재(32K 글라스울 40mm-가등급) 1겹 + T11 OSB + 2×6 스터드(25K 글라스울 140mm-가등급) + 가변형방습지(기밀층) + 2×2 각재(설비층) + T9.5 석고보드 2겹
외벽 열관류율 : 0.204W/m²·K

―――

지붕 구성 : T0.5 칼라강판 거멀접기 + T2 쉬트방수 + T11 OSB + 38mm 통기층 + 투습방수지(지붕용) + 2×4 가로각재(32K 글라스울 38mm-나등급) 1겹 + 2×12 스터드(24K 글라스울 120mm-나등급) 2겹 + 가변형방습지(기밀층) + 38×38 각재(설비층) + T9.5 석고보드 2겹
지붕 열관류율 : 0.137W/m²·K

―――

바닥 구성 : T10 강마루 + T35 몰탈(T12A X-L 파이프) + 와이어메쉬(#8-200×200) + 단열재 조인트 부분 우레탄폼 충진 후 테이핑처리 + T100 단열재(나등급) + T70 단열재(나등급) + 우레탄 도막방수 또는 별도 방습처리(벽체가 서는 부분만) + T300 기초 슬라브 + 단열재 조인트 부분 우레탄폼 충진 후 테이핑처리 + T300 단열재 나등급 (되메우기용) + T100 잡석 위 PE필름 위 T100 버림 콘크리트
바닥 열관류율 : 0.169W/m²·K

창틀 제조사 : 엔썸
케멀링(Ensum_koemmering88)
창틀 열관류율 : 0.950W/m²·K

―――

유리 제조사 : 삼호글라스
유리 구성 : 5PLA UN+16AR+5CL+16AR+5PAL UN
유리 열관류율 : 0.57W/m²·K

―――

창호 전체열관류율(국내기준) : 0.893W/m²·K
현관문 제조사 : 엔썸

―――

기밀성능(n50) : 0.42회/h
환기장치 제조사 : 컴포벤트 domekt R 450V
환기장치효율(난방효율) : 86%

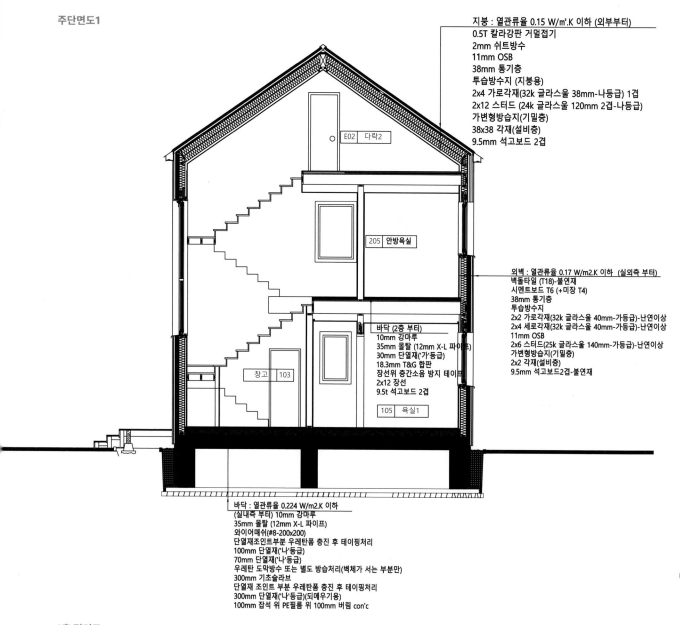

주단면도1

지붕 : 열관류율 0.15 W/m².K 이하 (외부부터)
0.5T 칼라강판 거멀접기
2mm 쉬트방수
11mm OSB
38mm 통기층
투습방수지 (지붕용)
2x4 가로각재(32k 글라스울 38mm-나등급) 1겹
2x12 스터드 (24k 글라스울 120mm 2겹-나등급)
가변형방습지(기밀층)
38x38 각재(설비층)
9.5mm 석고보드 2겹

E02 다락2

205 안방욕실

외벽 : 열관류율 0.17 W/m2.K 이하 (실외측 부터)
벽돌타일 (T18)-불연재
시멘트보드 T6 (+미장 T4)
38mm 통기층
투습방수지
2x2 가로각재(32k 글라스울 40mm-가등급)-난연이상
2x4 세로각재(32k 글라스울 40mm-가등급)-난연이상
11mm OSB
2x6 스터드(25k 글라스울 140mm-가등급)-난연이상
가변형방습지(기밀층)
2x2 각재(설비층)
9.5mm 석고보드2겹-불연재

바닥 (2층 부터)
10mm 강마루
35mm 몰탈 (12mm X-L 파이프)
30mm 단열재('가'등급)
18.3mm T&G 합판
장선위 층간소음 방지 테이프
2x12 장선
9.5t 석고보드 2겹

창고 103

105 욕실1

바닥 : 열관류율 0.224 W/m2.K 이하
(실내측 부터) 10mm 강마루
35mm 몰탈 (12mm X-L 파이프)
와이어매쉬(#8-200x200)
단열재조인트부분 우레탄폼 충진 후 테이핑처리
100mm 단열재('나'등급)
70mm 단열재('나'등급)
우레탄 도막방수 또는 별도 방습처리(벽체가 서는 부분만)
300mm 기초슬라브
단열재 조인트 부분 우레탄폼 충진 후 테이핑처리
300mm 단열재('나'등급)(되메우기용)
100mm 잡석 위 PE필름 위 100mm 버림 con'c

1층 평면도

108 기계실
DN
107 다용도실
106 주방
105 욕실1
101 현관
102 거실
104 침실1
101 UP
데크
DN
DN

2층 평면도

207 욕실2
206 침실4
204 드레스룸
205 안방욕실
온수분배기실
208 복도
DN
201 침실2
202 침실3
UP
203 안방침실

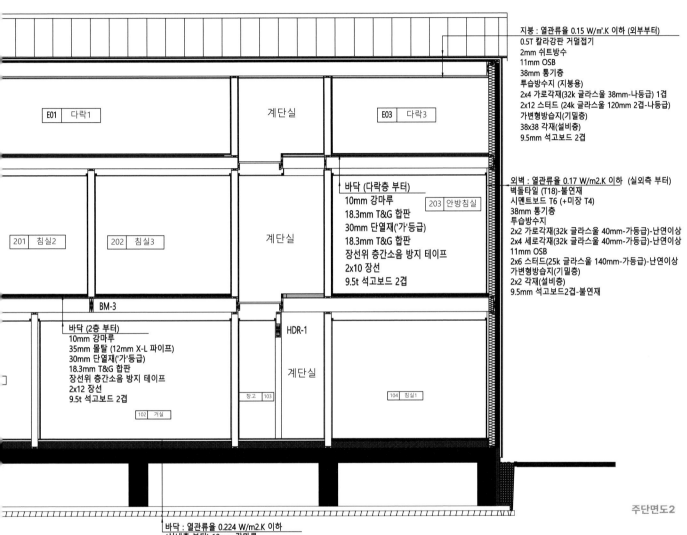

지붕 : 열관류율 0.15 W/m².K 이하 (외부부터)
0.5T 칼라강판 거멀접기
2mm 쉬트방수
11mm OSB
38mm 통기층
투습방수지 (지붕용)
2x4 가로각재(32k 글라스울 38mm-나등급) 1겹
2x12 스터드 (24k 글라스울 120mm 2겹-나등급)
가변형방습지(기밀층)
38x38 각재(설비층)
9.5mm 석고보드 2겹

외벽 : 열관류율 0.17 W/m2.K 이하 (실외측 부터)
벽돌타일 (T18)-불연재
시멘트보드 T6 (+미장 T4)
38mm 통기층
투습방수지
2x2 가로각재(32k 글라스울 40mm-가등급)-난연이상
2x4 세로각재(32k 글라스울 40mm-가등급)-난연이상
11mm OSB
2x6 스터드(25k 글라스울 140mm-가등급)-난연이상
가변형방습지(기밀층)
2x2 각재(설비층)
9.5mm 석고보드2겹-불연재

E01 다락1

계단실

E03 다락3

201 침실2

202 침실3

계단실

바닥 (다락층 부터)
10mm 강마루
18.3mm T&G 합판
30mm 단열재('가'등급)
18.3mm T&G 합판
장선위 층간소음 방지 테이프
2x10 장선
9.5t 석고보드 2겹

203 안방침실

BM-3

HDR-1

바닥 (2층 부터)
10mm 강마루
35mm 몰탈 (12mm X-L 파이프)
30mm 단열재('가'등급)
18.3mm T&G 합판
장선위 층간소음 방지 테이프
2x12 장선
9.5t 석고보드 2겹

계단실

창고 103

104 침실1

102 거실

주단면도2

바닥 : 열관류율 0.224 W/m2.K 이하
(실내측 부터) 10mm 강마루
35mm 몰탈 (12mm X-L 파이프)
와이어매쉬(#8-200x200)
단열재조인트부분 우레탄폼 충진 후 테이핑처리
100mm 단열재('나'등급)
70mm 단열재('나'등급)
우레탄 도막방수 또는 별도 방습처리(벽체가 서는 부분만)
300mm 기초슬라브
단열재 조인트 부분 우레탄폼 충진 후 테이핑처리
300mm 단열재('나'등급)(되메우기용)
100mm 잡석 위 PE필름 위 100mm 버림 con'c

기후 정보	기후 조건	◇ 화성시		
	평균기온(℃)	20.0	난방도시(kKh)	79.1
기본 설정	건물 유형	주거	축열(Wh/㎡K)	80
	난방온도(℃)	20	냉방온도(℃)	26
발열 정보	전체 거주자수	7.74	내부발열 입력유형	표준치 선택
	내부발열(W/㎡)	4.38		주거시설 표준치
면적 체적	유효실내면적(㎡)	161.9	환기용체적(㎥)	394.8
	A/V 비	0.69	(= 456.9 ㎥ / 660.7 ㎥)	

열관 류율 (W/ ㎡K)	지 붕	0.137	외벽 등	0.204
	바닥/지면	0.169	외기간접	0.172
	출 입 문	0.600	창호 전체	0.893
기본 유리	제 품	Ensum_T47/5PLA UN+16AR+5CL+16AR+5PAL UN		
	열관류율	0.57	일사획득계수	0.45
기본 창틀	제 품	Ensum_koemmering88		
	창틀열관류율	0.950	간봉열관류율	0.03
환기 정보	제 품	domekt 450		
	난방효율	86%	냉방효율	96%
	습도회수율	83%	전력(Wh/㎥)	0.3
열교	선형전달계수(W/K)	0.00	점형전달계수(W/K)	0.00

재생 에너지	태양열	System 미설치
	지 열	System 미설치
	태양광	System 미설치

				검토(레벨1/2/3)
난방	**난방성능** (리터/㎡·yr)		**2.4**	↓ 15/30/50
	난방에너지 요구량(kWh/㎡·yr)		24.08	X
	난방 부하(W/㎡)		17.1	
냉방	냉방에너지 요구량(kWh/㎡·yr)		23.94	–
		현열에너지	10.02	↓ 검토제외
		제습에너지	13.91	
	냉방 부하(W/㎡)		12.2	
		현열부하	5.9	
		제습부하	6.3	
총량	총에너지 소요량(kWh/㎡·yr)		60	↓ 180/180/180
	CO2 배출량(kg/㎡·yr)		15.0	
	1차에너지 소요량(kWh/㎡·yr)		86	–
기밀	기밀도 n50 (1/h)		0.42	A0
검토 결과	Passive House			↓ 1/1/1

● ● ●

연간 난방 비용 : 252,500원
연간 총에너지 비용 : 678,100원

남향일사량(kWh/㎡)	난방기간	501	냉방기간	521

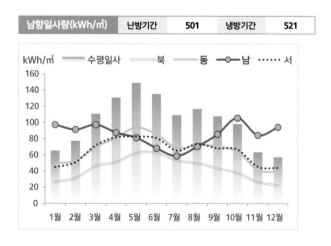

난방도시(kKh)	전체기간	79.1	난방기간	68.0

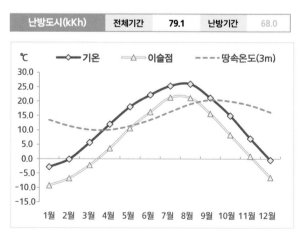

ENERGY#® | 난방에너지 요구량

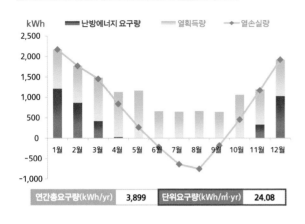

| 연간총요구량(kWh/yr) | 3,899 | 단위요구량(kWh/㎡·yr) | 24.08 |

ENERGY#® | 냉방에너지 요구량

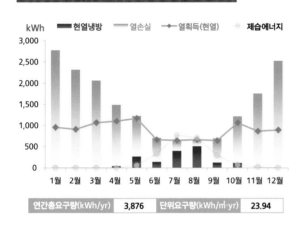

| 연간총요구량(kWh/yr) | 3,876 | 단위요구량(kWh/㎡·yr) | 23.94 |

kWh/m²·yr 단위면적당 실효 손실·획득

ENERGY#® | 에너지사용량(에너지원별)

에너지원 (Energy Source)	에너지 기초 소요량 (kWh/yr)	에너지 소요량		에너지 비용 (원/yr)
		태양광 발전량	(kWh/yr, Net)	
전기	1,950		1,950	236,750
도시가스	7,723		7,723	441,340
LPG				
등유				
기타연료				
지역난방				
합 계	9,672		9,672	678,090

ENERGY#® | 에너지사용량(용도별)

용 도	에너지 기초 소요량 (kWh/yr)	비중	에너지 비용 (원/yr)	비중
난방	4,469	46%	252,542	37%
온수	3,310	34%	192,911	28%
냉방	1,211	13%	174,908	26%
환기	683	7%	57,729	9%
조명				
조리				
가전				
기타				
합 계	9,672		678,090	

● ● ●

연간 에너지 기초소요량 : 9,672kWh
연간 에너지 총소요량 : 9,672kWh
연간 에너지 총비용 : 678,100원

전라북도 군산시
2.3L 패시브하우스

표준주택 모델 | 48-D-A-W

계약금액
402,000,000원
(부가세 별도 / 2023년 기준)

HOUSE PLAN

대지위치 : 전라북도 군산시 **| 대지면적 :** 783.00m²(236.86평) **| 건축면적 :** 82.74m²(25.03평) **| 연면적 :** 162.27m²(49.09평)[1층-82.74m²(25.03평), 2층-79.53m²(24.06평), 다락-79.53m² (25.03평)] **| 건폐율 :** 10.57% **| 용적률 :** 20.72% **| 규모 :** 지상 2층 **| 구조 :** 경량목구조 **| 내장 마감 :** 합지벽지 **| 외장마감 :** 세라믹사이딩 **| 지붕재 :** 고내식합금도금강판 **| 창호재 :** 엔썸 TS / TT 47mm 3중유리(1등급) **| 난방설비 :** 가스보일러 **| 냉방설비 :** 시스템에어컨 **| 사진 :** 포토스토 리 **| 전기&기계설비 설계 :** 나이스기술단 **| 구조 설계 :** 환구조 **| 설계 :** ㈜자림이앤씨건축사사무소 **| 에너지컨설팅&검증기관 :** (사)한국패시브건축협회 **| 에너지해석 프로그램 버전 :** 에너지샵 (Energy#®) 2021 v2.5 **| 시공기간 :** 2023. 2~2023. 6 **| 시공 :** ㈜그린홈예진

CONSTRUCTION DETAIL

외벽 구성 : T16 세라믹사이딩 + 38mm 통기층 + 투습방수지 + 2×2 가로각재(32K 글라스울 40mm) 1겹 + 2×4 세로각재(32K 글라스울 40mm) 1겹 + T11 OSB + 2×6 스터드(셀룰로오스) + 가변형방습지(기밀층) + 2×2 각재(설비층) + T9.5 석고보드 2겹
외벽 열관류율 : 0.204W/m²·K

———

지붕 구성 : T0.5 칼라강판 거멀접기 + T2 쉬트방수 + T11 OSB + 38mm 통기층 + 투습방수지(지붕용) + 2×4 가로각재(32K 글라스울 38mm) 1겹 + 2×12 스터드(셀룰로오스) + 가변형방습지(기밀층) + 38×38 각재(설비층) + T9.5 석고보드 2겹
지붕 열관류율 : 0.139W/m²·K

———

바닥 구성 : T10 강마루 + T50 몰탈(T12 X-L 파이프) + PE필름 + T150 비드법 2종 2호 단열재 + 우레탄 도막방수 또는 별도 방습 처리(벽체가 서는 부분만) + T300 기초 슬라브 + T300 비드법 1종 2호 단열재(되메우기용) + T100 버림 콘크리트 위 PE필름 위 + T100 잡석 위 PE필름 위
바닥 열관류율 : 0.166W/m²·K

———

창틀 제조사 : Ensum_koemmering88
창틀 열관류율 : 0.950W/m²·K

———

유리 제조사 : 삼호글라스
유리 구성 : 5PLA UN+16AR+5CL+16AR+5PAL UN
유리 열관류율 : 0.64W/m²·K

———

창호 전체열관류율(국내기준) : 0.994W/m²·K
현관문 제조사 : 엔썸
현관문 열관류율 : 0.800W/m²·K

———

기밀성능(n50) : 0.43회/h
환기장치 제조사 : 컴포벤트 DOMEKET R 450 V
환기장치효율(난방효율) : 86%

일반적인 가족의 여가생활을 보면 유명 음식점을 찾아 외식하거나 한 달에 한두 번 주말이면 캠핑이나 여행, 그렇지 않으면 문화생활을 하는 게 보편적이다. 단독주택은 그 모든 즐길 거리를 대신해 줄 수 있을 만큼 일상적인 즐거움을 가져다주는 공간이다. 게다가 단열, 기밀, 환기까지 공인된 검증을 통해 탄생한 패시브하우스 표준주택에서의 삶은 그 만족도가 당연히 더 높아질 수밖에 없다.

군산에 신축한 2.3L 패시브하우스 표준주택의 외관은 전형적인 박공지붕에 고내식합금도금강판을 사용하였고, 벽체는 세라믹사이딩으로 마감하여 단정하게 보인다. 1층에 들어서면 개방형 거실에서 이어지는 주방과 식당 공간으로 인해 한결 실내가 넉넉하다. 2층은 자녀들을 위한 공간으로 침실 외 수납공간을 포함한 여러 실을 배치하였다.

좌측면도   정면도

2층 평면도

1층 평면도

횡단면도

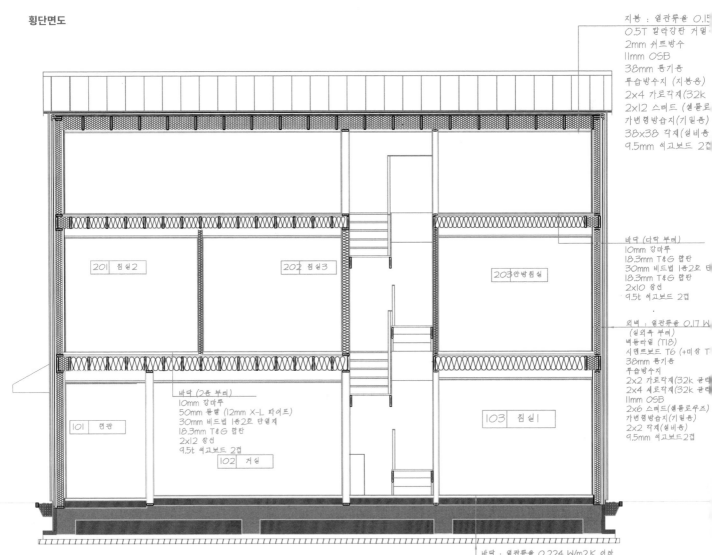

지붕 : 열관류율 0.1...
0.5T 칼라강판 거멀...
2mm 쉬트방수
11mm OSB
38mm 통기층
투습방수지 (지붕용)
2x4 가로각재(32k...
2x12 스터드 (셀룰로...
가변형방습지(기밀층)
38x38 각재(설비층...
9.5mm 석고보드 2겹

바닥 (다락 부뤼)
10mm 강마루
18.3mm T&G 합판
30mm 비드법 1종2호 태...
18.3mm T&G 합판
2x10 장선
9.5t 석고보드 2겹

외벽 : 열관류율 0.17 W...
(실외측 부뤼)
벽돌타일 (T18)
시멘트보드 T6 (+미장 T...
38mm 통기층
투습방수지
2x2 가로각재(32k...
2x4 세로각재(32k 글래...
11mm OSB
2x6 스터드(셀룰로우즈)
가변형방습지(기밀층)
2x2 각재(설비층)
9.5mm 석고보드2겹

201 침실2
202 침실3
203 안방침실
101 현관
103 침실1
102 거실

바닥 (2층 부뤼)
10mm 강마루
50mm 몰탈 (12mm X-L 파이프)
30mm 비드법 1종2호 단열재
18.3mm T&G 합판
2x12 장선
9.5t 석고보드 2겹

바닥 : 열관류율 0.224 W/m2.K 이하
(실내측 부뤼) 10mm 강마루
50mm 몰탈 (12mm X-L 파이프)
와이어메쉬 (#8-200x200)
PE 필름
150mm 비드법 2종 2호 단열재
우레탄 도막방수 또는 별도 방습처리(벽체가 서는 부분만)
300mm 기초슬라브
300mm 비드법 1종2호 단열재(되메우기용)
100mm 버림 con'c 위 PE필름 위
100mm 잡석 위 PE필름 위

1층 벽체 골조 상부 가변형 방습지 시공 / 외벽 열교 차단용 글라스울 단열재 추가 시공

실내 벽체 셀룰로오스 충진을 위한 외부 공급과 연계된 작업

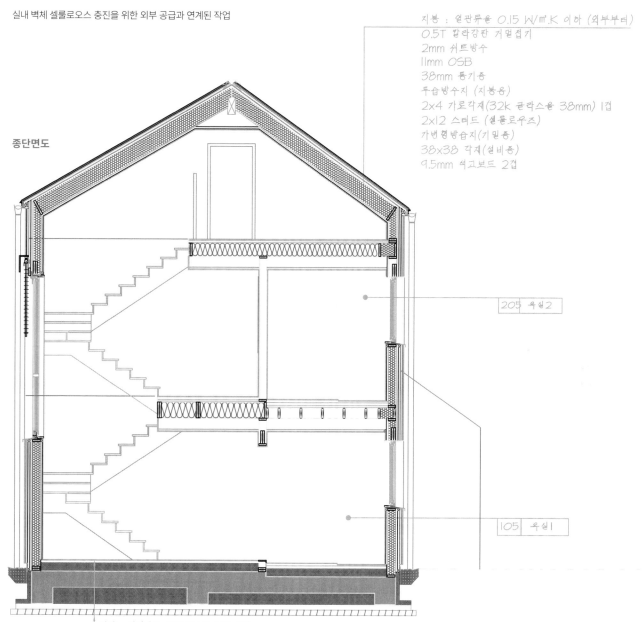

종단면도

지붕 : 열관류율 0.15 W/㎡.K 이하 (외부부터)
0.5T 칼라강판 거멀접기
2mm 쉬트방수
11mm OSB
38mm 통기층
투습방수지 (지붕용)
2x4 가로각재(32k 글라스울 38mm) 1겹
2x12 스터드 (셀룰로우즈)
가변형방습지(기밀층)
38x38 각재(설비층)
9.5mm 석고보드 2겹

205 욕실2

105 욕실1

바닥 : 열관류율 0.224 W/m2.K 이하
(실내측 부터) 10mm 강마루
50mm 몰탈 (12mm X-L 파이프) : 역열교전 U핀 적용
PE 필름
150mm 비드법 2종 2호 단열재
우레탄 도막방수 또는 별도 방습처리(벽체가 서는 부분만)
300mm 기초슬라브
300mm 비드법 1종2호 단열재(되메우기용)
100mm 버림 con'c 위 PE필름 위
100mm 잡석 위 PE필름 위

ENERGY#® | 입력요약

기후 정보	기후 조건	◇ 군산시		
	평균기온(℃)	20.0	난방도시(kKh)	74.4
기본 설정	건물 유형	주거	축열(Wh/㎡K)	80
	난방온도(℃)	20	냉방온도(℃)	26
발열 정보	전체 거주자수	7.81	내부발열 입력유형	표준치 선택
	내부발열(W/㎡)	4.38		주거시설 표준치
면적 체적	유효실내면적(㎡)	163.5	환기용체적(㎡)	398.8
	A/V 비	0.69	(= 464 ㎡ / 673.5 ㎡)	

열관 류율 (W/ ㎡K)	지 붕	0.139	외벽 등	0.204
	바닥/지면	0.166	외기간접	0.000
	출 입 문	0.800	창호 전체	0.994
기본 유리	제 품	Ensum_T47/5PLA UN+16AR+5CL+16AR+5PAL UN		
	열관류율	0.64	일사획득계수	0.45
기본 창틀	제 품	Ensum_koemmering88		
	창틀열관류율	0.950	간봉열관류율	0.03
환기 정보	제 품	DOMEKET 450		
	난방효율	86%	냉방효율	71%
	습도회수율	83%	전력(Wh/㎡)	0.3
열교	선형전달계수(W/K)	0.00	점형전달계수(W/K)	0.00

재생 에너지	태양열	System 미설치
	지 열	System 미설치
	태양광	System 미설치

ENERGY#® | 에너지 계산 결과

난방	난방성능 (리터/㎡·yr)		2.3	검토(레벨1/2/3) ↓ 15/30/50
	난방에너지 요구량(kWh/㎡·yr)		22.92	Level 2
	난방 부하(W/㎡)		21.7	
냉방	냉방에너지 요구량(kWh/㎡·yr)		30.05	–
		현열에너지	11.73	↑ 검토제외
		제습에너지	18.33	
	냉방 부하(W/㎡)		25.8	
		현열부하	17.9	
		제습부하	7.9	
총량	총에너지 소요량(kWh/㎡·yr)		81	
	CO2 배출량(kg/㎡·yr)		27.0	↓ 180/180/180
	1차에너지 소요량(kWh/㎡·yr)		147	Level 1
기밀	기밀도 n50 (1/h)		0.43	Level 1
검토 결과	(A1) Passive House			↑ 1/1/1

● ● ●

연간 난방 비용 : 578,100원
연간 총에너지 비용 : 2,135,900원

ENERGY#® | 기후정보

남향일사량(kWh/㎡)	난방기간	494	냉방기간	507

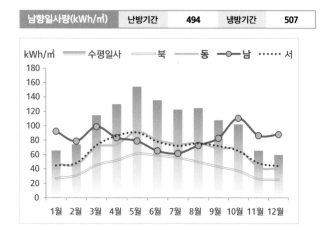

난방도시(kKh)	전체기간	74.4	난방기간	64.7

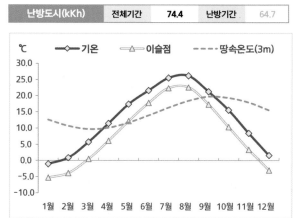

ENERGY#® | 난방에너지 요구량

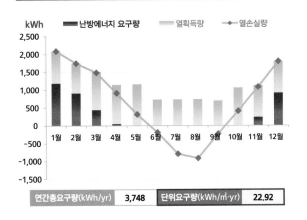

연간총요구량(kWh/yr)	3,748	단위요구량(kWh/㎡·yr)	22.92

ENERGY#® | 냉방에너지 요구량

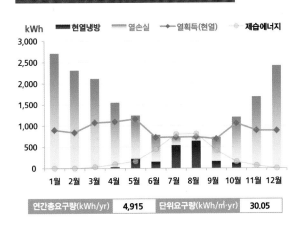

연간총요구량(kWh/yr)	4,915	단위요구량(kWh/㎡·yr)	30.05

ENERGY#® | 에너지사용량(에너지원별)

에너지원 (Energy Source)	에너지 기초 소요량 (kWh/yr)	에너지 소요량		에너지 비용 (원/yr)
		태양광 발전량	(kWh/yr, Net)	
전기	5,691		5,691	1,091,040
도시가스				
LPG	7,607		7,607	1,044,892
등유				
기타연료				
지역난방				
합 계	13,298		13,298	2,135,932

ENERGY#® | 에너지사용량(용도별)

용 도	에너지 기초 소요량 (kWh/yr)	비중	에너지 비용 (원/yr)	비중
난방	4,198	32%	578,138	27%
온수	3,466	26%	476,742	22%
냉방	1,240	9%	270,699	13%
환기	608	5%	112,102	5%
조명	947	7%	174,563	8%
조리				
가전	2,840	21%	523,688	25%
기타				
합 계	13,298		2,135,932	

● ● ●

연간 에너지 기초소요량 : 13,298kWh
연간 에너지 총소요량 : 13,298kWh
연간 에너지 총비용 : 2,135,900원

경기도 화성시 마도면
2.9L 패시브하우스

표준주택 모델 | 53D-O

계약금액
437,100,000원
(부가세 별도 / 2022년 기준)

HOUSE PLAN

대지위치 : 경기도 화성시 마도면 | **대지면적** : 840.00m²(254평) | **용도** : 단독주택 | **건축면적** : 99.85m²(30.20평) | **연면적** : 169.98m²(51.42평)[1층-97.77m²(29.58평), 2층-72.21m²(21.84평), 다락-39.75m²(12.02평)] | **건폐율** : 11.89% | **용적률** : 20.24% | **규모** : 지상 2층 | **구조** : 경량목구조 | **내장마감** : 합지벽지 | **외장마감** : 벽돌타일 | **지붕재** : 고내식합금도금강판(포스맥) | **창호재** : 엔썸 TS / TT 47mm 3중유리(1등급) 애드온 시스템 | **난방설비** : 가스보일러 | **냉방설비** : 에어컨 | **사진** : 포토스토리 | **전기&기계설비 설계** : 나이스기술단 | **구조 설계** : 환구조 | **설계** : ㈜자림이앤씨건축사사무소 | **에너지컨설팅&검증기관** : (사)한국패시브건축협회 | **에너지해석 프로그램 버전** : 에너지샵(Energy#®) 2021 v2.5 | **시공** : ㈜그린홈예진

기초부터 표준주택의 정해진 메뉴얼에 따라 충실한 시공이 순차적으로 진행되었다. 터파기 후 배관설비, 잡석깔기, PE필름 깔기, 버림콘크리트 타설 순서로 기초가 구성되었다. 그 위에 PE필름을 다시 깔고 XPS와 EPS를 덮으면서 폼 본드를 사용해 한 치의 틈 없이 시공되었다. 기초 벽면에는 아스팔트 프라이머로 방수 작업도 뒤따랐다.

경량목구조인 벽면은 OSB합판, 글라스울, 투습방수지 등으로 외부 단열 작업이 진행되었는데, 원활한 습기 배출을 도와줄 레인스크린 작업도 빠지지 않았다. 실내 단열재는 셀룰로스를 사용하였고 단열과 기밀, 환기를 위한 면밀한 실내 작업이 이어졌다. 한국패시브건축협회의 테스트를 통해 A동 0.34, B동 0.49로 높은 기밀 성능이 인증되었다.

CONSTRUCTION DETAIL

외벽 구성 : T18 벽돌타일 + T6 시멘트보드(+T4 미장) + 38mm 통기층 + 투습방수지 + 2×2 가로각재(32K 글라스울 40mm) 1겹 + 2×4 세로각재(32K 글라스울 40mm) 1겹 + T11 OSB + 2×6 스터드(셀룰로오스) + 가변형방습지(기밀층) + 2×2 각재(설비층) + T9.5 석고보드 2겹
외벽 열관류율 : 0.204W/m²·K

지붕 구성 : T0.5 칼라강판 거멀접기 + T2 쉬트방수 + T11 OSB + 38mm 통기층 + 투습방수지(지붕용) + 2×4 가로각재(32K 글라스울 38mm) 1겹 + 2×12 스터드(셀룰로오스) + 가변형방습지(기밀층) + 38×38 각재(설비층) + T9.5 석고보드 2겹
지붕 열관류율 : 0.137W/m²·K

바닥 구성 : T10 강마루 + T40 몰탈(T12A X-L 파이프) + 와이어메쉬(#8-200×200) + 0.1mm PE필름 + 단열재 조인트부분 우레탄폼 충진후 테이핑처리 + T70 비드법 1종 2호 단열재+ T100 비드법 1종 2호 단열재 + 우레탄 도막방수 또는 별도 방습처리(벽체가 서는 부분만) + T300 기초 슬라브 + 단열재 조인트부분 우레탄폼 충진후 테이핑처리 + T300 비드법 1종 2호 단열재(되메우기용) + T100 버림 콘크리트 위 0.1mm PE필름 + T100 잡석 위 PE필름
바닥 열관류율 : 0.165W/m²·K

창틀 제조사 : 엔썸 케멀링
창틀 열관류율 : 0.950W/m²·K

유리 제조사 : 삼호글라스
유리 구성 : 5PLA UN+16AR+5CL+16AR+5PLA UN
유리 열관류율 : 0.57W/m²·K

창호 전체열관류율(국내기준) : 0.851W/m²·K
현관문 제조사 : 엔썸
현관문 열관류율 : 0.600W/m²·K

기밀성능(n50) : 0.4회/h
환기장치 제조사 : 컴포벤트 domekt R 450 V
환기장치효율(난방효율) : 86%

좌측면도

정면도

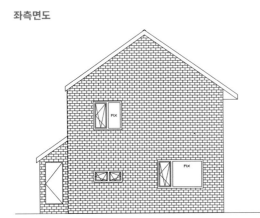

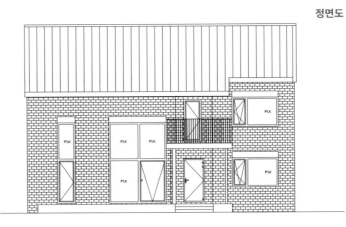

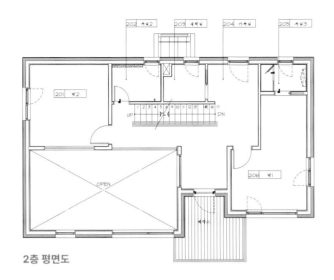

2층 평면도

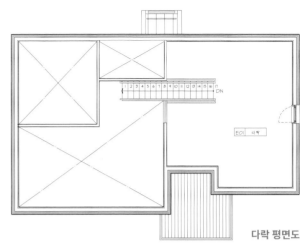

다락 평면도

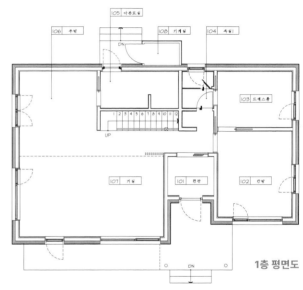

1층 평면도

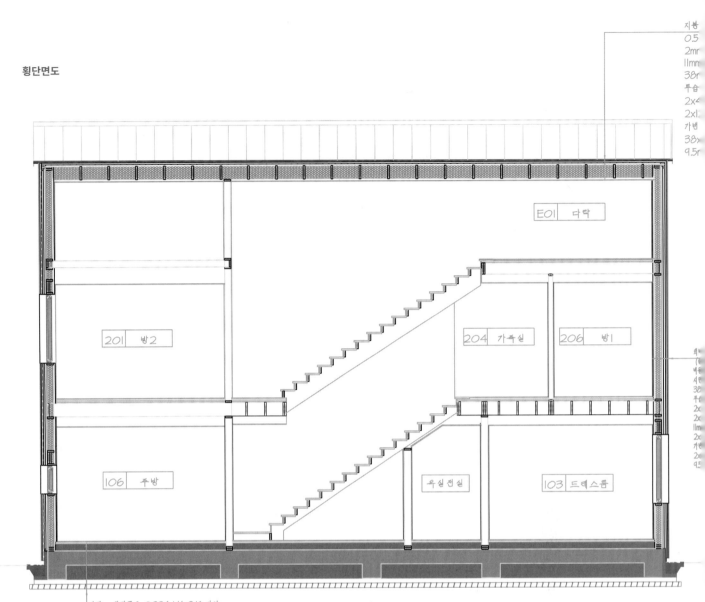

지붕
0.5
2mr
11mm
38r
두습
2x4
2x1.
가변
38x
9.5r

E01 다락

201 방2

204 가족실   206 방1

106 주방

우실전실

103 드레스룸

바닥 : 열관류율 0.224 W/m2.K 이하
(실내측 부터) 10mm 강마루
40mm 몰탈 (12A X-L 파이프)
와이어메쉬(#8-200x200)
0.1 PE필름
단열재조인트부분 우레탄폼 충진 후 메이딩처리
70mm 비드법 1종 2호 단열재
100mm 비드법 1종 2호 단열재
우레탄 도막방수 또는 별도 방습처리(벽체가 서는 부분만)
300mm 기초슬라브
단열재 조인트 부분 우레탄폼 충진 후 메이딩처리
300mm 비드법 1종2호 단열재(되메우기흙)
100mm 비팀 con'c 위 0.1 PE필름
100mm 잡석 위 PE필름

XPS단열재 및 기초 단열재 시공과 타설

㎡.K 이하 (외부부터)

스용 38mm) 1겹

가변형 방습지 시공과 벽체 내 셀룰로오스 충진

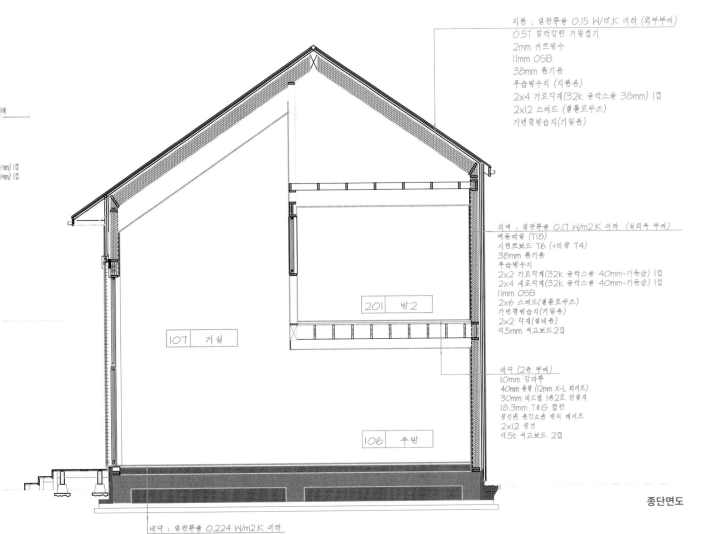

지붕 : 열관류율 0.15 W/㎡.K 이하 (외부부터)
0.5T 칼라강판 거멀접기
2mm 쉬트방수
11mm OSB
38mm 통기층
투습방수지 (지붕용)
2x4 가로각재(32k 글라스울 38mm) 1겹
2x12 스터드 (셀룰로우즈)
가변형방습지(기밀층)

외벽 : 열관류율 0.17 W/m2.K 이하 (실외측 부터)
벽돌타일 (T18)
시멘트보드 T6 (+미장 T4)
38mm 통기층
투습방수지
2x2 가로각재(32k 글라스울 40mm-가등급) 1겹
2x4 세로각재(32k 글라스울 40mm-가등급) 1겹
11mm OSB
2x6 스터드(셀룰로우즈)
가변형방습지(기밀층)
2x2 각재(설비층)
9.5mm 석고보드 2겹

바닥 (2층 부터)
10mm 강마루
40mm 몰탈 (12mm X-L 파이프)
30mm 비드법 1종 2호 단열재
18.3mm T&G 합판
방진위 흡감소용 방지 레이드
2x12 장선
9.5t 석고보드 2겹

| 107 | 거실 |

| 201 | 방2 |

| 106 | 주방 |

종단면도

바닥 : 열관류율 0.224 W/m2.K 이하
(실내측 부터) 10mm 강마루
40mm 몰탈 (12A X-L 파이프)
와이어메쉬(#8-200x200)
0.1 PE필름
단열재조인트부분 우레탄폼 충진 후 테이핑처리
70mm 비드법 1종 2호 단열재
100mm 비드법 1종 2호 단열재
우레탄 도막방수 또는 별도 방습처리(벽체가 서는 부분만)
300mm 기초슬라브
단열재 조인트 부분 우레탄폼 충진 후 테이핑처리
300mm 비드법 1종2호 단열재(되메우기층)
100mm 버림 con'c 위 0.1 PE필름
100mm 잡석 위 PE필름

ENERGY#® | 입력요약

기후 정보	기후 조건	◇ 화성시		
	평균기온(℃)	20.0	난방도시(kKh)	80.0
기본 설정	건물 유형	주거	축열(Wh/㎡K)	80
	난방온도(℃)	20	냉방온도(℃)	26
발열 정보	전체 거주자수	4	내부발열 입력유형	표준치 선택
	내부발열(W/㎡)	4.38		주거시설 표준치
면적 체적	유효실내면적(㎡)	149.6	환기용체적(㎥)	368.4
	A/V 비	0.67	(= 547.7 ㎡ / 811.9 ㎥)	

열관 류율 (W/ ㎡K)	지 붕	0.137	외벽 등	0.204
	바닥/지면	0.165	외기간접	0.160
	출 입 문	0.600	창호 전체	0.851
기본 유리	제 품	Ensum_T47/5PLA UN+16AR+5CL+16AR+5PAL UN		
	열관류율	0.57	일사획득계수	0.45
기본 창틀	제 품	Ensum_koemmering88		
	창틀열관류율	0.950	간봉열관류율	0.03
환기 정보	제 품	Domeket R 450		
	난방효율	78%	냉방효율	63%
	습도회수율	60%	전력(Wh/㎡)	0.4
열교	선형전달계수(W/K)	0.00	점형전달계수(W/K)	0.00

	태양열	System 미설치
재생 에너지	지 열	System 미설치
	태양광	System 미설치

ENERGY#® | 에너지 계산 결과

난방	**난방성능** (리터/㎡·yr)	**2.9**	검토(레벨1/2/3)
			↓ 15/30/50
	난방에너지 요구량(kWh/㎡·yr)	29.33	Level 2
	난방 부하(W/㎡)	19.4	
냉방	냉방에너지 요구량(kWh/㎡·yr)	25.15	–
	현열에너지	14.87	↓ 검토제외
	제습에너지	10.27	
	냉방 부하(W/㎡)	14.5	
	현열부하	8.2	
	제습부하	6.3	
총량	총에너지 소요량(kWh/㎡·yr)	103	
	CO2 배출량(kg/㎡·yr)	35.0	↓ 120/150/180
	1차에너지 소요량(kWh/㎡·yr)	192	X
기밀	기밀도 n50 (1/h)	0.4	Level 1
검토 결과	Passive House		↓ 0.6/1/1.5

● ● ●

연간 난방 비용 : 946,500원
연간 총에너지 비용 : 2,705,400원

ENERGY#® | 기후정보

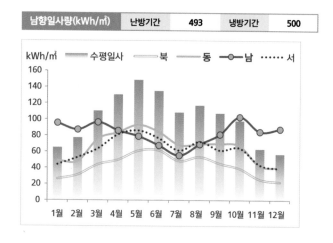

남향일사량(kWh/㎡)	난방기간	493	냉방기간	500

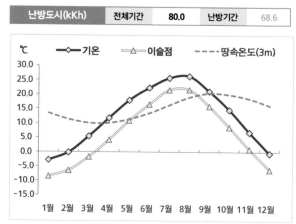

난방도시(kKh)	전체기간	80.0	난방기간	68.6

ENERGY#® | 난방에너지 요구량

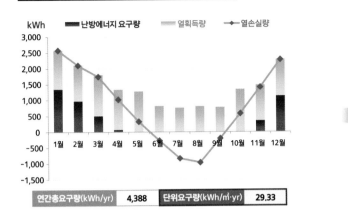

연간총요구량(kWh/yr)	4,388	단위요구량(kWh/㎡·yr)	29.33

ENERGY#® | 냉방에너지 요구량

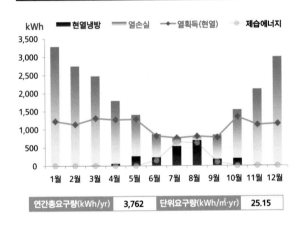

연간총요구량(kWh/yr)	3,762	단위요구량(kWh/㎡·yr)	25.15

ENERGY#® | 에너지사용량(에너지원별)

에너지원 (Energy Source)	에너지 기초 소요량 (kWh/yr)	에너지 소요량		에너지 비용 (원/yr)
		태양광 발전량	(kWh/yr, Net)	
전기	7,142		7,142	1,573,250
도시가스				
LPG	8,243		8,243	1,132,193
등유				
기타연료				
지역난방				
합 계	15,384		15,384	2,705,443

ENERGY#® | 에너지사용량(용도별)

용 도	에너지 기초 소요량 (kWh/yr)	비중	에너지 비용 (원/yr)	비중
난방	6,148	40%	946,525	35%
온수	3,378	22%	464,085	17%
냉방	1,118	7%	267,051	10%
환기	809	5%	175,475	6%
조명	983	6%	213,077	8%
조리				
가전	2,949	19%	639,230	24%
기타				
합 계	15,384		2,705,443	

● ● ●

연간 에너지 기초소요량 : 15,384kWh
연간 에너지 총소요량 : 15,384kWh
연간 에너지 총비용 : 2,705,400원

지은이 전희수

(사)한국패시브건축협회 정회원사로 전문 시공사인 ㈜그린홈예진의 CEO이다. 한국스틸하우스협회 회장을 역임하였고, 한국철강협회 스틸하우스클럽(KOSFA) 운영위원과 (사)한국패시브건축협회 이사로도 활동 중이다.
1997년 건축 시공 전문가그룹 '집 짓는 사람들'을 결성하면서 건축에 입문하였다. 한국해비타트 건축담당 간사(1999)를 시작으로 전국 50여 채 주택의 현장소장을 맡아 내공을 쌓았다. 2002년 전신인 스틸하우스 전문 시공사 '예진건축'을 설립해 지금에 이르기까지 수많은 시공실적을 보유하고 있다. 현장에서의 전문성을 높이기 위해 한국철강협회에서 수여하는 '스틸하우스 빌더' 자격증, 한국패시브건축협회 주관 패시브하우스 실무자 교육을 이수하였고, 직원들의 기술 교육과 관련 자격증 취득도 지원하고 있다. 이를 바탕으로 한국철강협회 주관 '한국스틸하우스 건축대전 우수상'을 수상하였고, 스틸하우스 기반의 타운하우스인 '담양 어울린' 단지를 조성하기도 하였다.

한국형 패시브하우스 설계&시공 사례집
표준주택 모델과 건축비용 대공개

초판 1쇄 인쇄 2024년 1월 30일
초판 1쇄 발행 2024년 2월 28일

저자 전희수
기획 여상수, 손은태
(주)그린홈예진 www.yejinhouse.com
—
발행인 이 심
편집인 임병기
편집 이준희, 신기영
디자인 유정화
마케팅 서병찬, 김진평
총판 장성진
관리 이미경
—
발행처 ㈜주택문화사
출판등록번호 제13-177호
주소 서울시 강서구 강서로 466 우리벤처타운 6층
전화 02 2664 7114
팩스 02 2662 0847
홈페이지 www.uujj.co.kr
—
출력 삼보프로세스
인쇄 북스
용지 영은페이퍼㈜
—
정가 45,000원
ISBN 978-89-6603-070-5

93540
9 788966 030705
ISBN 978-89-6603-070-5